国家示范性高职院校建设项目工学结合课程教材

# 农产品质量检测技术

主　编　刘志宏　蒋永衡
副主编　王萍莉　冀晓磊



中国农业大学出版社
·北京·

## 内 容 简 介

本教材共分10章，内容主要包括农产品质量检测基础知识、感官检验技术实训、物理检验技术实训、称量分析技术实训、滴定分析技术实训、仪器分析技术实训、微生物检验技术实训、番茄酱检验技术实训、蔬菜检验技术实训、常用仪器的使用和维护。教材内容主要根据对高职生需求量相对较大的检验检测岗位对从业人员基本技能及相关知识的需求选取，同时兼顾学生的可持续发展，以检测技术、方法为主线，工作岗位中典型任务为载体进行编排。重点介绍检测原理、工作中所需仪器设备、工作程序及操作技术和质量要求、工作中注意事项及常见技术问题处理，实训任务中附有检测工作原始记录单，供学生在学习过程中使用。本教材采用的检测方法均参考现行有效的国家标准、行业标准及企业标准。

本教材适用于农林高等职业院校农产品质量检测专业学生学习使用，也可作为农产品检验、质量管理人员的参考用书。

**图书在版编目(CIP)数据**

农产品质量检测技术/刘志宏，蒋永衡主编. —北京：中国农业大学出版社，2012.7（2024.5重印）

ISBN 978-7-5655-0559-1

Ⅰ.①农… Ⅱ.①刘…②蒋… Ⅲ.①农产品-质量检验 Ⅳ.①S37

中国版本图书馆CIP数据核字(2012)第142611号

**书　　名**　农产品质量检测技术
**作　　者**　刘志宏　蒋永衡　主编

**策划编辑**　郭建鑫　　**责任编辑**　韩元凤
**封面设计**　郑　川　　**责任校对**　王晓凤　陈　莹
**出版发行**　中国农业大学出版社
**社　　址**　北京市海淀区圆明园西路2号　　**邮政编码**　100193
**电　　话**　发行部 010-62818525，8625　　读者服务部 010-62732336
　　　　　编辑部 010-62732617，2618　　出　版　部 010-62733440
**网　　址**　http://www.cau.edu.cn/caup　　**e-mail** cbsszs @ cau.edu.cn
**经　　销**　新华书店
**印　　刷**　涿州市星河印刷有限公司
**版　　次**　2012年9月第1版　2024年5月第7次印刷
**规　　格**　787×980　16开本　21.5印张　395千字
**定　　价**　49.00元

# 前　言

党的二十大报告提出:“教育、科技、人才是全面建设社会主义现代化国家的基础性、战略性支撑”。为了深化高等职业教育教学改革,坚持以就业为导向,以能力为本位,面向市场、面向社会,为经济结构调整和科技进步服务,为学生就业服务,使教学紧密结合实际,我们编写此书以适应职业教育的发展需要。

本教材是学院示范院建设农产品质量检测专业工学结合课程开发项目。本教材由校企技术专家从职业岗位分析入手,按照职业岗位工作过程,从业能力、资格要求,结合专业实习环节,设计制定课程标准。在此基础上组织校企专家编写而成。

本教材具有以下特点:

1. 突出新疆区域农产品生产、加工企业农产品检验工作特点,教学内容与从业岗位技术相一致。

2. 依据农产品质量检测工作岗位实际,以检测方法为主线,由易到难编排教学内容,突出工作过程技术操作和经验性知识获得;各项检测技术以现行有效的国家、行业产品标准和检验方法标准为依据,旨在通过完成检测任务,培养学生的岗位技能,突出检测任务的完整性、操作方法的规范性、技能培养的针对性和教学内容的实用性,以适应农产品检验技术的更新与发展的需要。

3. 教材设置拓展学习模块,鼓励学生自主学习、学会学习。

4. 教材适用于农产品质量检测专业高职、中职层次学生使用。

本教材由刘志宏、蒋永衡主编;王萍莉、冀晓磊副主编;崔艳莉、侯慧波、杜平、郑小焕、王新燕、刘力群、汪新业、杜艳丰参编。教材由原自治区绿色办公室主任任力民、新疆中粮屯河品管部孙屏审稿。

编　者

2024 年 5 月

# 目　录

**第一章　农产品质量检测入门** ………………………………………………… 1
第一节　农产品质量检测的任务和作用 ………………………………………… 1
第二节　农产品检验的实施步骤 ………………………………………………… 12
第三节　样品的采集、制备和保存 ……………………………………………… 14
第四节　样品的预处理 …………………………………………………………… 19
第五节　知识拓展 ………………………………………………………………… 23
**第二章　感官检验技术** ………………………………………………………… 28
第一节　感官检验基础知识 ……………………………………………………… 28
第二节　感官检验技术实训 ……………………………………………………… 32
实训 2-1　无公害食品生鲜牛乳的感官检验 …………………………………… 32
实训 2-2　绿色食品黄瓜的感官检验 …………………………………………… 34
**第三章　物理检验技术** ………………………………………………………… 38
第一节　液态食品相对密度的测定 ……………………………………………… 38
实训 3-1　啤酒相对密度的测定(密度瓶法) …………………………………… 41
实训 3-2　无公害生鲜牛乳相对密度的测定(密度计法) ……………………… 45
第二节　果蔬中固形物含量的测定(折光法) …………………………………… 47
实训 3-3　果蔬中固形物含量的测定 …………………………………………… 48
**第四章　称量分析技术** ………………………………………………………… 52
第一节　水分的测定(直接干燥法) ……………………………………………… 52
实训 4-1　大豆中水分的测定 …………………………………………………… 56
第二节　灰分的测定 ……………………………………………………………… 60
实训 4-2　大豆中灰分的测定 …………………………………………………… 66
第三节　脂肪的测定(索氏提取法) ……………………………………………… 68
实训 4-3　大豆中粗脂肪含量的测定 …………………………………………… 73
**第五章　滴定分析技术** ………………………………………………………… 77
第一节　酸度的测定 ……………………………………………………………… 77
实训 5-1　牛乳中酸度的测定 …………………………………………………… 81

第二节 蛋白质的测定 …… 83
实训 5-2 大豆中蛋白质的测定 …… 90
第三节 还原糖的测定 …… 91
实训 5-3 牛奶中还原糖的测定 …… 96
第四节 二氧化硫的测定(滴定法) …… 97
实训 5-4 白砂糖中二氧化硫的测定 …… 99
**第六章 仪器分析技术** …… 102
第一节 紫外-可见分光光度法技术 …… 102
实训 6-1 火腿肠中亚硝酸盐的测定(可见分光光度法) …… 108
实训 6-2 食用菌中多菌灵的测定(紫外分光光度法) …… 113
实训 6-3 食用菌中亚硫酸盐(以 $SO_2$ 计)的测定 …… 115
第二节 原子吸收光谱分析技术 …… 122
实训 6-4 白酒中铜含量的测定 …… 124
第三节 原子荧光光谱分析技术 …… 133
实训 6-5 小麦中砷的测定(氢化物原子荧光光谱法) …… 135
第四节 气相色谱分析技术 …… 140
实训 6-6 白酒中甲醇和杂醇油测定(气相色谱法) …… 142
实训 6-7 黄瓜中百菌清残留量的测定(气相色谱法) …… 143
第五节 高效液相色谱分析技术 …… 147
实训 6-8 原料乳中三聚氰胺的测定(高效液相色谱法) …… 154
实训 6-9 玉米中黄曲霉毒素 $B_1$ 的测定(免疫亲和净化高效液相色谱法) …… 158
实训 6-10 蔬菜中吡虫啉的测定 …… 162
**第七章 微生物检验技术** …… 171
第一节 微生物检验基础知识 …… 171
第二节 微生物检验技术 …… 172
实训 7-1 无公害生鲜牛乳菌落总数的测定 …… 180
实训 7-2 生鲜乳中大肠菌群的测定(MPN 计数法) …… 183
**第八章 番茄酱检测技术** …… 191
第一节 番茄酱检验基础知识 …… 191
第二节 番茄原料检验技术实训 …… 192
实训 8-1 番茄原料可溶性固形物含量检测 …… 192
实训 8-2 番茄原料红素的检测 …… 192
实训 8-3 番茄原料 pH 的检测 …… 194

实训 8-4　番茄原料总酸的测定 …… 194
第三节　番茄酱检测技术实训 …… 196
实训 8-5　番茄酱感官检验 …… 196
实训 8-6　番茄酱理化指标的检验 …… 198
实训 8-7　番茄酱卫生指标的检测(番茄酱中霉菌的测定) …… 208
第四节　番茄酱不合格品分类原则与等级标准 …… 210
**第九章　蔬菜检测技术** …… 214
第一节　蔬菜检验基础 …… 214
实训 9-1　新鲜蔬菜样品的采集 …… 216
第二节　蔬菜检测技术实训 …… 222
实训 9-2　大白菜中总灰分的测定 …… 222
实训 9-3　大白菜中铅的测定(氢化物原子荧光光谱法) …… 225
实训 9-4　蔬菜中有机磷农药残留的测定 …… 229
实训 9-5　蔬菜中亚硝酸盐的测定(盐酸萘乙二胺法) …… 237
实训 9-6　蔬菜中硝酸盐的快速测定(试纸法) …… 340
实训 9-7　大白菜中维生素 C 的测定(2,6-二氯靛酚滴定法) …… 242
**第十章　常用仪器的使用和维护** …… 247
第一节　2WAJ 阿贝折射仪的使用与维护 …… 247
第二节　电热恒温干燥箱的使用与维护 …… 249
第三节　SZF-06B 脂肪测定仪的使用与维护 …… 251
第四节　2300 自动定氮仪的使用与维护 …… 252
第五节　pH-3C 型酸度计的操作方法 …… 255
第六节　紫外-可见分光光度计的使用和维护 …… 256
第七节　AFS-8x 系列原子荧光光度计的使用与维护 …… 259
第八节　GDYN-110SC 农药残毒快速检测仪的操作与维护 …… 263
第九节　AA-6800 原子吸收分光光度计软、硬件操作程序 …… 266
**附件** …… 276
附表　茄果类蔬菜等 37 类无公害农产品检测目录(2012 年 5 月 1 日起实施) …… 276
**参考文献** …… 336

# 第一章　农产品质量检测入门

## 第一节　农产品质量检测的任务和作用

国以民为本，民以食为天，食以安为先。中国是一个农业大国，也是一个农产品消费大国。由于人口众多，资源有限，曾经经历过农产品的供不应求时期，所以中国的农产品供应问题，特别是粮食问题备受国内外关注。中国的农产品安全既是中国经济生活中的重大问题，也是世界经济生活中的一个重大问题。

当前，农产品质量安全问题已成为世界性的矛盾。农药、兽药、饲料和添加剂、动植物激素等农资的使用，为农业生产和农产品数量的增长发挥了积极的作用。与此同时，也给农产品质量安全带来了严重隐患，加之环境污染等其他方面的原因，我国农产品污染问题也日渐突出。农产品因农药残留、兽药残留和其他有毒有害物质超标造成的餐桌污染和引发的中毒事件时有发生。农产品质量安全问题已经对人民群众的生命健康构成严重威胁，同时也在影响着经济发展和社会进步，因此我们应通过健全农产品标准体系、农产品质量监督检验体系，严格执行市场准入制度，认真加以解决。

### 一、农产品质量检测的任务

1. 农产品的定义

《中华人民共和国农产品质量安全法》中所称农产品，是指来源于农业的初级产品，即在农业活动中获得的植物、动物、微生物及其产品。

按照国际公认和国内普遍认可的观点，农产品是指动物、植物、微生物产品及其直接加工品，包括食用和非食用两个方面。但在农产品质量安全管理方面，大家常说的农产品，多指食用农产品，包括鲜活农产品及其直接加工品。

2. 农产品质量检测的概念

质量的权威定义："一组固有特性满足要求的程度"——ISO 9001。

农产品质量包括两个方面的内容：一是产品的品质质量，包括外观、口感、营养、耐贮性等；二是产品的食用安全性，即安全质量。《中华人民共和国农产品质量安全法》中所称农产品质量安全，是指农产品质量符合保障人的健康、安全的要求。农产品品质质量和安全质量两者不可偏废，缺一不可。

农产品质量检测，是指根据产品标准或检测规程，对农产品的一个或多个质量特性进行观察、试验或测量，并把所得到的检测结果和规定的质量要求进行比较，以判断出被检产品或成批产品合格与不合格的技术性检查活动。具体到我们常说的农产品安全检测则是指依据《中华人民共和国食品安全法》，按照国家、行业、地方、企业标准或国际标准，对不同地区、单位或个人生产的农产品进行质量检验，以确保产品质量和食品安全。检验方法标准指以产品性能与质量方面的检测方法为对象而制定的标准，包括操作和精度要求，它对所用仪器、设备、检测条件、方法、步骤、数据计算、结果分析、合格标准及复验规则等方面都做出了统一规定。检验对象是农产品，检验的执行者是生产者、消费者、管理者或检测人员，合格、不合格是指满足或不满足规定的质量标准，包括国家标准、行业标准、地方标准和企业标准。

## 二、农产品质量检测的意义和作用

1. 农产品质量检测的意义

农产品是人类最基本的生活资料，是维持人类生命和身体健康不可缺少的能量源和营养源。农产品的品质直接关系到人类的健康及生活质量。农产品质量检测在保证农产品的营养与卫生，确保农产品的品质及食用的安全，研究农产品化学性污染的来源、途径，以及控制污染等方面都有着十分重要的意义。

(1)农业产业发展的需要。所有成功的经验告诉人们，质量是现代农业赖以生存的物化指标，是通向市场、通向品牌的第二关。西方发达国家如美国、以色列在现代农业建设中，从一开始就非常重视检测工作，注重从产前的生产资料供应，到产中的每个技术环节，再到产后的农产品分级、加工、包装、储运等各个环节，都有严格的检测标准和先进的检测手段，从而有力地促进了这些国家现代农业的快速发展。统一管理、选优协调、简化操作、跟踪监测，是现代农业最基本的特征。

(2)保证农产品质量安全的需要。中国是农业大国，改革开放30年来，随着农村改革的深入，农民积极性的迸发和农业技术的推广，多种农产品已经由短缺变成自给有余。特别是从20世纪90年代实施农业综合开发以来，形成了粮、菜、果、畜、渔等优势产业，粮食、水果、蔬菜、猪肉、禽蛋等大宗农产品的产量已经跃居世界第一位，取了令人瞩目的成就。但是，在人们分享它的实惠之时，市场的多样性、优质化需求和大量劣质农产品供给过剩的一系列深层次的矛盾和潜在的危机也一并悄然袭来。由于滥用农药和环境污染使农产品品质下降，动物传染病经常流行，食用水果、蔬菜中毒事件时有发生，产品质量和食品安全问题已十分突出。既有农药残留、重金属超标等质量问题，也有在农产品、食品和饲料中滥用工业染料（苏丹红）、化工原料（三聚氰胺）等恶性事件，迫切需要对农产品进行质量安全监测和在生产、流通全过程实施质量控制，以保障广大群众的利益不受侵犯。

（3）提高农产品国际竞争力和扩大国内需求的需要。走向 WTO 的我国农业直接面临国际市场的激烈竞争，竞争的取胜之道很多，但其中最为重要的一条，就是没有经过严格检测达到合格标准的农产品是进不了国际市场的。实施农业标准化，特别是积极参照国际先进的检测标准，提高检测水平，尽快缩短我国农产品在产品质量、产品品位和科技含量方面与国际水平的差距，既是取得农产品进入国际市场参与竞争的“绿卡”，突破壁垒，培植能够与“洋货”抗衡的名牌农产品的需要；也是在国内市场迅速构筑“防御工事”，建立起自己的绿色壁垒的需要。如果能够做到向国内市场提供严格按照技术操作规范生产、并经过严格检验和市场准入体系把关的农产品，让人民群众放心享用，这对建设和谐社会具有极其重要的意义。

2.农产品质量检测的作用

（1）指导与控制生产工艺过程。农产品生产企业通过对农产品原料、辅料、半成品的检测，确定工艺参数、工艺要求以控制生产过程。

（2）保证农产品企业产品的质量。农产品生产企业通过对成品的检验，可以保证出厂产品的质量符合农产品标准的要求。

（3）保证用户接受产品的质量。消费者或用户在接受商品时，按合同规定或相应的农产品标准的质量条款进行验收检验，保证接收产品的质量。

（4）政府管理部门对农产品质量进行宏观的监控。第三方检验机构根据政府质量监督行政部门的要求，对生产企业的产品或市场的商品进行检验，为政府对产品质量实施宏观监控提供依据。

（5）为农产品质量纠纷的解决提供技术依据。当发生产品质量纠纷时，第三方检验机构根据解决纠纷的有关机构（包括法院、仲裁委员会、质量管理行政部门及民间调解组织等）的委托，对有争议产品做出仲裁检验，为有关机构解决产品质量纠纷提供技术依据。

（6）对进出口农产品的质量进行把关。在进出口农产品的贸易中，商品检验机构需根据国际标准或供货合同对商品进行检测，以确定是否放行。

（7）对突发的食物中毒事件提供技术依据。发生食物中毒事件时，检验机构根据对残留食物做出仲裁检验，为事件的调查及解决提供技术依据。

## 三、我国的农产品质量检验工作与农产品质量状况

### (一)农业标准化的概念

所谓标准就是经过一定的审批程序,在一定范围内必须共同遵守的规定,是企业进行生产技术活动和经营管理的依据。

标准化是指为在一定范围内获得最佳秩序,对实际的、潜在的问题制定共同的和重复使用的规则的活动。

农业标准化是以农业为对象的标准化活动,即运用"统一、简化、协调、选优"原则,通过制定和实施标准,把农业产前、产中、产后各个环节纳入标准生产和标准管理的轨道。简单地说,农业标准化就是按照标准生产农产品的全过程。

农业标准化工作包括农业标准体系、农业质量监测体系和农产品评价认证体系建设3方面内容。

农业标准体系是基础,只有建立健全的、涵盖产前、产中、产后等各个环节的标准体系,农业生产经营才有章可循、有标可依。

农业质量监测体系是指为完成农产品质量各个方面、各个环节的监督检验所需要的政策、法规、管理、机构、人员、技术、设施等要素的综合。它不但是农产品质量的基础保障体系,也是依据国家法律法规对产地环境、农业投入品和农产品质量进行依法监督的执法体系。

产品评价认证体系和市场准入是保障,通过对农产品、农业投入品、农业环境质量进行检验和评价,确定是否合格,能否进行流通和消费,是农业标准体系的最重要环节。

农业标准化工作,以农产品质量标准体系和质量安全监测体系建设为基础,以全面提高农产品质量安全水平和竞争能力为核心,以市场准入为切入点,实现从"农田到餐桌"全过程的质量控制,旨在全面推动农产品的无公害生产、产业化经营、标准化管理,满足经济发展和人民生活的需要。

### (二)农业标准体系

我国目前将标准分为国家标准、行业标准、地方标准和企业标准四级。

1. 国家标准

国家标准是指对全国经济技术发展有重大意义,必须在全国范围内统一的标准。国家标准国务院标准化行政主管部门编制计划和组织草拟,并统一审批、编号和发布。国家标准有"GB"字样。

2. 行业标准

行业标准是指我国全国性的农业行业范围内的统一标准。《标准化法》规定,

“对没有国家标准而又需要在全国某个行业范围内统一技术要求，可以制定行业标准。”农业行业标准由农业部组织制定，代号为 NY。行业标准是对国家标准的补充，行业标准在相应国家标准实施后，自行废止。

3. 地方标准

地方标准是指在某个省、自治区、直辖市范围内需要统一的标准。对没有国家标准和行业标准而又需要在省、自治区、直辖市范围内统一的技术和管理要求，可以制定地方标准。地方标准由省、自治区、直辖市政府标准化行政主管部门制定。地方标准不得与国家标准、行业标准相抵触。在相应的国家标准或行业标准实施后，地方标准自行废止。

地方标准代码：使用省、自治区、直辖市行政区划代码。

4. 企业标准

企业标准是指企业所制定的产品标准和在企业内需协调、统一的技术要求和管理工作要求所制定的标准。企业标准由企业制定。

企业标准代号：由标准化行政主管部门会同同级行政主管部门加以规定，如 Q/。

国家标准、行业标准、地方标准和企业标准之间的关系是，对需要在全国范围内统一的技术要求，应当制定国家标准；对没有国家标准而又需要在全国某个行业内统一的技术要求，可以制定行业标准；对没有国家标准和行业标准而又需要在省、自治区、直辖市范围内统一的技术要求，可以制定地方标准；企业生产的产品没有国家标准和行业标准的，应当制定企业标准。国家鼓励企业制订高于国家标准的企业标准。

我国的农产品标准，从无到有，目前已形成了产品、生产技术规程、检验测试等一系列标准，并在生产中得到推广和应用。近年来，国家和行业有关部门，加大标准制定力度，标准不足和标准体系不健全的问题已经得到彻底改变。与此同时，我国初步完成了农业质量监测体系建设。在完善提高原有农业质检机构的检测能力和检测水平的基础上，将建设重心下移，在重点市、县和大宗农产品主产区，建设了一批农产品质量监督检验机构，加强对农产品生产基地、重点农产品批发市场及大型龙头企业的质量监控。形成了以省部级农业质检机构为龙头，区域性农业质检机构为补充，市县级农业检测机构为骨干，生产基地、农产品市场、龙头企业检测室（站、点）为基础的质量监测体系。能够系统开展农业投入品、农产品质量检测和产地环境质量评估。覆盖生产、加工、流通各个环节，满足农业生产、环境保护、国内外市场准入与安全消费的需求，以保障农产品的无害化生产和消费。

### (三)农产品质量检测中的一般检测项目

由于农产品的种类繁多、组成复杂、检测的目的不同,所以检测项目各异。国家标准、农业标准等规定的对各类农产品的检测项目一般是从感官、主要化学成分(包括对人体有益的营养物质或对人体有害的化学物质,即理化因素)、卫生 3 个方面来考虑,现以无公害蔬菜、苹果、生鲜牛乳等的农业标准为例分述如下。

1.无公害蔬菜白菜类的检测项目(NY 5003—2008)

(1)感官 同一品种或相似品种,菜体新鲜、清洁,无裂球(大白菜)、烧心、腐烂、异味、冻害、病虫害,允许有少量机械伤。每批次产品中不符合感官要求的按质量计,总不合格率不应超过 10%。同一批次产品规格允许误差应小于 10%。

注:烧心、腐烂和病虫害为主要缺陷。

(2)安全指标 见表 1-1。

**表 1-1 安全指标** mg/kg

| 序号 | 项目 | 指标 | 序号 | 项目 | 指标 |
|---|---|---|---|---|---|
| 1 | 乐果 | ≤1 | 9 | 氯氟氰菊酯 | ≤0.2 |
| 2 | 敌敌畏 | ≤0.2 | 10 | 灭幼脲 | ≤3 |
| 3 | 毒死蜱 | ≤0.1 | 11 | 百菌清 | ≤5 |
| 4 | 乙酰甲胺磷 | ≤1 | 12 | 铅(以 Pb 计) | ≤0.3 |
| 5 | 辛硫磷 | ≤0.05 | 13 | 镉(以 Cd 计) | ≤0.05 |
| 6 | 氯氰菊酯 | ≤2 | 14 | 氟(以 F 计) | ≤0.1 |
| 7 | 溴氰菊酯 | ≤0.5 | 15 | 亚硝酸盐(以 $NaNO_2$ 计) | ≤4 |
| 8 | 氰戊菊酯 | ≤0.5 | | | |

注:其他有毒有害物质的限量应符合国家有关的法律法规、行政规范和强制性标准的规定。

2.无公害食品苹果的检测项目(NY 5011—2001)

(1)感官要求 见表 1-2。

**表 1-2 无公害食品苹果的感官要求**

| 序号 | 项目 | 感官指标 |
|---|---|---|
| 1 | 风味 | 具有本品种的特有风味,无异常气味 |
| 2 | 成熟度 | 充分发育,达到市场或贮存要求的成熟度 |
| 3 | 果形 | 果形端正 |
| 4 | 色泽 | 具有本品种成熟时应有的色泽 |
| 5 | 果梗 | 完整或统一剪除 |
| 6 | 果实横径/mm | 大型果≥70,中型果≥65,小型果≥55 |

(2)卫生要求 见表1-3。

**表1-3 无公害食品苹果的卫生要求** mg/kg

| 序号 | 项目 | 指标 | 序号 | 项目 | 指标 |
|---|---|---|---|---|---|
| 1 | 滴滴涕 | ≤0.1 | 14 | 克菌丹 | ≤5 |
| 2 | 六六六 | ≤0.2 | 15 | 敌百虫 | ≤0.1 |
| 3 | 杀螟硫磷 | ≤0.5 | 16 | 除虫脲 | ≤1 |
| 4 | 敌敌畏 | ≤0.2 | 17 | 氯氟氰菊酯 | ≤0.2 |
| 5 | 乐果 | ≤0.1 | 18 | 三唑锡 | ≤2 |
| 6 | 马拉硫磷 | 不得检出 | 19 | 毒死蜱 | ≤1 |
| 7 | 辛硫磷 | ≤0.05 | 20 | 双甲脒 | ≤0.5 |
| 8 | 多菌灵 | ≤0.5 | 21 | 砷 | ≤0.5 |
| 9 | 氯菊酯 | ≤2 | 22 | 铅 | ≤0.2 |
| 10 | 抗蚜威 | ≤0.5 | 23 | 镉 | ≤0.03 |
| 11 | 溴氰菊酯 | ≤0.1 | 24 | 汞 | ≤0.01 |
| 12 | 氰戊菊酯 | ≤0.2 | 25 | 铜 | ≤10 |
| 13 | 三唑酮 | ≤1 | 26 | 氟 | ≤0.5 |

3.无公害食品生鲜牛乳的检测项目(NY 5045—2008)

(1)感官 见表1-4。

**表1-4 无公害食品生鲜牛乳的感官指标**

| 项目 | 指标 |
|---|---|
| 色泽 | 呈乳白色或稍带微黄色 |
| 组织状态 | 呈均匀的胶态流体,无沉淀,无凝块,无肉眼可见杂质和其他异物 |
| 滋味与气味 | 具有新鲜牛乳固有的香味,无其他异味 |

(2)理化指标 见表1-5。

**表1-5 无公害食品生鲜牛乳的理化指标**

| 项目 | 指标 | 项目 | 指标 |
|---|---|---|---|
| 相对密度($d_4^{20}$) | 1.028～1.032 | 非脂乳固体/(g/100 g) | ≥8.3 |
| 冰点/℃ | −0.550～−0.510 | 酸度/°T | 12.0～18.0 |
| 脂肪/(g/100 g) | ≥3.2 | 酒精试验/(72°) | 阴性 |
| 蛋白质/(g/100 g) | ≥3.0 | 杂质度/(mg/kg) | ≤4 |

(3)安全指标　见表 1-6。

**表 1-6　无公害食品生鲜牛乳的安全指标**

| 项目 | 指标 |
|---|---|
| 总汞/(mg/kg) | ≤0.01 |
| 无机砷/(mg/kg) | ≤0.05 |
| 铅/(mg/kg) | ≤0.05 |
| 铬/(mg/kg) | ≤0.3 |
| 硝酸盐/(以 $NaNO_2$ 计)/(mg/kg) | ≤8.0 |
| 亚硝酸盐/(以 $NaNO_2$ 计)/(mg/kg) | ≤0.2 |
| 黄曲霉毒素 M1/(μg/kg) | ≤0.5 |
| 磺胺类/(μg/kg) | ≤100 |
| 四环素/(μg/kg) | ≤100 |
| 土霉素/(μg/kg) | ≤100 |
| 金霉素/(μg/kg) | ≤100 |
| 氨苄青霉素/(μg/kg) | ≤10 |
| 青霉素、卡那霉素、链霉素、庆大霉素 | ≤阴性 |

注:其他兽药、农药最高残留限量和有毒有害物质限量应符合国家相关规定。

(4)生物学指标　见表 1-7。

**表 1-7　无公害食品生鲜牛乳的生物学指标**

| 项目 | 指标 |
|---|---|
| 菌落总数/(cfu/mL) | ≤500 000 |
| 体细胞/(个/mL) | ≤600 000 |

### (四)农产品质量检测的一般方法

在农产品检测中,由于目的不同或被测组分干扰组分的性质以及在农产品中存在的数量的差异,所选择的检测方法也各不相同。按照检测方法的不同可以把农产品检验有关的方法分为感官检验法、物理检验法、化学分析法、仪器分析法、微生物检验法。具体分类见图 1-1。

感官检验法是最简单、成本最低的分析方法,但带有一定的人为性和主观性;化学分析法适于常量分析,是农产品检测技术中最基础、最基本、最重要的检测方法;仪器分析法适于微量分析,是一种较为灵敏、快速、准确的分析方法,适于生产过程的控制分析。但所用仪器一般都很昂贵。

- 农产品检验
  - 感官检验
    - 视觉检验
    - 嗅觉检验
    - 味觉检验
    - 听觉检验
    - 触觉检验
  - 物理检验
    - 密度法
    - 折光法
  - 化学分析
    - 称量分析
    - 滴定分析
  - 仪器分析
    - 分子光谱法
      - 可见分光光度法
      - 紫外分光光度法
    - 原子光谱法
      - 原子吸收光谱法
      - 原子荧光光谱法
    - 色谱法
      - 气相色谱法
      - 液相色谱法
    - 电化学法：离子选择性电极（pH 计）
  - 微生物检验法

**图 1-1　检测方法分类**

随着科学技术的迅猛发展，各种农产品检测的方法不断得到完善、更新，在保证检测准确度的前提下，农产品检测正向着微量、快速、智能化的方向发展。许多高灵敏度、高分辨率的仪器越来越多地应用于农产品检测分析过程中，为农产品的研究与开发、农产品的质量安全检验提供了更有力的手段。气相色谱仪、高效液相色谱仪、氨基酸自动分析仪、原子吸收分光光度计以及可进行光谱扫描的紫外-可见光分光光度计、荧光分光光度计等已在农产品分析中得到了广泛的应用。现代农产品检测技术中涉及到的各种仪器检验方法，许多高效、新型的仪器检测技术和方法也在不断地产生。随着计算机的普及和应用，为仪器分析的自动化提供了有力的保障，从自动进样到分析结果，数据的统计和结果的处理，实现了全过程的自动化。

### (五)我国农产品检验机构

我国的农产品检测体系包括政府监督检验机构、社会中介服务检验机构和企业自有检验室。

1. 政府监督检验机构

一是以政府农业行政系统为主导的农产品安全生产监督检验体系。针对农产品生产和流通特点，农业行政主管部门开展以农业投入品和农产品等为重点的监督检验，组织实施从农产品生产到销售的全程质量监督控制网络。二是技术监督部门为主导的食品加工企业为主的监督检验体系。负责对加工产品生产过程的监督检验，控制加工企业食品安全生产。三是食品药品监督管理局组织的对食品安全控制的综合监督与管理。另外，还包括卫生部门的卫生安全监督管理。三个系统均设有部级专业性质检中心和省级综合性质检中心。部级专业性质检中心：承担全国性的农产品质量安全普查和风险评估工作，承担检测技术研究和标准制(修)订，开展与农产品质量对比分析研究与国际交流合作，承担其他方面的社会委托及技术咨询和技术服务。省级综合性质检中心：承担质量安全监督抽查检验，负责农产品市场的准入检验、农产品产地认定检验和农产品质量安全评价鉴定检验，负责对市县综合性检测站的技术指导和培训及其他咨询服务工作。市(县)级综合性检测站：承担县农业行政主管部门下达的农产品质量安全执法检验，负责指导农产品生产基地和批发市场开展检测工作，负责农产品质量安全监督检查的抽样和生产过程中的日常监督检验，承担农产品质量安全标准宣贯和技术培训，负责有关农产品质量安全方面的技术咨询和技术服务工作。

2. 社会中介服务检验机构

中央和省级科研院所、大专院校，以其中心实验室为基础，在开展科研测试的同时，完善检测设备，提高检测水平，开展对外检测服务，初步形成了具有社会中介服务功能的第三方检验测试群体。

3. 企业自检机构

从企业生产管理角度出发，尤其是进出口食品(包括农产品)企业，必须建立自己的检测机构，实施企业自检。根据我国农副产品生产销售的特点，已经陆续在各省组织建立农贸市场、批发市场食品安全检测站点，初步建立了以市场准入为主的检测制度，并形成了一套检测技术和检测管理办法。

检验的具体任务包括产前检验、产中检验和产后检验。产前检验是以农业生态环境安全保障检测为重点，检测产地环境中的水、土、气，包括耕地受污染的状况；畜禽、水产生产环境等受污染状况；农用城市垃圾、工业固体废弃物、污泥的污染监控等。产中检验是以投入品质量安全保证检测为重点，主要检测对象为肥料、农药、种子、兽药、饲料(饵料)及农业生产用机械设备和农产品加工机械设备等。产后检验是以农产品市场准入认可性检测为重点，主要检测对象为种植业产品及其制品、养殖业产品及制品、水产品及制品、转基因产品等。

**(六)我国农产品质量状况**

“十一五”期间，我国农产品质量安全工作在法制建设、执法监管、标准化生产、体系建设等方面取得了重要进展，农产品质量安全水平不断提升。2010 年蔬菜、畜产品、水产品等主要农产品监测合格率都超过 96%，连续 3 年稳定在 96%以上的高位水平。

2011 年 6 月，农业部组织有关质检机构完成了 2011 年第二季度例行监测工作。共抽检蔬菜、茶叶、畜禽产品、水产品样品 8 608 个，覆盖全国 31 个省(区、市)的 144 个大中城市，监测参数 91 种。监测结果显示，按往年同期同口径统计，本次监测蔬菜、畜禽产品和水产品合格率分别为 97.9%、99.7%和 96.6%，比去年同期分别提高 1.0、0.2 和 0.1 个百分点。我国农产品质量总体上安全可靠、消费有保障，为农业、农村经济持续平稳较快发展提供了重要支撑。

农产品质量安全依法监管格局基本形成。国家相继颁布实施了《农产品质量安全法》、《食品安全法》、《乳品质量安全监督管理条例》等法律法规，农业部配套制定了部门规章及强制性技术规范，一些地方性法规或规章也相应颁布实施。2008 年农业部组建了履行农产品质量安全执法监管职能的农产品质量安全监管局，各省及所属地县级农产品质量安全监管专门机构相继建立，农产品质量安全已步入依法监管的新阶段。

农产品质量安全执法监管深入推进。相继组织实施了农产品质量安全专项整治等活动，有效遏制了重大农产品质量安全事件的发生，保障了 2008 年奥运会、2010 年上海世博会等重大活动期间农产品质量安全可靠。深入开展了农资打假专项治理行动，为农民挽回直接经济损失 70 多亿元。全面实施了农产品质量安全普查、例行监测、监督抽查以及农兽药残留监控等监控计划，形成了涵盖全国主要城市、涉及主要农产品的农产品质量安全监测网络。针对大中城市消费安全的例行监测品种扩大至 6 个大类 101 种产品 86 项安全限量检测参数，监测地域已覆盖全国 259 个主要农产品消费城市。

农业标准化工作扎实开展。以农产品农兽药残留标准制修订为重点，“十一五”期间共制定农业国家标准和行业标准 1 800 多项，农业国家标准和行业标准总数已累计达到 4 500 多项，农业标准体系逐步建立完善。启动实施了农业标准化生产示范创建活动，已创建 500 多个国家级农业标准化示范县(场)、819 个园艺作物标准园和一大批畜禽标准化养殖小区、水产健康养殖场。

安全优质品牌农产品快速发展。2010 年新认证无公害农产品、绿色食品、有机农产品和农产品地理标志(简称“三品一标”)1.2 万多个，全国“三品一标”总数达到 8 万个，认定产地占食用农产品产地总面积 30%以上，认证农产品占食用农产品商品量 30%以上。无公害农产品、绿色食品、有机农产品质量安全合格率稳定保持在 98%以上。

农产品质量安全支撑体系取得突破性进展。组织实施了《全国农产品质量安全检验检测体系建设规划(2006—2010年)》,已投资建设部级农产品质量安全研究中心和专业性检验检测中心36个、部级区域性检测中心13个、省级综合性质检中心30个和县级质检站936个。"三品一标"贯通部省地县的工作机构基本建立,体系队伍不断壮大。国家农产品质量安全风险评估专家委员会依法正式组建。

## 第二节 农产品检验的实施步骤

近几十年来,随着科学技术的进步和发展,特别是随着信息时代的来临,检验标准迅速提升,检验工作已经由原来的化学分析为主变成仪器分析为主,工作过程实现了仪器化、自动化、计算机化,分析仪器不断升级换代,检验方法标准不断更新,检验周期大为缩短,检验准确度、精密度显著提高。

### 一、接受任务的过程

农产品检验任务来源于4个方面:监督检验、生产者要求的产品检验、用户要求的检验和仲裁检验。

1. 监督检验

定期或不定期到原产地、生产厂家、市场等地进行抽样。抽样工作由专业人员按照国家标准操作,完成后交付专业检验机构按照有关标准进行检验。其目的就是确保农产品质量,对生产、加工、储运、销售和消费过程中的农产品质量进行监督、检验和管理,实现从农田到餐桌的全程质量控制。

2. 生产者要求的产品检验

生产企业或个人,为了使生产的产品达到产品标准,从产品中抽取具有代表性的样品,在企业内部实验室或权威检验机构按照产品标准进行检验。

3. 用户要求的检验

用户在消费农产品的过程中遇到了产品质量问题,自行或通过管理机构要求生产者对产品质量或食品安全性问题进行检验。

4. 仲裁检验

当产生严重的质量纠纷时,法院或当事人双方送样品到权威检验机构,要求按照标准对特定项目进行检验。

这里必须指出,清楚、准确的抽取样品的报告对完成检验工作是十分必要的。

报告的形式依检验性质有别，但都应尽可能简短、明确、客观。报告应写进所见到的违章掺假行为、污损行为和显然不能令人满意情况的证据。还应写进与生产设备、个人习惯、原料、加工、包装和贮存有关的不卫生和其他不合要求的情况和活动。

检验单位接受检验任务后，要立即完成样品登记。登记内容包括样品名称、样品编号、数量、状态、送(抽)样人、抽样时间、接受时间等项目。登记后的样品要按照样品接收和保管程序执行。

## 二、获取信息的过程

1. 认识样品

正确地认识样品是做好检验工作的第一步。由于产品种类、性质和检验目的与方法的不同，必须采用不同的样品采集和处理方法。

样品通常可以分为下述类型：①高含水量的样品，如乳类、水果、蔬菜等；②低含水量的样品，如粮食、油料等；③含糖量高的样品，如水果、薯类等；④含脂肪高的样品，如肉类、油料等；⑤环境样品，如土壤、水等；⑥特殊样品。

为了保证完成检验任务，必须尽可能多地了解样品信息，包括产地环境、成熟度、样品状态和包装、标签等信息，做到心中有数。

2. 了解检验任务

其主要目的是要解决检验什么的问题。农产品检验通常按照产品标准和特殊检验目的进行检验，如含水量、蛋白质、脂肪、碳水化合物、粗纤维和营养性矿物质含量的检验，以及重金属、有害化合物和农药残留的检验。

3. 确定检验方法

根据检验任务确定检验方法，解决怎么检的问题。检验方法包括标准方法和非标准方法两类。标准的方法包括国际标准方法、国际区域性标准方法、国家标准方法、行业标准方法和企业标准方法。非标准方法包括技术组织公布的方法、文献期刊公布的方法、设备生产厂家指定的方法、实验室自制方法。

4. 进行检验

检验就是要获取农产品中的物质信息，回答是什么和含多少的问题，即定性和定量两个方面。为此要改变样品的物质形态，通过烘干、粉碎、消化、萃取等方法对样品进行处理，进而进行化学分析和仪器分析，以取得检测结果。农产品组分复杂，如果其中存在着对测定有干扰的组分，可能需要在测量前把干扰组分分离除去，使之不再干扰测定结果，而待测组分的损失减小到可以接受的程度。对于复杂样品来说，分离与测定同样重要，因为良好的分离是准确测定的前提。

5.分析结果与检验报告

在仔细核对每一测定步骤准确无误的前提下,用统计学的方法借助于计算机对分析测定所得到的信息进行有效的处理。对于分析测定的数据,应该学会运用建立在统计学基础上的误差理论来进行计算和正确表达,进行质量控制,并按照要求报告检测结果,依据标准给出检验报告。

### 三、检验工作的实际步骤

检验工作一般都要经过样品的采集与制备、样品预处理、测定、结果分析与检验报告生成等几个步骤。具体方法将在后续章节中学习。

## 第三节 样品的采集、制备和保存

### 一、样品的采集

农产品的种类繁多,成分复杂。同一种类的农产品,其成分及其含量也会因品种、产地、栽培措施、成熟期、加工或保藏条件不同而存在相当大的差异;同一分析对象的不同部位,其成分和含量也可能有较大差异。从大量的、组成成分不均匀的被检物质中采集能代表全部被检物质的分析样品(平均样品),必须采用正确的采样方法。如果采取的样品不足以代表全部物料的组成成分,即使以后的样品处理、检测等一系列环节非常精密、准确,其检测的结果亦毫无价值,甚至得出错误的结论。可见,采样是产品分析工作非常重要的环节。

1.采样的概念

样品的采集简称采样,也称取样、拣样,是指从大量分析对象中抽取一部分作为分析材料的过程,所抽取的分析材料称为样品或试样。采样检验适用于批量较大、价值较低、质量特性较多、且质量较稳定或具有破坏性的产品检验。

2.采样的原则

(1)代表性原则　所谓代表性,是指采取的样品必须能代表全部的检测对象,代表产品整体。这是关系到检测结果和由此得出的结论是否正确的先决条件,否则,无论检测工作做得如何认真、精确都是毫无意义的,甚至会给出错误的结论。代表性原则要求被抽取的一部分样品必须具备有整批产品的共同特征,以使鉴定结果能成为决定大量产品质量的主要依据。

(2)典型性原则　指被抽取的样品能反映整批产品在某些(个)方面的重要特

征，能发现某种情况对产品质量造成的重大影响。如产品的变质、污染、掺杂及假冒劣质产品的鉴别。

(3)适时性原则　针对组分、含量、性能、质量等会随时间或容易随时间的推移而发生变化的产品，要求及时、适时采样并进行鉴定。如新鲜果菜中各类维生素含量的鉴定及农药或杀虫剂残留量的鉴定等。

3.采样的步骤

采集样品的步骤一般分5步，依次如下：

(1)获得检样。由分析的整批物料的各个部分采集的少量物料称为检样。

(2)形成原始样品。许多份检样综合在一起称为原始样品。如果采得的检样互不一致，则不能把它们放在一起做成一份原始样品，而只能把质量相同的检样混在一起，作成若干份原始样品。

(3)得到平均样品。原始样品经过技术处理后，再抽取其中一部分供分析检验用的样品称为平均样品。

(4)平均样品三分。将平均样品平分为3份，分别作为检验样品（供分析检测使用）、复验样品（供复验使用）和保留样品（供备用或查用）

(5)填写采样记录。采样记录要求详细填写采样的单位、地址、日期、样品的批号、采样的条件、采样时的包装情况、采样的数量、要求检验的项目以及采样人等资料。

4.采样的一般方法

采样的目的在于通过尽可能少的样本所反映出的质量状况来统计推断整批产品的质量水平。所以如何抽取对该批产品具有代表性的样品，对准确评定整批产品的平均质量显得十分重要，是关系着生产者、消费者利益的大事。所以要正确选择采样方法，控制采样误差，以获取较为准确的检验结果。

采样通常有两种方法：随机采样和代表性取样。随机采样是按照随机的原则，从分析的整批物料中抽取出一部分样品。随机采样时，要求使整批物料的各个部分都有被抽到的机会。代表性取样则是用系统采样法进行采样，即已经掌握了样品随空间（位置）和时间变化的规律，按照这个规律采取样品，从而使采集到的样品能代表其相应部分的组成和质量，如对整批物料进行分层取样、在生产过程的各个环节取样、定期从货架上采取陈列不同时间的产品的取样等。

两种方法各有利弊。随机采样可以避免人为的倾向性，但是，在有些情况下，如难以混匀的产品（如黏稠液体、蔬菜等）的采样，仅仅使用随机采样法是不行的，必须结合代表性取样，从有代表性的各个部分分别取样。因此，采样通常采用随机采样与代表性取样相结合的方式。具体的取样方法，因分析对象性质的不同而异。

采样工作中应按照国家标准或行业标准执行。

5. 采样注意事项

(1)一切采样工具(如采样器、容器、包装纸等)都应清洁、干燥、无异味,不应将任何杂质带入样品中。例如,检测微量和超微量元素时,要对容器进行预处理;做锌测定的样品不能用含锌的橡皮膏封口;做汞测定的样品不能使用橡皮塞;供微生物检验用的样品,应严格遵守无菌操作规程。

(2)新鲜样品采集后,应立即装入聚乙烯塑料袋,扎紧袋口,以防水分蒸发。

(3)测定重金属的果蔬样品,尽量用不锈钢制品直接采取样品。

(4)设法保持样品原有微生物状况和理化指标,在进行检测之前样品不得被污染,不得发生变化。例如作黄曲霉毒素 $B_1$ 测定的样品,要避免阳光、紫外灯照射,以免黄曲霉毒素 $B_1$ 发生分解。

(5)感官性质极不相同的样品,切不可混在一起,应另行包装,并注明其性质。

(6)样品采集完后,应在 4 h 之内迅速送往检测室进行分析检测,以免发生变化。

(7)盛装样品的器具上要贴牢标签,注明样品名称、采样地点、采样日期、样品批号、采样方法、采样数量、分析项目及采样人。

(8)填写蔬菜样品标签,防止样品混淆,最好填写 2 份,1 份放入袋内,1 份扎在袋口。采样结束应在现场逐项逐个检查,如采样记录表、样品登记表、样袋标签、样品、采样点位置图标记等有无缺项、漏项和错误,应及时补齐和修正。

## 二、样品的制备

### (一)农产品样品制备

按采样规程采取的样品往往数量较多、颗粒较大,而且组成也不十分均匀。为了确保分析结果的正确性,必须对采集到的样品进行适当的制备,以保证样品十分均匀,使在分析时采取任何部分都能代表全部样品的成分。

样品的制备是指对采取的样品进行分取、粉碎、混匀等处理工作。样品的制备方法因产品类别不同而异。

1. 液体、浆体或悬浮液体

一般将样品摇匀,充分搅拌。常用的简便搅拌工具是玻璃搅拌棒,还有带变速器的电动搅拌器,可以任意调节搅拌速度。

2. 固体样品

应用切细、粉碎、捣碎、研磨等方法将样品制成均匀可检状态。质地软的样品

(如水果、蔬菜)可取可食部分放入组织捣碎机中捣匀。各种机具应尽量选用惰性材料,如不锈钢、合金材料、玻璃、陶瓷、高强度塑料等。

为控制颗粒度均匀一致,可采用标准筛过筛。标准筛为金属丝编制的不同孔径的配套过筛工具,可根据分析的要求选用。过筛时,要求全部样品都通过筛孔,未通过的部分应继续粉碎并过筛,直至全部样品都通过为止,而不应该把未过筛的部分随意丢弃,否则将造成产品样品中的成分构成改变,从而影响样品的代表性。经过磨碎过筛的样品,必须进一步充分混匀。固体油脂应加热熔化后再混匀。

3. 罐头

水果罐头在捣碎前须清除果核,常用的捣碎工具有高速组织捣碎机等。

在样品制备过程中,应注意防止易挥发性成分的逸散和避免样品组成和理化性质发生变化。作微生物检验的样品,必须根据微生物学的要求,按照无菌操作规程制备。

### (二)果蔬产品样品制备

1. 制样工作场地

应通风、整洁、无扬尘、无易挥发化学物质。

2. 制备工具和容器

(1)切碎新鲜样品　用不锈钢食品加工机、聚乙烯塑料食品加工机、高速组织分散机、硅制刀、不锈钢切刀、不锈钢剪刀等。

(2)磨碎干样品　不锈钢磨、旋风磨、玛瑙研钵、无色聚乙烯塑料薄膜、白搪瓷盘等。

(3)分装容器用具　塞磨口玻璃瓶、具塞无色聚乙烯塑料瓶、具塞玻璃瓶等,无色聚乙烯塑料袋等,规格视量而定。

3. 样品加工

(1)样品缩分　果蔬样品要经缩分分为正样与副样。副样分类保存,正样按要求加工。具体做法如下:

大白菜等大型蔬菜样品采用对角线分割法缩分。先用清水将样品洗净晾至无水分后,垂直放置,中间部分横切,然后上下部分分别进行对角线切割,除去非可食部分,可食部分见表1-8,取所需量的样品。

小型叶菜样品应采用随机取样法缩分。先用清水将样品洗净晾至无水分后,将整株植物(可食部分)粗切后混合均匀,随机取所需量的样品。

表 1-8　蔬菜检测的可食部位

| 样品名称 | 检测部位 |
| --- | --- |
| 番茄、茄子等 | 去蒂供测 |
| 黄瓜等 | 去果柄供测 |
| 萝卜、胡萝卜等 | 叶、根(用水轻轻洗去根泥,稍晾干)分别供测 |
| 大白菜、小白菜等 | 去根,去外侧腐叶,供测 |

(2)试样制备

新鲜样品:取可食部分,用干净纱布轻轻擦去样品上的泥沙等附着物,采用对角线分割法,取对角部分,将其切碎,充分混匀,用四分法取样或直接用组织捣碎机捣碎,混合均匀成待测试样;含纤维较多的样品,如根、茎秆、叶子等,不能用捣碎机捣碎,可用不锈钢刀或剪刀切成碎片,混合均匀成待测试样,放入分装容器中,备用。

干样品(一般用于重金属的测定):称取将新鲜样品用四分法取样后剩余部分一定量的样品,放在铺有无色聚乙烯塑料薄膜的白搪瓷盘中,放入鼓风干燥箱中在105℃加热 15 min 杀酶,然后在 60～70℃条件下干燥 24～48 h。干燥后的样品,放入干燥器内,待冷却到室温后,称量,计算样品的含水量。然后将样品用不锈钢磨、旋风磨或玛瑙研钵进行加工,使全部样品通过 40～60 目尼龙筛,混合均匀后制成待测样,放入分装容器中,备用。

4. 制作注意事项

制样中,采样时的果蔬样品标签与果蔬始终放在一起,防止混淆。制样所用工具处理一份样品后应冲洗或擦洗一次,严防交叉污染。

## 三、样品的保存

采取的样品,为了防止其水分或挥发性成分散失以及其他待测成分含量的变化(如光解、高温分解、发酵等),应在短时间内进行分析。如果不能立即分析,则应妥善保存,保存的原则是:干燥,低温,避光,密封。

制备好的样品应放在密封洁净的容器内,置于阴暗处保存;易腐败变质的样品应保存在 0～5℃的冰箱里,保存时间也不宜过长;有些成分,如胡萝卜素、黄曲霉毒素 $B_1$、维生素 $B_1$,容易发生光解,以这些成分为分析项目的样品,必须在避光条件下保存;特殊情况下,样品中可加入适量的不影响分析结果的防腐剂,或将样品置于冷冻干燥器内进行升华干燥来保存。此外,样品保存环境要清洁干燥;存放的样品要按日期、批号、编号摆放以便查找。

果蔬产品样品在保存时应遵循以下原则：

(1)采样人员和被检单位代表共同确认样品的真实性、代表性和有效性。

(2)将每份样品分别封存，粘贴封条。采样人员和被检单位代表分别在封条上签字盖章。

(3)封样包装材料应清洁、干燥，不会对样品造成污染和伤害；包装容器应完整、结实、有一定抗压性。

(4)蔬菜产品样品应放入冷藏箱或低温冰箱中保存，冷藏箱或低温冰箱应清洁、无化学药品等污染物。经匀浆处理后的样品短期保存(2～3 d)可放入冷藏箱中，长期保存应放在－20℃低温冰箱中。

## 第四节　样品的预处理

农产品的成分很复杂，既含有蛋白质、糖、脂肪、维生素及因污染引入的有机农药等大分子的有机化合物，又含有钾、钠、钙、铁等各种无机元素。这些组分之间往往通过各种作用力以复杂的结合态或络合态形式存在。当应用某种方法对其中某种组分的含量进行测定时，其他组分的存在，常给测定带来干扰，为了保证分析工作的顺利进行，得到准确的分析结果，必须在测定前破坏样品中各组分之间的作用力，使被测组分游离出来，同时排除干扰组分；此外，有些被测微量组分，如污染物、农药、黄曲霉毒素等，由于含量甚少，很难检测出来，为了准确地测出它们的含量，必须在测定前对样品进行富集或浓缩。以上这些操作过程统称为样品预处理，是产品检验过程中的一个重要环节，直接关系着检验结果的客观和准确。

进行样品的预处理，要根据检测对象、检测项目选择合适的方法。总的原则是：排除干扰，完整保留被测组分并使之浓缩，以获得满意的分析结果。常用的方法有以下几种。

### 一、有机物破坏法

主要用于产品中无机元素的测定，产品中的无机盐或金属离子，常与蛋白质等有机物质结合，成为难溶、难离解的有机金属化合物，从而失去其原来的特性。欲测定其中金属离子或无机盐的含量，需在测定前破坏有机结合体，释放出被测组分，以便分析测定。通常可采用高温或高温及强氧化条件使有机物质分解，呈气态逸散，而被测组分残留下来，根据具体操作条件不同，又可分为干法和湿法两大类。

1. 干法灰化

这是一种用高温灼烧的方式破坏样品中有机物的方法，因而又称为灼烧法。除汞外大多数金属元素和部分非金属的测定都可用此法处理样品。其原理是将一定量的样品置于坩埚中加热，使其中的有机物脱水、炭化、分解、氧化之后，再置于高温的灰化炉(马弗炉)中(一般温度为500～550℃)灼烧灰化，使有机成分彻底分解为二氧化碳、水和其他气体而挥发，直至残渣为白色或浅灰色为止，所得的残渣即为无机成分，可供测定用。

2. 湿法消化

此法是通过向样品中加入氧化性强酸(如浓硝酸、浓硫酸和高氯酸)，并结合加热消煮，有时还要加一些氧化剂(如高锰酸钾、过氧化氢)或催化剂(硫酸铜、硫酸汞、二氧化硒、五氧化二钒等)，使样品中的有机物质被完全分解、氧化，呈气态逸出，而待测成分则转化为离子状态存在于消化液中，供测试用。常用的强氧化剂有浓硝酸、浓硫酸、高氯酸、高锰酸钾、过氧化氢等。在实际工作中，经常采用需要多种试剂结合一起使用。

## 二、蒸馏法

蒸馏法是利用液体混合物中各组分挥发度不同所进行分离的方法。此法具有分离和净化双重效果。根据样品中待测定成分性质的不同，常采用以下几种蒸馏方式。

1. 常压蒸馏

当被蒸馏的物质受热后不发生分解或沸点不太高时，可在常压下进行蒸馏。常压蒸馏装置比较简单。加热方法要根据被蒸馏物质的沸点和特性来选择。如果沸点不高于90℃，则需改用油浴、沙浴、盐浴或石棉浴；如果被蒸馏物质不易爆炸或燃烧，可直接加热，最好垫以石棉网，以保证加热均匀和安全。当被测物质的沸点高于150℃时，则需使用空气冷凝管进行冷凝。

2. 减压蒸馏

当蒸馏物质在常压下蒸馏容易发生分解或其沸点太高时，可以采用减压蒸馏。减压装置通常使用水泵或真空泵。

3. 水蒸气蒸馏

某些物质沸点较高，直接加热蒸馏时，因受热不均易引起局部炭化；还有些被测成分，当加热到沸点时可能发生分解。这些成分的提取，可用水蒸气蒸馏。水蒸气蒸馏用水蒸气加热水和与水互不相溶的混合液体，使具有一定挥发度的被测组分与水蒸气按分压成比例地从溶液中一起蒸馏出来。

4. 分馏

当需要分离的两种或两种以上互溶组分而且沸点相差很小时，可用分馏的方法进行分离。分馏是蒸馏的一种，是将液体混合物在一个设备内进行多次部分汽化和部分冷凝，将液体混合物分离为各组分蒸馏过程。

## 三、溶剂提取法

在同一溶剂中，不同的物质具有不同的溶解度。利用样品各组分在某一溶剂中溶解度的差异，将各组分完全或部分地分离的方法，称为溶剂提取法或萃取。溶剂提取法很多，常用的方法是浸提法、萃取法。

1. 浸提法

用适当的溶剂从固体样品中将某种待测成分浸提出来的方法称为浸提法，又称液-固萃取法。

2. 萃取法

这种方法又叫溶剂分层法，是利用某组分在两种互不相溶的溶剂中分配系数的不同，使其从一种溶剂转移到另一种溶剂中，而与其他组分分离的方法。此法操作迅速，分离效果好，应用广泛。但萃取试剂通常易燃、易挥发，且有毒性。

## 四、色层分离法

色层分离法又称色谱分离法，是一种在载体上进行物质分离的一系列方法的总称。根据分离原理的不同，色谱分离可分为吸附色谱分离、分配色谱分离和离子交换色谱分离等。此类分离方法分离效果好，尤其对一系列有机物质的分析测定，色层分离具有独特的优点，近年来在农产品分析中应用越来越广泛。

1. 吸附色谱分离

利用经活化处理的聚酰胺、硅胶、硅藻土、氧化铝等吸附剂所具有的适当的吸附能力，对被测成分或干扰组分进行选择性吸附而进行的分离称为吸附色谱分离。

2. 分配色谱分离

这种方法是根据不同物质在两相间的分配比不同所进行的色谱分离。两相中流动的一相称为流动相，固定不动的另一相称为固定相，被分离的组分在流动相沿着固定相移动的过程中，由于不同物质在两相中的分配比不同，当作为流动相的溶剂渗透在固定相中并向上扩展时，这些物质在两相中的分配作用反复进行，从而达到分离的目的。

3. 离子交换色谱分离

离子交换分离法是利用离子交换剂与溶液中的离子之间所发生的交换反应来

进行分离的色谱分离方法。可分为阳离子交换和阴离子交换两种。在样品分析中,可应用离子交换分离法制备无氨水、无铅水。离子交换分离法还常用于分离较为复杂的样品。

## 五、磺化法和皂化法

磺化法和皂化法是除去油脂或处理含脂肪样品时常用的方法,也用于农药分析中样品的净化。

1. 硫酸磺化法

此法的原理是油脂遇到浓硫酸就发生磺化,浓硫酸与脂肪和色素中的不饱和键起加成作用,形成可溶于硫酸和水的强极性化合物,不再被弱极性的有机溶剂所溶解,从而使脂肪被分离出来,达到分离净化的目的。用浓硫酸处理样品提取液,再用水清洗,可有效地除去脂肪、色素等干扰杂质。

此法简单、快速、净化效果好,但用于农药分析时,仅限于在强酸介质中稳定的农药(如有机氯农药中六六六、DDT)提取液的净化,其回收率在 80%以上。但不能用于狄氏剂和一般有机磷农药,个别有机磷农药控制在一定酸度的条件下应用。

利用浓硫酸处理过的硅藻土作层析柱,使待净化的样品抽提液通过,以磺化其中的油脂,这是比较常用的净化方法。也可以不使用硅藻土而把浓硫酸直接加在样品溶液里振摇和分层处理,以磺化除去其中的油脂,这叫直接磺化法。

2. 皂化法

本法是用热碱溶液处理样品提取液,以除去脂肪等干扰杂质。其原理是利用氢氧化钾乙醇溶液将脂肪等杂质皂化除去,以达到净化目的。此法仅适于对碱稳定的农药(如狄氏剂,艾氏剂)提取液的净化。在用荧光光度法测定肉、鱼、禽类及其熏制品的 3,4-苯并芘时,也可使用皂化法(向样品中加入氢氧化钾回流皂化2 h)除去样品中的脂肪。

## 六、沉淀分离法

沉淀分离法是利用沉淀反应进行分离的方法。在试样中加入适应的沉淀剂,使被测组分沉淀下来,或将干扰组分沉淀下来,经过过滤或离心将沉淀与母液分开,从而达到分离目的。例如,测定冷饮中糖精钠含量时,可在试剂中加入碱性硫酸铜,将蛋白质等干扰杂质沉淀下来,而糖精钠仍留在试液中,经过滤除去沉淀后,取滤液进行分析。又如,用氢氧化铜或碱性乙酸铅将蛋白质从水溶液中沉淀下来,将沉淀消化并测定其中的氮量,据此可以断定样品中的纯蛋白质的含量。

在进行沉淀分离时,应注意溶液中所要加入的沉淀剂的选择。所选沉淀剂应该是不会破坏溶液中所要沉淀析出的物质，否则达不到分离提取的目的。沉淀后，要选择适当的分离方法，如过滤、离心分离或蒸发等。这要根据溶液、沉淀剂、沉淀析出物质的性质和实验要求来决定。沉淀操作中，经常伴随有 pH 值、温度等条件要求，这一点应注意。

### 七、掩蔽法

此法是利用掩蔽剂与样品溶液中干扰成分作用，使干扰成分转变为不干扰测定状态，即被掩蔽起来。运用这种方法可以不经过分离干扰成分的操作而消除其干扰作用，简化分析步骤，因而在农产品分析中应用十分广泛，常用于金属元素的测定。如双硫腙比色法测定铅时，在测定条件（pH＝9）下，$Cu^{2+}$、$Cd^{2+}$ 等对测定有干扰，可加入氰化钾和柠檬酸铵进行掩蔽，消除它们的干扰。

### 八、浓缩法

农产品的样品经提取、净化后，有时净化液的体积较大，在测定前需进行浓缩，以提高被测成分的浓度。常用的浓缩方法有常压浓缩法和减压浓缩法两种。

1. 常压浓缩法

此法是最常用的方法，主要用于待测组分为非挥发性的样品净化液的浓缩，通常采用蒸发皿直接挥发，若要回收溶剂，则可用一般蒸馏装置或旋转蒸发器。该法的优点是简便、快速，易推广。

2. 减压浓缩法

此法主要用于待测组分为热不稳定性或易挥发的样品净化液的浓缩，通常采用 K-D 浓缩器。浓缩时，水浴加热并抽气减压。此法浓缩温度低、速度快、被测组分损失少，特别适用于农药残留量分析中样品净化液的浓缩。

## 第五节　知识拓展

### 一、无公害农产品、绿色食品和有机农产品

我国的无公害农产品、绿色食品和有机农产品正在逐步成为百姓消费的热点。商家在捕捉卖点、寻求商机炒作过程中，更是将无公害农产品、绿色食品和有机农产品披上了诱人的色彩。在时尚的招引下，无公害、绿色、有机正在成为标示农产品安全、健康、环保的新概念。

**(一)概念**

1. 无公害农产品

是指使用安全的投入品,按照规定的技术规范生产,产地环境、产品质量符合国家强制性标准并使用特有标志的安全农产品。

2. 绿色食品

产自优良环境,按照规定的技术规范生产,实行全程质量控制,无污染、产品安全、优质并使用专用标志的食用农产品及加工品。绿色食品分为A级和AA级两种,AA级等同于有机食品。之所以称为“绿色”,是因为自然资源和生态环境是食品生产的基本条件,由于与生命、资源、环境保护相关的事物国际上通常冠之以“绿色”,为了突出这类食品出自良好的生态环境,并能给人们带来旺盛的生命活力,因此将其定名为“绿色食品”。绿色食品的认证机构是农业部中国绿色食品发展中心,各省的绿色食品办公室负责初审工作。

3. 有机农产品

按照规定的技术规范生产,不使用化学合成的农药、兽药、肥料、饲料添加剂等物质,不采用基因工程获得的生物及其产物,并使用特定标志的农产品。

**(二)定位**

1. 无公害农产品

无公害农产品是指使用安全的投入品,按照规定的技术规范生产,产地环境、产品质量符合国家强制性标准并使用特有标志的安全农产品。无公害农产品的定位是保障消费安全、满足公众需求。无公害农产品认证是政府行为,采取逐级行政推动,认证不收费。

根据《无公害农产品管理办法》(农业部、国家质检总局第12号令),无公害农产品由产地认定和产品认证两个环节组成。产地认定由省级农业行政主管部门组织实施,产品认证由农业部农产品质量安全中心组织实施。

**图1-2 无公害农产品标志**

无公害农产品标志(图1-2)由麦穗、对勾和无公害农产品字样组成。麦穗代表农产品,对勾表示合格,金色寓意成熟和丰收,绿色象征环保和安全。

无公害农产品标志是加施于获得农业部无公害农产品认证的产品或产品包装上的证明性标识。印制在包装、标签、广告、说明书上的无公害农产品标志图案,不能作为无公害农产品证明性标识使用。无公害农产品标志使用是政府对无公害农产品质量的保证和对生产者、经营者及消费者合法权益的维护，是县级以上农业部门对无公害农产品进行有效监督和管理的重要手段。以“无公害农产品”称谓进入市场流通的所有获证产品，均须在产品或产品包装上加贴使用标志。

无公害农产品标志有 5 个种类：刮开式纸质标识加贴在无公害农产品上或产品包装上；锁扣标识应用于鲜活类无公害农产品上；捆扎带标识用于需要进行捆扎的无公害农产品上；揭露式纸质标识直接加贴于无公害农产品上或产品包装上；揭露式塑质标识加贴于无公害农产品内包装上或产品外包装上。

图 1-3　无公害农产品地理标志

农产品地理标志(图 1-3)：标示农产品来源于特定地域，产品品质和相关特征主要取决于自然生态环境和历史人文因素，并以地域名称冠名的特有农产品标志。所称农产品是指来源于农业的初级产品，即在农业活动中获得的植物、动物、微生物及其产品。农业部负责全国农产品地理标志登记保护工作。农业部农产品质量安全中心负责农产品地理标志登记审查、专家评审和对外公示工作。省级人民政府农业行政主管部门负责本行政区域内农产品地理标志登记保护申请的受理和初审工作。农业部设立的农产品地理标志登记专家评审委员会负责专家评审。

农产品地理标志登记管理是一项服务于广大农产品生产者的公益行为，主要依托政府推动，登记不收取费用。《农产品地理标志管理办法》规定，县级以上人民政府农业行政主管部门应当将农产品地理标志管理经费编入本部门年度预算。县级以上地方人民政府农业行政主管部门应当将农产品地理标志登记保护和利用纳入本地区的农业和农村经济发展规划，并在政策、资金等方面予以支持。

农产品地理标志公共标识基本图案由中华人民共和国农业部中英文字样、农产品地理标志中英文字样、麦穗、地球、日月等元素构成。麦穗代表生命与农产品，橙色寓意成熟和丰收，绿色象征农业和环保。图案整体体现了农产品地理标志与地球、人类共存的内涵。

2. 绿色食品

绿色食品是指产自优良环境，按照规定的技术规范生产，实行全程质量控制，无污染、安全、优质并使用专用标志的食用农产品及加工品。

绿色食品实施“从土地到餐桌”全程质量控制。在绿色食品生产、加工、包装、储运过程中，通过严密监测、控制和标准化生产。科学合理地使用农药、肥料、兽药、添加剂等投入品、严格防范有毒、有害物质对农产品及食品加工各个环节的污染，确保环境和产品安全。

图 1-4　绿色食品标志

绿色食品标准以国际食品法典委员会(CAC)标准为基础，参照发达国家标准制定，总体达到国际先进水平。

绿色食品标志(图 1-4)是中国绿色食品发展中心在国家工商行政管理局商标局注册的质量证明商标，用以证明绿色食品无污染、安全、优质的品质特征。它包括绿色食品标志图形、中文“绿色食品”、英文“GREEN FOOD”及中英文与图形组合共四种形式。绿色食品标志图形由三部分构成，即上方的太阳，下方的叶片和蓓蕾。标志图形为正圆形，意为保护、安全。整个图形表达明媚阳光下的和谐生机。提示人们保护环境，生产和消费优质的食品……

3. 有机产品

有机农业生产是在生产中不使用人工合成的肥料、农药、生长调节剂和畜禽饲料添加剂等物质，不采用基因工程获得的生物及其产物为手段，遵循自然规律和生态学原理，采取一系列可持续发展的农业技术，协调种植业和养殖业的关系，促进生态平衡、物种的多样性和资源的可持续利用。有机食品来自于有机农业生产体系，根据有机农业生产要求和相应的标准生产加工的，并通过合法的有机产品认证机构认证的一切农副产品，包括粮食、蔬菜、水果、奶制品、禽畜产品、水产品、蜂产品、调料等。

中国有机产品标志(图 1-5)的主要图案由三部分组成，即外围的圆形、中间的种子图形及其周围的环形线条。标志外围的圆形形似地球，象征和谐、安全，圆形中的“中国有机产品”字样为中英文结合方式。既表示中国有机产品与世界同行，也有利于国内外消费者识别。标志中间类似于种子的图形代表生命萌发之际的勃勃生机，象征了有机产品是从种子开始的全过程认证，同时昭示出有机产品就如同刚刚萌发的种子，正在中国大地上茁壮成长。种子图形周围圆润自如的线条象征环形道路，与种子图形合并构成汉字“中”，体现出有机产品植根中国，有机之路越走越宽广。同时，处于平面的环形又是英文字母“C”的变体，种子形状也是

图 1-5　中国有机产品标志

"O"的变形，意为"China Organic"。绿色代表环保、健康，表示有机产品给人类的生态环境带来完美与协调。橘红色代表旺盛的生命力，表示有机产品对可持续发展的作用。2012 年 3 月 1 日起有机产品将加唯一编号标志，旧标志 7 月 1 日前有效。

## 二、中华人民共和国农产品质量安全法

网络搜集"中华人民共和国农产品质量安全法"，了解其精神实质。

## 三、农产品质量安全检测机构考核办法

上网搜集"农产品质量安全检测机构考核办法"，自主学习。

## 四、农产品包装和标识管理办法

上网搜集"农产品包装和标识管理办法"，了解国家对"农产品包装和标识管理"方面的相关规定。

【作业】

1. 简述农产品质量检测的主要任务。

2. 农产品质量检测的主要项目有哪些？

3. 什么是检验标准？检验标准包括哪些内容？作为农产品检验人员，怎样才能履行好自己的职责？

4. 通过网络搜集最新农产品检测方法国家标准、农业标准及我国农产品质量安全水平的资料。

# 第二章　感官检验技术

## 第一节　感官检验基础知识

农产品的感官检验是凭借人体自身的感觉器官，具体地就是凭借眼、耳、鼻、口（包括唇和舌头）和手所具有的视觉、听觉、嗅觉、味觉和触觉，结合平时积累的实践经验，并借助一定的仪器，对农产品的色、香、味、组织状态和硬度等质量特性以及食品的质量状况和卫生状况做出客观评价的方法。

感官检验是农产品检验的重要方法之一，它快速、灵敏、简便、易行。感官检验不仅对农产品感官性状宏观上出现的异常能直接观察出来，尤其重要的是，当农产品的感官性状只发生微小变化，甚至这种变化轻微到用仪器的方法都难以发现时，通过人的感觉器官，如嗅觉、味觉等则能给出应有的鉴别。因此，农产品的感官检验有着理化检验和微生物检验所不能替代的优越性。在农产品的产品标准及卫生标准中，感官检验常作为第一项检验内容。

农产品质量的优劣最直接地表现在它的感官性状上，所以，通过感观指标的鉴别，即可直接判断出食品品质的优劣。对于感官指标不合格的产品，如食品中混有杂质、异物，发生霉变、沉淀等不良变化，不需要再进行其他理化检验，可直接判定为不合格。

由于农产品的感官性状变化程度很难具体衡量，同时由于鉴别者客观条件不同及主观态度各异，尤其在对食品感官性状的鉴别判断有争议时，往往难以下结论。因此，在需要借助感官鉴别方法来裁定食品的优劣时，如评比名优食品等，通常邀请对食品性状熟悉、感觉器官正常、无不良嗜好、有鉴别经验的人员进行，以减少个人的主观性和片面性。而对食品品质的评价，在感官检验不能做出判断时，则需结合理化检验和微生物检验的结论做出判断。

总之，感官检验在农产品生产中的质量控制、农产品的储藏和保鲜、新产品开发、市场调查等方面具有重要的意义和作用。

## 一、感官检验的分类

1. 按检验使用的感官分类

(1)视觉检验法　是用人的视觉器官对农产品的外观形态、色泽和透明度等进行观察，从而对农产品的新鲜程度，农产品是否有不良改变，以及蔬菜、水果的成熟度等作出评价的方法。

视觉检验是判断农产品质量的一个重要手段。视觉检验应在白昼的散射光线下进行，以免灯光隐色发生错觉。检验时应注意整体外观、大小、形态、块形的完整程度、清洁程度、表面有无光泽、颜色的深浅、色调等。在检验液体食品时，要将它注入无色玻璃器皿中，透过光线来观察，也可将瓶子颠倒过来，观察有无夹杂物下沉或絮状物悬浮。

(2)嗅觉检验法　是用人的嗅觉器官对农产品的气味进行识别，评价农产品质量（如纯度、新鲜度或劣变程度）的方法。

人的嗅觉器官相当敏感，甚至用仪器分析的方法不一定能检查出来的轻微变化，用嗅觉检验也能够发现。当食品发生轻微的腐败变质时，就会有不同的异味产生。如油脂变质所产生的酸败而有哈喇味，西瓜变质会带有馊味等。食品的气味是一些具有挥发性的物质形成的，所以在进行嗅觉检验时常需要稍稍加热。在鉴别食品的异味时，液态食品可滴在清洁的手掌上摩擦，以增加气味的挥发；识别畜肉等大块食品时，可将一把尖刀稍微加热刺入深部，拔出后立即嗅闻气味。

食品气味检验的顺序应当是先识别气味淡的，后识别气味浓的，以免影响嗅觉的灵敏度。并且检验前禁止吸烟。

(3)味觉检验法　是用人的味觉器官品尝食品的滋味和风味来鉴别食品品质优劣的方法。味觉检验主要用来评价食品的风味（风味是食品的香气、滋味、入口获得的香气和口感的综合构成），也是识别某些食品是否酸败、发酵的重要手段。

味觉检验是食品感官检验的重要内容，味觉器官可以很敏感地察觉食品中极微小的变化。味觉器官的敏感性与食品的温度有关，在进行食品滋味鉴别时，最好使食品处于 20～45℃之间，以免温度的变化增强或降低对味觉器官的刺激。几种不同味道的食品进行感官评价时，应当按照刺激性由弱到强的顺序进行，在进行大量样品鉴定时，中间必须休息，每鉴别一种食品之后必须用温水漱口。

在感官检验食品质量时，常将滋味分类为甜、酸、苦、辣、涩、浓淡、碱味及不正常味等。

(4)触觉检验法　是凭借人的触觉器官（手、皮肤）所产生的反应来鉴别食品的脆性、软硬、弹性、干湿、凉热、黏度等，以评价食品品质的优劣，也是一种常用的感官检验方法。例如,根据鱼体肌肉的硬度和弹性,常常可以判断鱼是否新鲜;评价动物油脂的品质时常需鉴别其稠度等。在感官测定食品的硬度(稠度)时,要求温度应在 15～20℃之间,因为温度的升降会影响到食品的形态改变。

(5)听觉检验法　是凭借人的听觉器官对声音的反应来检验农产品品质的方法。听觉鉴定可以评判农产品的成熟度、新鲜度、冷冻程度等。

2.按检验与主观因素的关系分类

感官检验按其所检验的质量特性是否受主观因素影响,可分为分析型感官检验和偏爱型感官检验两类。

(1)分析型感官检验　是把人的感官作为一种分析仪器,来测定农产品的质量特性或鉴别农产品之间的差异。例如,农产品的质量检验、产品评优等都属于这种类型。

分析型感官检验是将人的感官作为仪器使用。因此,应排除人的主观因素影响或尽可能减少人的主观影响,提高检验的重现性,在检验中必须注意以下 3 点。

①评价基准的标准化。在用感官测定农产品的质量特性时,对于每一测定评价项目都需要有明确的评价尺度和评价基准物,使结果统一和具有可比性。

②试验条件的规范化。在感官检验中,检验结果很容易受环境的影响。因此,试验条件应该规范化,以防试验结果受环境、条件的影响而出现大的波动。

③评价员的选定。参加分析型感官检验的评价员,应经过适当的选择和训练,维持在一定的水平上。

(2)偏爱型感官检验　与分析型感官检验相反,是以农产品作为工具,来测定人的感官的接受和偏爱程度的,又称嗜好型感官检验。它完全是人的主观行为。在新产品开发及市场调查中调查人们对感官特性的需要和可接受性时常应用这种检验。

## 二、农产品质量感官检验应遵循的原则

感官检验农产品的质量时,要着眼于农产品各方面的指标进行综合性考评,尤其要注意感官检验的结果,必要时参考检验数据,做全面分析,以期得出合理、客观、公正的结论。应遵循的原则是:

(1)国务院有关部委和省、市农业行政部门颁布的农产品检验法规是检验各类农产品质量的主要依据。

(2)农产品检验结论必须明确,不得含糊不清。

(3)在进行农产品综合性检验前,应向有关单位或个人收集该农产品的有关资料,寻找可疑环节,为上述检验结论提供必要的正确判断基础。

(4)农产品质量监督管理人员和其他进行感官检验的人员,必须具有健康的体魄,健全的精神素质,无不良嗜好、偏食和变态性反应,并应具有丰富的专业知识和

感官检验经验。

(5)检验人员自身的感觉器官机能良好,对色、香、味的变化有较强的分辨力和较高的灵敏度。

(6)非产品专业人员在检验农产品感官性状时,除具有正常的感觉器官外,还应对所选购的农产品有一般性的了解,或对该农产品正常的色、香、味、形具有习惯性经验。

## 三、感官检验的基本要求

农产品的感官检验过程不仅受客观条件的影响,也受主观条件的影响。客观条件包括外部环境条件和样品的制备,主观条件则涉及参与感官检验人员的基本条件。因此,外部环境条件、参与检验的评价员和样品制备是感官评价得以顺利进行并获得理想结果的3个必备要素。

### 1.感官实验室的要求

农产品感官鉴别既可以在实验室进行,又可以在购物现场进行,还可以在评比、鉴定会场进行。但比较规范鉴别的是在实验室进行。感官检验室应隔音、整洁、无异味,室内墙壁宜用白色涂料,给检验人员以舒适感,使其注意力集中,室内应分隔成几个间隔。每一间隔内设有检验台和传递样品的小窗口,以及简易的通讯装置,检验台上装有洗漱盘和水龙头,用来冲洗品尝后吐出的样品。感官实验室常布置3个独立的区域:办公室、样品准备室和检验室。检验室还应设集体工作区,用于检验员之间的讨论。

### 2.检验人员的选择

偏爱型感官检验和分析型感官检验对检验人员的要求不同。偏爱型检验人员的任务是对果蔬产品进行可接受性评价,检验员可由任意的未经训练的人组成,人数不少于100人,这些人必须在统计学上能代表消费者总体,以保证试验结果的代表性和可靠性。分析型检验的任务是鉴定农产品的质量,检验人员必须具备一定的条件并经过挑选测试。

### 3.样品的准备

(1)样品数量　每种样品应该有足够的数量,保证有3次以上的品尝次数,以提高结果的可靠性。

(2)样品温度　视该果蔬产品的饮食习惯而定。

(3)盛样品的器皿　应洁净无异味,器皿的颜色、大小应该一致。如果条件允许,尽可能使用一次性制品皿。

(4)样品的编号和提供顺序　感官检验是靠主观感觉判断的,从测定到形成概念之间的许多因素(如嗜好与偏爱、经验、广告、价格等)都会影响评价结果,为减少这些因素的影响，通常采取双盲法进行检验。即由工作人员对样品进行密码编号，样品的编号位数不能太少，否则使人容易记忆，也容易引起猜测。因此，应该以多位数(3～5位)随机编号。检验样品的顺序也应随机化。

(5)其他　还应为评价人员准备一杯温水。用于漱口，以除去口中样品的余味，然后再接着品尝下一个样品。如果农产品的余味很浓、很辛辣、很油腻，则可用茶水漱口。

4. 实验时间的选择

感官检验宜在饭后2～3 h内进行，避免过饱或饥饿状态。要求评价员在检验前0.5 h内不得吸烟，不得吃强刺激性食物。

### 四、感官检验的方法

我国已经颁布GB/T 12310～12316等7个关于感官分析方法的国家标准——成对比较检验、三点检验、味觉敏感度的测定、风味剖面检验、不能直接感官分析的样品制备准则、排序法、“A”-“非A”检验等，为农产品感官检验的实践提供了标准化、科学化的指南。在农产品感官检验实践中应参照执行。

## 第二节　感官检验技术实训

### 实训2-1　无公害食品生鲜牛乳的感官检验

(参考NY 5045—2008)

【实训目标】

1. 熟悉无公害生鲜牛乳的感官指标；
2. 学会感官检验技能。

### 一、无公害食品生鲜牛乳的感官要求

表2-1　无公害食品生鲜牛乳的感官要求

| 项目 | 指标 |
|---|---|
| 色泽 | 呈乳白色或稍带微黄色 |
| 组织状态 | 呈均匀的胶态流体，无沉淀，无凝块，无肉眼可见杂质和其他异物 |
| 滋味与气味 | 具有新鲜牛乳固有的香味，无其他异味 |

## 二、工作中需要的主要仪器

(1)50 mL 烧杯；

(2)150 mL 锥形瓶；

(3)电热板(或电炉)。

## 三、工作程序及操作技术和质量要求

| 工作程序 | 操作技术和质量要求 | 备注 |
|---|---|---|
| 色泽和组织状态的检验 | 取适量试样于 50 mL 烧杯中，在自然光下观察色泽和组织状态。 | |
| 滋味和气味的检验 | 取适量试样于 150 mL 锥形瓶中，闻气味，加热至 70～80℃，冷却至 25℃时，用温开水漱口后，再品尝样品的滋味。 | 生鲜牛乳不可吞食并漱净。 |
| 数据记录 | 在检验进行的同时，认真填写检验原始记录。 | |
| 结果评定 | 对照无公害生鲜牛乳的感官标准，对检验样品进行感官评定，并记录。 | |

**表 2-2　无公害食品生鲜牛乳的检验原始记录**

检测日期：______年____月____日　　　　共____页　第____页

样品名称：__________　规格：__________　样品状态：__________

检测依据：NY 5045—2008

检 测 数 据

| 项目 | 生鲜牛乳感官特征 | 结论 |
|---|---|---|
| 色泽 | | |
| 组织形态 | | |
| 滋味与气味 | | |
| 备注 | | |

检测者：　　　　复核者：

# 实训 2-2 绿色食品黄瓜的感官检验

【实训目标】

1.熟悉绿色食品黄瓜的感官要求；

2.学会果蔬感官检验技能。

## 一、术语

(1)绿色食品 系指经专门机构认定，许可使用绿色食品标志的无污染的、安全、优质、营养食品。

(2)绿色食品黄瓜 指获得绿色食品标志的黄瓜。

(3)同一品种 指特征、开头、色泽及生长状态相同的黄瓜。

(4)成熟适度 黄瓜充分长成，但种子未育，果肉中未呈现木质脉径。

(5)新鲜脆嫩 黄瓜质地脆嫩，不脱水，皱缩，剖果后有汁液溢出，清香瓜味较浓。

(6)果形、果色良好 具有本品种应有的形状及色泽，无膨大细缩部分。瓜身变曲最大部位内侧至两端边线的垂直距离不得超过 2 cm(瓜身弯曲最大部位内侧至瓜两端连线的垂直距离称为最大弯曲度)。

(7)清洁 黄瓜外部无泥或其他外来物的污染。

(8)无异味 嗅或尝均有黄瓜固有的清香风味，无因栽培或运输污染所造成的不良气味和滋味。

(9)冻害 黄瓜在冰点或冰点以下低温环境中组织冻结，无法缓解所造成的伤害。

(10)冷害 黄瓜在冻点以上不适低温中发生生理病害。

(11)机械伤 因机械外力所造成的损伤。

## 二、绿色食品黄瓜的技术要求

(1)原料产地环境要求必须符合绿色食品产地的环境标准。

(2)感官要求应符合表 2-3 规定。

**表 2-3　绿色食品黄瓜的感官要求**

| 品质 | 规格 | 限度 |
| --- | --- | --- |
| 同一品种，成熟适度，新鲜脆嫩，果形、果色良好，清洁；无腐烂、畸形、异味、冷害、冻害、病虫害和机械伤 | 大：单果重≥200 g<br>中：单果重≥150 g<br>小：单果重≥150 g | 每批样品不符合品质要求的，按重量计不得超过 55%，其中腐烂、异味、病虫害者不得检出，不符合该重量规格的不得超过 10% |

## 三、工作中需要的主要仪器和设备

(1)检验台；
(2)开箱钳；
(3)台秤：感量为 1 g；
(4)不锈钢刀。

## 四、工作程序及操作技术和质量要求

| 工作程序 | 操作技术和质量要求 | 备注 |
| --- | --- | --- |
| 整件样品称重 | 检验时首先将抽取的样品逐件称重，每件重量须一致，不得低于包装外标志的重量。然后逐件打开，取出黄瓜平放在检验台上，不得重叠，进行个体检验。 | 检验应在收购 5 日内完成。 |
| 品种特征、果形、色泽、清洁度、病虫害、机械伤、腐烂的检验 | 采用目测法鉴定。病虫害症状不明显者，应取样瓜剖开检验。 | |
| 瓜条成熟度、新鲜脆嫩程度的检测 | 取样瓜剖开后目测和口尝。 | |
| 弯曲度的检测 | 用直尺测量 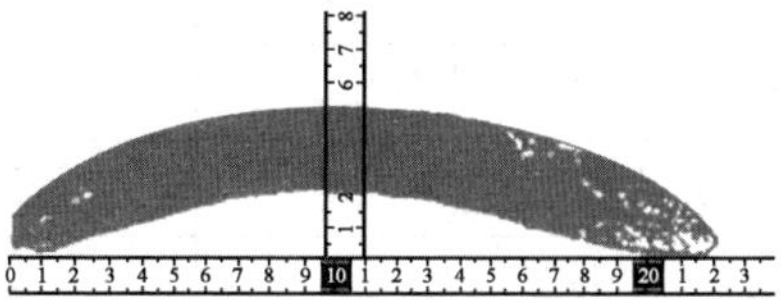 | |
| 果重检测 | 1. 称取每件重，减去容器重量，求得每件的净重。<br>2. 清点每件容器内装的黄瓜个数，求得每个黄瓜的平均果重及应属的规格，检验与外包装所示的规格是否一致。<br>3. 用两台台秤检测黄瓜单果重的限度，一台将重量刻度固定在该规格单果重的下限，另一台重量刻度固定在该规格单果重的上限，称量后得到小于该规格下限及大于该规格上限的不合格个数，求出不合格果的百分率。 | |

续表

| 工作程序 | 操作技术和质量要求 | 备注 |
| --- | --- | --- |
| 数据记录及处理 | 在检验进行的同时，认真填写检验原始记录.每批黄瓜抽样检验时，对不符合该规格标准的黄瓜，在记录单上作各项记录。如果果实同时出现几种缺陷，按一个残次果计算。百分率保留一位小数。<br>计算公式如下：<br>$$X=\frac{n}{N}\times 100\%$$<br>式中：$X$——单项不合格百分率(%)；<br>$n$——单项不合格数；<br>$N$——检验批次总个数。<br>各单项不合格品百分率之和即为总不合格品百分率。 | |
| 结果评定 | 对照绿色食品黄瓜的技术要求，对检验样品进行感官评定，并记录。凡其中一项不符合技术要求的均判为不合格。 | |

**表 2-4 绿色食品黄瓜的感官检验原始记录**

检测日期：______年____月____日 共____页 第____页

样品名称：__________ 规格：__________ 样品状态：__________

检测依据：______________________________

检测数据

| 项目 | | 黄瓜感官特征 | 结论 |
| --- | --- | --- | --- |
| 品质 | 成熟度 | | |
| | 新鲜脆嫩程度 | | |
| | 瓜色 | | |
| | 瓜形 | | |
| | 病虫害 | | |
| | 机械伤 | | |
| | 清洁 | | |
| | 异味 | | |
| | 冻害 | | |
| | 冷害 | | |
| | 腐烂 | | |

续表 2-4

| 项　目 | | 黄瓜感官特征 | 结论 |
|---|---|---|---|
| 规格 | 每件样品质量/(g/件) | 检测值: | |
| | | 标识值: | |
| | 每件容器内黄瓜的个数/个 | | |
| | 黄瓜的平均果重/g | 检测值: | |
| | | 外包装标识规格: | |
| 不合格率/% | 不符合品质要求 | 检测值: | |
| | | 标准值:55% | |
| | 不符合腐烂、异味、病虫害要求 | 检测值: | |
| | | 标准值:10% | |
| 备注 | | | |

检测者:　　　　　　　　　　复核者:

【作业】

1. 举例说明各种感官评价在果蔬产品质量检验中的应用。
2. 查阅相关标准,制订绿色食品番茄的感官检验方案。

# 第三章　物理检验技术

根据农产品的相对密度、折射率等物理常数与农产品的组分及含量之间的关系进行检测的方法称为物理检验法。物理检验法是农产品质量检测及食品工业生产中常用的检测方法。

## 第一节　液态食品相对密度的测定

### 一、密度与相对密度

密度是指物质在一定温度下单位体积的质量，以符号 $\rho$ 表示，其单位为 $g/cm^3$。相对密度是指某一温度下物质的质量与同体积某一温度下水的质量之比，以符号 $d$ 表示，是无因次量。

因为物质一般都具有热胀冷缩的性质（水在 4℃以下是反常的），所以密度和相对密度的值都随温度的改变而改变。故密度应标示出测定时物质的温度，表示为 $\rho_t$，如 $\rho_{20}$。相对密度应标示出测定时物质的温度及水的温度，表示为，$d_{t_2}^{t_1}$，如 $d_4^{20}$，其中 $t_1$ 表示物质的温度，$t_2$ 表示水的温度。

密度和相对密度虽有不同的含义，但两者之间有如下关系：

$$d_{t_2}^{t_1}=\frac{t_1\text{ 温度下物质的密度}}{t_2\text{ 温度下水的密度}}$$

因为水在 4℃时的密度为 1.000 000 $g/cm^3$，所以物质在某温度下的密度 $\rho_t$ 和物质在同一温度下对 4℃水的相对密度 $d_4^t$ 在数值上相等，两者在数值上可以通用。故为方便起见，常用 $d_4^{20}$，即物质在 20℃时的质量与同体积 4℃水的质量之比来表示物质的相对密度，其数值与物质在 20℃时的密度 $\rho_{20}$ 相等，即

$$d_4^{20}=\frac{20℃\text{物质的质量}}{4℃\text{同体积水的质量}}$$

当用密度瓶或密度天平测定液体的相对密度时，以测定溶液对同温度水的相对密度比较方便。通常测定液体在 20℃时对水在 20℃时的相对密度，以 $d_{20}^{20}$ 表示。

因为水在4℃时的密度比水在20℃时的密度大，故对同一溶液来说，$d_{20}^{20} > d_{4}^{20}$。$d_{20}^{20}$和$d_{4}^{20}$之间可以用下式换算：

$$d_{4}^{20} = d_{20}^{20} \times 0.998\ 23$$

式中0.998 23为水在20℃时的密度(g/cm³)。

同理，若要将$d_{t_2}^{t_1}$换算为$d_{4}^{t_1}$，可按下式计算：

$$d_{4}^{t_1} = d_{t_2}^{t_1} \times \rho_{t_2}$$

式中$\rho_{t_2}$为温度$t_2$℃时水的密度(g/cm³)。

表3-1列出了不同温度下水的密度。

**表3-1　水的密度与温度的关系**

| t/℃ | 密度/(g/cm³) | t/℃ | 密度/(g/cm³) | t/℃ | 密度/(g/cm³) | t/℃ | 密度/(g/cm³) |
|---|---|---|---|---|---|---|---|
| 0 | 0.999 840 | 9 | 0.999 781 | 18 | 0.998 596 | 27 | 0.996 513 |
| 1 | 0.999 899 | 10 | 0.999 700 | 19 | 0.998 405 | 28 | 0.996 234 |
| 2 | 0.999 940 | 11 | 0.999 605 | 20 | 0.998 204 | 29 | 0.995 945 |
| 3 | 0.999 964 | 12 | 0.999 495 | 21 | 0.997 993 | 30 | 0.995 647 |
| 4 | 0.999 972 | 13 | 0.999 377 | 22 | 0.997 771 | 31 | 0.995 341 |
| 5 | 0.999 964 | 14 | 0.999 244 | 23 | 0.997 539 | 32 | 0.995 026 |
| 6 | 0.999 940 | 15 | 0.999 100 | 24 | 0.997 297 | 33 | 0.994 703 |
| 7 | 0.999 902 | 16 | 0.998 943 | 25 | 0.997 045 | 34 | 0.994 372 |
| 8 | 0.999 848 | 17 | 0.998 775 | 26 | 0.996 784 | 35 | 0.994 032 |

## 二、测定相对密度的意义

相对密度是物质重要的物理常数。各种液态食品都具有一定的相对密度，当其组成成分及其浓度发生改变时，其相对密度往往也随之改变。通过测定液态食品的相对密度，可以检验食品的纯度和浓度及判断食品的质量。

蔗糖、酒精等水溶液的相对密度随溶液浓度的增加而增高，通过实验已将蔗糖、酒精浓度与相对密度的关系制成数表，只要测得蔗糖溶液或酒精溶液的相对密度便可查出相应浓度。

牛乳的相对密度与其脂肪、乳糖及矿物质等含量有关，一般在1.028～1.032

范围，脱脂牛乳的相对密度会增高；掺水牛乳相对密度则会降低。

油脂的相对密度与其脂肪酸的组成有关，不饱和脂肪酸含量越高，脂肪的不饱和度越高，油脂的相对密度就越高，油脂酸败油脂相对密度也升高。不同类型植物油的相对密度范围大致为：不干性植物油 0.913～0.925；半干性植物油 0.920～0.935；干性植物油 0.923～0.943。

由液态食品的相对密度可以初步判断食品的质量状况。但应该注意，用测定相对密度的方法反映食品质量的使用范围是有限定的，通常是在组成相对恒定的食品（如牛乳、植物油等）或单一组分水溶液（如蔗糖水溶液、乙醇水溶液等）的情况下使用。当食品组成复杂时，影响食品相对密度的因素增多，食品含量与相对密度的关系也变得复杂。当食品的相对密度异常时，可以肯定食品的质量有问题，但当食品的相对密度正常时，并不能肯定食品质量无问题，还必须配合其他理化检验，才能确定食品的质量。

## 三、液态食品相对密度的测定能力训练

### （一）密度瓶法测定液态食品的相对密度

1. 工作中需要的主要仪器

（1）密度瓶　密度瓶是测定液体相对密度的专用精密仪器，是容积固定的玻璃称量瓶，其种类和规格有多种。常用的有带温度计的精密度瓶和带毛细管的普通密度瓶，见图 3-1。容积有 20、25、50、100 mL 四种规格，但常用的是 25 和 50 mL 两种。

（2）电热恒温干燥箱。

（3）干燥器：内附有效干燥剂。

（4）天平：感量为 0.1 mg。

2. 测定原理

密度瓶具有一定的容积，在一定温度下，用同一密度瓶分别称量等体积的样品溶液和蒸馏水的质量，两者之比即为该样品溶液的相对密度。

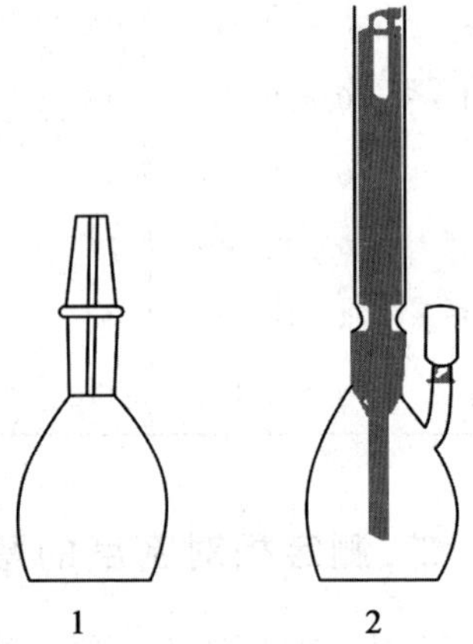


1. 带毛细管的普通密度瓶
2. 带温度计的精密密度瓶

**图 3-1　密度瓶**

3. 工作程序及操作技术和质量要求

| 工作程序 | 操作技术和质量要求 | 备注 |
| --- | --- | --- |
| 密度瓶洗涤、称重 | 先把密度瓶洗干净,再依次用乙醇、乙醚洗涤,烘干并冷却后,精密称重。 | 密度瓶质量记作 $m_0$,单位为克(g)。 |
| 样液恒温、称重 | 将密度瓶装满样液盖上盖,瓶置 20℃ 水浴内浸 0.5 h。使内容物的温度达到 20℃,用滤纸来吸去支管标线上的样液,盖上侧管帽后取出。用滤纸把瓶外擦干,置天平室内 30 min 后称重。 | 密度瓶和样液的质量记作 $m_1$,单位为克(g)。 |
| 蒸馏水恒温、称重 | 将密度瓶中样液倾出,洗净密度瓶,装入煮沸 30 min 并冷却到 20℃以下的蒸馏水,瓶置 20℃水浴内浸 0.5 h. 使内容物的温度达到 20℃,用滤纸来吸去支管标线上的水,盖上侧管帽后取出。用滤纸把瓶外擦干,置天平室内 30 min 后称重。 | 密度瓶和水的质量记作 $m_2$,单位为克(g)。 |
| 数据处理 | 液态食品的相对密度按下式计算:<br>$d_{20}^{20}=\frac{m_1-m_0}{m_2-m_0}$<br>$d_4^{20}=d_{20}^{20}\times 0.998\ 23$ | 0.998 23 为 20℃时水的密度,单位为克每立方厘米($g/cm^3$)。 |
| 测定结果报告 | 将检测结果填写在检验结果报告单中,原始数据按要求在检测过程中及时填写在原始数据记录单中。 | |

4. 工作中注意事项及常见技术问题处理

(1)本法适用于测定各种液体食品的相对密度,特别适合于样品量较少的场合,对挥发性样品也适用,结果准确,但操作较繁琐。

(2)测定较黏稠样液时,宜使用具有毛细管的密度瓶。

(3)水及样品必须装满密度瓶,瓶内不得有气泡。

(4)拿取已达恒温的密度瓶时,不得用手直接接触密度瓶球部,以免液体受热流出。应带隔热手套取拿瓶颈或用工具夹取。

(5)水浴中的水必须清洁无油污,防止瓶外壁被污染。

(6)天平室温度不得高于 20℃,以免液体膨胀流出。

## 实训 3-1 啤酒相对密度的测定(密度瓶法)

【实训目标】

1. 掌握密度瓶法测定液态食品相对密度的原理和方法;

2. 学会密度瓶法测定液态食品相对密度的操作技能。

## 一、测定原理

在一定温度下，用同一密度瓶分别称量等体积的啤酒和蒸馏水的质量，两者之比即为啤酒的相对密度。

## 二、工作中需要的主要仪器

(1)附温度计密度瓶；
(2)天平：感量为 0.1 mg；
(3)恒温水浴锅；
(4)电热恒温干燥箱；
(5)干燥器：内附有效干燥剂。

## 三、工作程序及操作技术和质量要求

| 工作程序 | 操作技术和质量要求 | 备注 |
|---|---|---|
| 啤酒试样的准备 | 用反复注流等方式除去啤酒中的二氧化碳，以消除其在理化分析中的影响。除去啤酒中的二氧化碳的方法有两种：<br>①预先在冰箱中冷至 10～15℃的啤酒 500～700 mL 于清洁、干燥的 1 000 mL 搪瓷杯中，以细流注入同样体积的另一搪瓷杯中，注入时两搪瓷杯之间距离为 20～30 cm。反复注流 50 次(一个反复为一次)，以充分除去酒中二氧化碳，静置。<br>②取预先在冰箱中冷至 10～15℃的啤酒，启盖后经快速滤纸过滤至三角烧瓶中，稍加振摇，静置，以充分除去酒中的二氧化碳。 | 啤酒除气操作时的室温应不超过 25℃。除气后的啤酒，用表面皿盖住，其温度应保持在 15～20℃备用。 |
| 测定 | 1. 密度瓶质量的测定：把密度瓶洗干净，再依次用乙醇、乙醚洗涤，烘干、冷却、称重，反复操作直至恒重。 | 密度瓶质量记作 $m_0$，单位为克(g)。 |
| | 2. 啤酒质量的测定：将密度瓶装满制备的啤酒盖上盖，瓶置 20℃水浴内浸 0.5 h，使内容物的温度达到 20℃，用滤纸来吸去支管标线上的样液，盖上侧管帽后取出。用滤纸把瓶外擦干，置天平室内 30 min 后称重。 | 密度瓶和啤酒的质量记作 $m_1$，单位为克(g)。 |
| | 3. 蒸馏水质量的测定：将密度瓶中样液倾出，洗净密度瓶，装入煮沸 30 min 并冷却到 20℃以下的蒸馏水，瓶置 20℃水浴内浸 0.5 h，使内容物的温度达到 20℃，用滤纸来吸去支管标线上的水，盖上侧管帽后取出。用滤纸把瓶外擦干，置天平室内 30 min 后称重。 | 密度瓶和水的质量记作 $m_2$，单位为克(g)。 |

续表

| 工作程序 | 操作技术和质量要求 | 备注 |
|---|---|---|
| 数据处理 | 液态食品的相对密度按下式计算：<br>$d_{20}^{20}=\frac{m_1-m_0}{m_2-m_0}$<br>$d_4^{20}=d_{20}^{20}\times 0.998\ 23$ | 0.998 23 为 20℃时水的密度，单位为克每立方厘米($g/cm^3$)。 |
| 测定结果报告 | 将检测结果填写在检验结果报告单中，原始数据按要求在检测过程中及时填写在原始数据记录单中。 | |

**表 3-2　啤酒相对密度的测定原始记录**

检测日期：____年____月____日　　　　共____页　第____页

样品名称：________　规格：________　样品状态：________

仪器名称：____________　仪器编号：____________

检测依据：________________________

检 测 数 据

| 密度瓶编号 | 密度瓶质量 $m_0$ /g | 密度瓶和啤酒质量 $m_1$/g | 密度瓶和蒸馏水质量 $m_2$/g | 啤酒的相对密度 | |
|---|---|---|---|---|---|
| | | | | $d_{20}^{20}$ | $d_4^{20}$ |
| | | | | | |
| | | | | | |

计算公式：

$$d_{20}^{20}=\frac{m_1-m_0}{m_2-m_0}\qquad d_4^{20}=d_{20}^{20}\times 0.998\ 23$$

备注：

检测者：　　　　　　　　　复核者：

## 四、密度计法测定液态食品的相对密度

1. 工作中需要的主要仪器——密度计

密度计是根据阿基米德原理制成的，其种类很多，但结构和形式基本相同，都是由玻璃外壳制成。头部呈球形或圆锥形，里面灌有铅珠、水银或其他重金属，使其能立于溶液中，中部是胖肚空腔，内有空气故能浮起，尾部是一细长管。内附有

刻度标记，刻度是利用各种不同密度的液体标度的。

食品工业中常用的密度计按其标度方法的不同，可分为普通密度计、乳稠计、酒精计等。

(1)普通密度计　普通密度计是直接以20℃时的密度值为刻度的。一套通常由几支组成，每支的刻度范围不同，刻度值小于1的(0.700～1.000)称为轻表，用于测量比水轻的液体。刻度值大于1的(1.000～2.000)称为重表，用来测量比水重的液体。

(2)乳稠计　乳稠计是专用于测定牛乳相对密度的密度计，测量相对密度的范围为1.015～1.045。它是将相对密度减去1.000后再乘以1 000作为刻度，以度(符号：数字右上角标“°”)表示，其刻度范围为15°～45°。使用时把测得的读数按下式换算为相对密度值。

$$d_4^{20}=\frac{X}{1\,000}+1.000$$

式中：$d_4^{20}$——样品的相对密度；

$X$——密度计读数。

当用20℃/4℃密度计，温度在20℃时，将读数代入上式相对密度即可直接计算；不在20℃时，$X$查表3-3换算成20℃时度数，然后再代入上式计算。

乳稠计按其标度方法不同分为两种：一种是按20°/4°标定的，另一种是按15°/15°标定的。两者的关系是：后者读数是前者读数加2，即

$$d_{15}^{15}=d_4^{20}+0.002$$

(3)酒精计　酒精计是用以测量酒精浓度的比重计，是用已知酒精浓度的纯酒精溶液来标定的，以20℃时在蒸馏水中为0，在1%的酒精溶液中为1，即100 mL酒精溶液中含乙醇1 mL，故从酒精计上可以直接读取酒精溶液的体积百分浓度。

当测定温度不是20℃时，需根据酒精温度浓度校正表，换算为20℃酒精的实际浓度。

例：25.5℃时直接读数为96.5%，查校正表：20℃时实际含量为95.35%。

注意：酒精计刻度的特殊性(上大下小，因其浓度越大相对密度越小)。

2. 操作方法

将混合均匀的被测样液沿筒壁徐徐注入适当容积的清洁量筒中，注意避免起泡沫。同时用温度计测量样液的温度，如测得温度不是标准温度，应对测得值加以校正。

3.工作中注意事项及常见技术问题处理

(1)密度计法操作简便迅速,但准确性差,需要样液量多,且不适用于极易挥发的样品。

(2)操作时应注意不要让密度计接触量筒的壁及底部,待测液中不得有气泡。

(3)读数时应以密度计与液体形成的弯月面的下缘为准。若液体颜色较深,不易看清弯月面下缘时,则以弯月面上缘为准。

## 实训3-2　无公害生鲜牛乳相对密度的测定(密度计法)

(参考GB 5413.33—2010)

【实训目标】

1.掌握密度计法测定生乳相对密度的原理和方法;

2.学会密度计法测定生乳相对密度的操作技能。

### 一、测定原理

使用密度计检测试样,根据读数经查表可得相对密度的结果。

### 二、仪器和设备

(1)密度计(乳稠计):20℃/4℃。

(2)玻璃圆筒或200~250 mL量筒:圆筒高度应大于密度计的长度,其直径大小应使在沉入密度计时其周边和圆筒内壁的距离不小于5 mm。

### 三、工作程序及操作技术和质量要求

| 工作程序 | 操作技术和质量要求 | 备注 |
|---|---|---|
| 样液的准备及其温度的测量 | 取混匀并调节温度为10~25℃的试样,沿筒壁徐徐注入清洁玻璃圆筒(或量筒)内,勿使其产生泡沫并测量试样温度。 | |
| 密度计读数 | 将密度计洗净擦干,缓缓放入样液中,待其静止后,到相当刻度30°处,然后让其自然浮动,但不能与筒内壁接触。静置2~3 min,眼睛平视生乳液面的高度,读取数值。 | 密度计读数用 $X$ 表示。 |

续表

| 工作程序 | 操作技术和质量要求 | 备注 |
| --- | --- | --- |
| 测定结果的表述 | 生乳的相对密度($d_4^{20}$)用下式计算：<br>$$d_4^{20}=\frac{X}{1\ 000}+1.000$$ | 当生乳温度为 20℃时，将密度计读数代入关系式计算；生乳温度不在 20℃时，要查表 3-3 换算成 20℃时的度数，然后代入关系式计算。 |
| 测定结果报告 | 将检测结果填写在检验结果报告单中，原始数据按要求在检测过程中及时填写在原始数据记录单中。 | |

**表 3-3 密度计读数变为温度 20℃时的度数换算表**

| 密度计读数 | 生乳温度/℃ | | | | | | | | | | | | | | | |
| --- | --- | --- | --- | --- | --- | --- | --- | --- | --- | --- | --- | --- | --- | --- | --- | --- |
| | 10 | 11 | 12 | 13 | 14 | 15 | 16 | 17 | 18 | 19 | 20 | 21 | 22 | 23 | 24 | 25 |
| 25 | 23.3 | 23.5 | 23.6 | 23.7 | 23.9 | 24.0 | 24.2 | 24.4 | 24.6 | 24.8 | 25.0 | 25.2 | 25.4 | 25.5 | 25.8 | 26.0 |
| 26 | 24.2 | 24.4 | 24.5 | 24.7 | 24.9 | 25.0 | 25.2 | 25.4 | 25.6 | 25.8 | 26.0 | 26.2 | 26.4 | 26.6 | 26.8 | 27.0 |
| 27 | 25.1 | 25.3 | 25.4 | 25.6 | 25.7 | 25.9 | 26.1 | 26.3 | 26.5 | 26.8 | 27.0 | 27.2 | 27.5 | 27.7 | 27.9 | 28.1 |
| 28 | 26.0 | 26.1 | 26.3 | 26.5 | 26.6 | 26.8 | 27.0 | 27.3 | 27.5 | 27.8 | 28.0 | 28.2 | 28.5 | 28.7 | 29.0 | 29.2 |
| 29 | 26.9 | 27.1 | 27.3 | 27.5 | 27.6 | 27.8 | 28.0 | 28.3 | 28.5 | 28.8 | 29.0 | 29.2 | 29.5 | 29.7 | 30.0 | 30.2 |
| 30 | 27.9 | 28.1 | 28.3 | 28.5 | 28.6 | 28.8 | 29.0 | 29.3 | 29.5 | 29.8 | 30.0 | 30.2 | 30.5 | 30.7 | 31.0 | 31.2 |
| 31 | 28.8 | 28.0 | 29.2 | 29.4 | 29.6 | 29.8 | 30.0 | 30.3 | 30.5 | 30.8 | 31.0 | 31.2 | 31.5 | 31.7 | 32.0 | 32.2 |
| 32 | 29.3 | 30.0 | 30.2 | 30.4 | 30.6 | 30.7 | 31.0 | 31.2 | 31.5 | 31.8 | 32.0 | 32.3 | 32.5 | 32.8 | 33.0 | 33.3 |
| 33 | 30.7 | 30.8 | 31.1 | 31.2 | 31.5 | 31.7 | 32.0 | 32.2 | 32.5 | 32.8 | 33.0 | 33.3 | 33.5 | 33.8 | 34.1 | 34.3 |
| 34 | 31.7 | 31.9 | 32.1 | 32.3 | 32.5 | 32.7 | 33.0 | 33.2 | 33.5 | 33.8 | 34.0 | 34.3 | 34.4 | 34.8 | 35.1 | 35.3 |
| 35 | 32.6 | 32.8 | 33.1 | 33.3 | 33.5 | 33.7 | 34.0 | 34.2 | 34.5 | 34.7 | 35.0 | 35.3 | 35.5 | 35.8 | 36.1 | 36.3 |
| 36 | 33.5 | 33.8 | 34.0 | 34.3 | 34.5 | 34.7 | 34.9 | 35.2 | 35.6 | 35.7 | 36.0 | 36.2 | 36.5 | 36.7 | 37.0 | 37.3 |

**表 3-4　无公害生鲜牛乳相对密度的测定原始记录**

检测日期：______年____月____日　　　　共____页　第____页

样品名称：____________　规格：____________　样品状态：____________

仪器名称：____________________　仪器编号：____________________

检测依据：________________________________________

检 测 数 据

| 生乳温度/℃ | 乳稠计读数 $X$/° | 20℃时乳稠计的度数/° | 生乳的相对密度 | |
|---|---|---|---|---|
| | | | $d_4^{20}$（测定值） | $d_4^{20}$（标准值） |
| | | | | 1.028～1.032 |

计算公式：

$$d_4^{20}=\frac{X}{1\ 000}+1.000$$

备注：

检测者：　　　　　　　　复核者：

# 第二节　果蔬中固形物含量的测定(折光法)

通过测量物质的折光率来鉴别物质的组成，确定物质的纯度、浓度及判断物质的品质的分析方法称为折光法。

折射率是物质的一种物理常数。通过测定某些物质的折射率可以对这些物质定性鉴定。对于同一物质的溶液来说，其折射率的大小与其浓度成正比。因此，测定物质的折射率，可以判断某些物质的品质及其浓度。

各种油脂具有一定的脂肪酸，每种脂肪酸均有其特征折射率，故不同的油脂其折射率不同，油脂酸度增高时，其折射率降低。因此，折射率的测定可用于油脂定性鉴定及判断其品质。

在乳品工业中，可以用折光法测定牛乳中乳糖的百分含量。利用折射率还可以判断牛乳是否掺水，正常牛乳乳清的折射率在1.341 99～1.342 75之间，如折射率下降，可断定掺水。

各种果蔬产品具有一定的物质构成，不同的果蔬产品其折射率不同。折射率的测定可鉴别果蔬产品的组成及品质，一定的条件下，果蔬中可溶性固形物含量与折射率呈正相关，固形物含量越高，折射率也越高。因此，可通过折射率测定出果蔬中可溶性固形物含量。

必须指出的是：折光法测得的只是可溶性固形物含量，因为固体粒子不能在折光仪上反映出它的折射率。含有不溶性固形物的样品，不能用折光法直接测出总固形物。但对于番茄酱、果酱等农产品，已通过实验编制了总固形物与可溶性固形物关系表，先用折光法测定可溶性固形物含量，即可查出总固形物的含量。

# 实训 3-3　果蔬中固形物含量的测定

【实训目标】

1. 了解折光法测定果蔬中可溶性固形物的原理；
2. 学会手提折光计的使用方法。

## 一、测定原理

折射率是物质的特征常数，每一种均一物质都有其固有的折射率。折射率的大小决定于入射光的波长、介质的温度和溶质的浓度。对于同一种物质，其浓度不同时，折射率也不相同。因此，根据折射率，可以确定物质的浓度。折光计的浓度标度是用纯蔗糖溶液标定的，对于不纯蔗糖溶液，由于盐类、有机酸、蛋白质等物质对折射率有影响，测定结果包括蔗糖和上述物质，所以通称为可溶性固形物。

通过测定果蔬可溶性固形物含量（含糖量），可了解果蔬的品质，大约估计果实的成熟度。

## 二、仪器和设备

（1）手持折光仪：手持式折光仪，也称糖镜、手持式糖度计，该仪器的构造如图3-2所示；

（2）烧杯；

（3）滴管；

（4）擦镜纸。

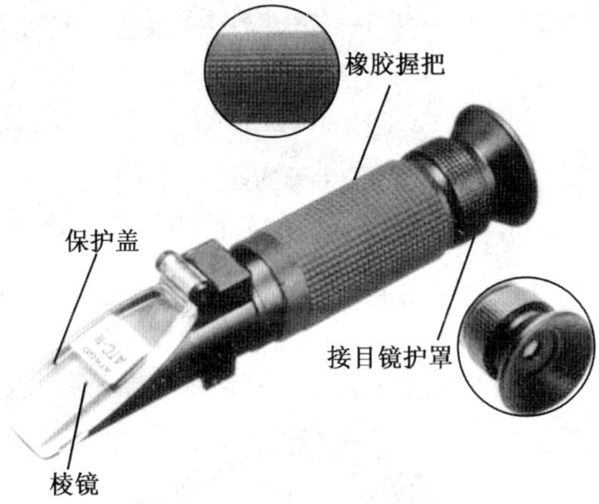


图 3-2　手持式折光仪的构造

## 三、测定材料

番茄、柑橘、葡萄。

## 四、工作程序及操作技术和质量要求

| 工作程序 | 操作技术和质量要求 | 备注 |
| --- | --- | --- |
| 样品制备 | 将果蔬样品置于组织捣碎机中捣碎，用 4 层纱布挤出滤液，弃去最初几滴，收集滤液供测定用。 | |
| 手持折光仪的校正 | 打开手持式折光仪保护盖，用干净的纱布或卷纸小心擦干棱镜玻璃面。在棱镜玻璃面上滴 2 滴蒸馏水，盖上保护盖。于水平状态，从接目镜处观察，检查视野中明暗交界线是否处在刻度的零线上。若与零线不重合，则旋动刻度调节螺旋，使分界线面刚好落在零线上。 | |
| 固形物含量的测定 | 打开保护盖，用纱布或擦镜纸将水擦干，然后如上法在棱镜玻璃面上滴 2 滴果蔬汁，进行观测，读取视野中明暗交界线上的刻度，即为果蔬汁中可溶性固形物含量(%)(糖的大致含量)，重复测定 3 次。 | 测定方法见图 3-3、图 3-4。 |
| 数据记录及处理 | 原始数据按要求在检测过程中及时填写在原始数据记录单中，检测结果取 4 次测定的平均值。 | |
| 测定结果报告 | 将检测结果填写在检验结果报告单中。 | |

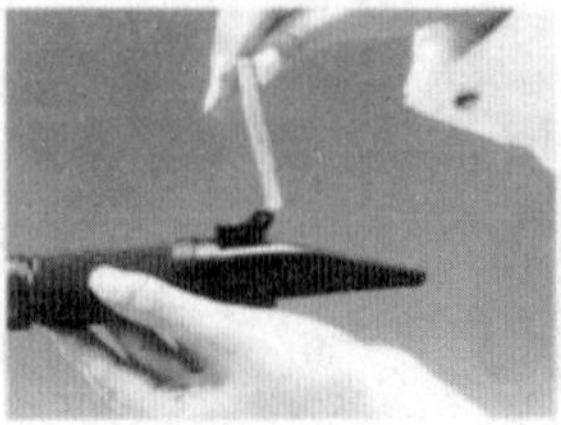

1. 打开保护盖

2. 在棱镜上滴1～2滴样品液

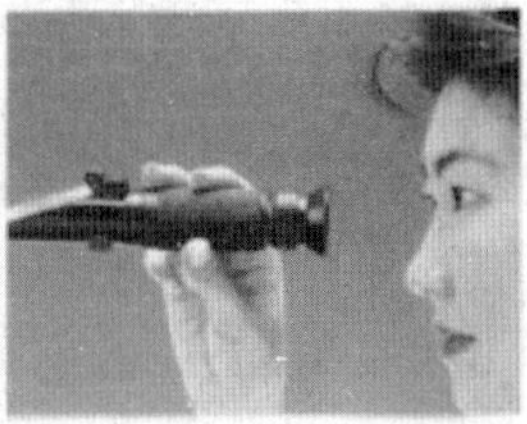

3. 盖上保护盖，水平对着光源，透过接目镜，读数

图 3-3 折光仪的使用

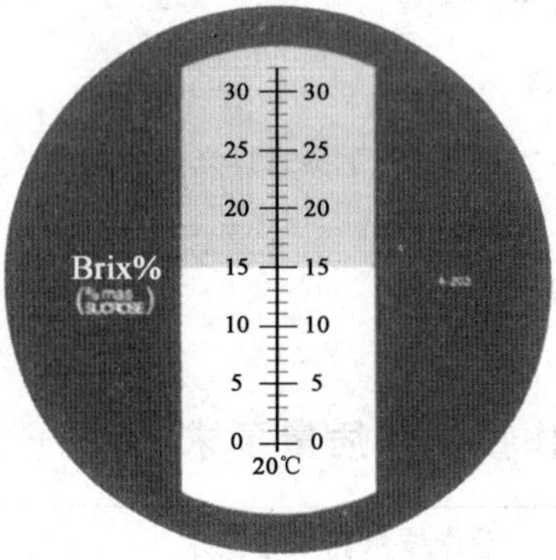


图 3-4 折光仪视野

表 3-5 果蔬中固形物含量的测定原始记录

检测日期：_____年____月____日　　　　共____页 第____页

仪器名称：________________　仪器编号：________________

检测依据：________________________________

检 测 数 据

| 样品名称 | 可溶性固形物含量/% | | | |
|---|---|---|---|---|
| | 读数 1 | 读数 2 | 读数 3 | 平均值 |
| | | | | |
| | | | | |
| | | | | |

备注：

检测者：　　　　复核者：

【知识延伸】

查阅最新相关标准，了解菜籽油的各项质量指标，学习菜籽油的相对密度和折光率的测定方法、技术要求。

【作业】

1. 举例说明测定液态食品相对密度的意义。

2. 简述折射率与果蔬中可溶性固形物含量的关系。

3. 查阅资料制订检测方案：油脂相对密度的测定（密度瓶法）。

4. 查阅资料制订检测方案：油脂折光率的测定（折光法）。

# 第四章　称量分析技术

称量分析法是将被测组分转化、分离为一定形式的化合物后，通过称量该化合物的质量来计算被测组分含量的方法。称量分析法也称为重量分析法。由于被测组分的性质不同，采用的分离方法也不同，因此称量分析法按分离方法可分为汽化法、萃取法、沉淀法、电解法四类。其中汽化法和萃取法是农产品质量检测工作中常用的方法。

汽化法是利用物质的挥发性质，通过加热或其他方法，使试样中的被测组分挥发逸出，然后根据试样质量的减轻，计算该组分的含量；或者当该组分逸出时，选择一吸附剂（如高氯酸镁等干燥剂可吸收水分）将它吸收，根据吸附剂增加的质量，计算该组分的含量。汽化法是测定农产品中水分、灰分、粗纤维等成分的常用方法。

萃取法是利用分配原理，用有机溶剂将被测组分从样品中萃取出来，然后再将溶剂蒸发掉，称量萃取物的质量，计算被测组分的含量。如用索氏提取法测定农产品中的油脂等。

## 第一节　水分的测定（直接干燥法）

水是农产品的重要组成成分。控制农产品中的水分含量，对于保持农产品良好的感官性状，维持农产品中其他组分的平衡关系，保证农产品具有一定的保存期，起着重要作用。水分与微生物活动有重要关系，有的果蔬可采用脱水干燥的方法保藏；乳粉水分含量控制在2%～3%以内，可抑制微生物生长繁殖，延长保存期。不同的农产品水分含量差别很大。因此，水分是农产品质量检验中的重要检测项目之一。

表4-1为部分农产品水分的含量，表4-2是部分农产品标准对水分含量的规定。

农产品中水分测定的方法有许多种，通常可以分为两大类：直接测定法和间接测定法。直接测定法一般是先去掉样品中的水分，再通过称量或其他手段获得分析结果。间接测定法一般不从样品中去除水分，而是根据在一定的条件下样品的某些物理性质与其水分含量存在简单的函数关系来确定水分含量的。实际工作中可根据样品的性质选用。直接干燥法测定水分是农产品质量检测中的常用方法，检测的产品不同依据的标准也不同。我们参考 GB/T 5009.3—2010 食品安全国家标准 食品中水分的测定(直接干燥法)进行实训。

**表 4-1　部分农产品水分含量**

| 农产品名称 | 水分含量/(g/100 g) |
| --- | --- |
| 蔬菜、水果 | 70～97 |
| 乳类 | 87～89 |
| 鱼类 | 67～81 |
| 肉类 | 43～76 |
| 蛋类 | 67～77 |

**表 4-2　部分农产品标准对水分含量的规定**

| 农产品名称 | 水分含量/(g/100 g) | 农产品名称 | 水分含量/(g/100 g) |
| --- | --- | --- | --- |
| 大米(无公害，籼米) | ≤14.5 | 黑打瓜子(绿色食品) | ≤8.00 |
| 大米(无公害，粳米) | ≤15.5 | 食用菌(绿色食品、鲜) | ≤90.0 |
| 玉米(无公害) | ≤14.0 | 食用菌(绿色食品、干) | ≤130 |
| 大豆(GB 1352—2009) | ≤13.0 | 蜂蜜(绿色食品) | ≤20.0 |
| 花生油(二级，水分及挥发物) | ≤0.20 | 蜂王浆(绿色食品) | ≤67.5 |
| 菜籽油(绿色食品，水分及挥发物) | ≤0.050 | 乳粉(GB 19644—2010) | ≤5.00 |

## 一、直接干燥法测定水分适用范围

直接干燥法适用于在 101～105℃下，不含或含其他挥发性物质甚微的谷物及其制品、水果、蔬菜、水产品、豆制品、乳制品、肉制品及卤菜制品等食品中水分的测定，不适用于水分含量小于 0.5 g/100 g 的样品。

## 二、直接干燥法测定水分的原理

利用食品中水分的物理性质，在 101.3 kPa(一个大气压)，温度 101～105℃下采用挥发方法测定样品中干燥减失的重量，包括吸湿水、部分结晶水和该条件下能挥发的物质，再通过干燥前后的称量数值计算出水分的含量。

## 三、工作中需要的主要仪器和设备

(1)扁形铝制或玻璃制称量瓶。

(2)电热恒温干燥箱。

(3)干燥器：内附有效干燥剂。

(4)天平：感量为 0.1 mg。

## 四、工作程序及操作技术和质量要求

工作流程：试剂的准备→样品中水分的测定→测定数据记录及处理→测定结果报告。

### (一)试剂和材料的准备

除非另有规定，本方法中所用试剂均为分析纯。

(1)盐酸：优级纯。

(2)氢氧化钠(NaOH)：优级纯。

(3)盐酸溶液(6 mol/L)：量取 50 mL 盐酸，加水稀释至 100 mL。

(4)氢氧化钠溶液(6 mol/L)：称取 24 g 氢氧化钠，加水溶解并稀释至 100 mL。

(5)海沙：取用水洗去泥土的海沙或河沙，先用 6 mol/L 盐酸煮沸 0.5 h，用水洗至中性，再用 6 mol/L 氢氧化钠溶液煮沸 0.5 h，用水洗至中性，经 105℃ 干燥备用。

### (二)样品中水分的测定

1. 固体试样中水分的测定

| 工作程序 | 操作技术和质量要求 | 备注 |
| --- | --- | --- |
| 称量瓶恒重 | 取洁净铝制或玻璃制的扁形称量瓶，置 101～105℃ 干燥箱中，瓶盖斜支于瓶边，加热 1 h，取出盖好，置干燥器内冷却 0.5 h，称量，并重复干燥至前后两次质量差不超过 2 mg，即为恒重($m_0$)。 | |
| 样品制备 | 将混合均匀的试样迅速磨细至颗粒小于 2 mm，不易研磨的样品应尽可能切碎。 | |

续表

| 工作程序 | 操作技术和质量要求 | 备注 |
|---|---|---|
| 试样干燥、称重 | 称取 2～10 g 试样(精确至 0.000 1 g),放入已恒重的称量瓶中,试样厚度不超过 5 mm,如为疏松试样,厚度不超过 10 mm,加盖,精密称量后($m_1$),置 101～105℃干燥箱中,瓶盖斜支于瓶边,干燥 2～4 h 后,盖好取出,放入干燥器内冷却 0.5 h 后称量。然后再放入 101～105℃干燥箱中干燥 1 h 左右,取出,放入干燥器内冷却 0.5 h 后再称量。并重复以上操作至前后两次质量差不超过 2 mg,即为恒重($m_2$)。 | 两次恒重值在最后计算中,取最后一次的称量值。 |

2. 半固体或液体试样中水分的测定

| 工作程序 | 操作技术和质量要求 | 备注 |
|---|---|---|
| 蒸发皿的准备 | 取洁净的蒸发皿,内加 10 g 海沙及一根小玻棒,置于 101～105℃干燥箱中,干燥 1.0 h 后取出,放入干燥器内冷却 0.5 h 后称量,并重复干燥至恒重($m_0$) | |
| 样品的制备 | 果蔬匀浆,液体试样混合均匀。 | |
| 试样干燥、称重 | 称取 5～10 g 试样(精确至 0.000 1 g),置于已恒重的蒸发皿中($m_1$),用小玻棒搅匀放在沸水浴上蒸干,并随时搅拌,擦去皿底的水滴,置 101～105℃干燥箱中干燥 4 h 后盖好取出,放入干燥器内冷却 0.5 h 后称量。然后再放入 101～105℃干燥箱中干燥 1 h 左右,取出,放入干燥器内冷却 0.5 h 后再称量。并重复以上操作至前后两次质量差不超过 2 mg,即为恒重($m_2$)。 | 两次恒重值在最后计算中,取最后一次的称量值。 |

### (三)分析结果的表述

根据样品干燥后失去水分的质量按下式计算样品中水分的含量:

$$X=\frac{m_1-m_2}{m_1-m_0}\times 100$$

式中:$X$——试样中水分的含量,单位为克每百克(g/100 g);

$m_1$——称量瓶(或蒸发皿加海沙、玻棒)和试样的质量,单位为克(g);

$m_2$——称量瓶(或蒸发皿加海沙、玻棒)和试样干燥后的质量,单位为克(g);

$m_0$——称量瓶(或蒸发皿加海沙、玻棒)的质量,单位为克(g)。

水分含量≥1 g/100 g 时,计算结果保留三位有效数字;水分含量<1 g/100 g 时,结果保留两位有效数字。

### (四)结果报告

(1)精密度:在重复性条件下获得的两次独立测定结果的绝对差值不得超过算术平均值的5%,否则重新测定。

(2)将检测结果填写在检验结果报告单中,原始数据按要求在检测过程中及时填写在原始数据记录单中。

## 五、工作中注意事项及常见技术问题处理

(1)水果、蔬菜样品,应先洗去泥沙后,再用蒸馏水冲洗一次,然后用洁净纱布吸干表面的水分。

(2)在测定过程中,称量皿从烘箱中取出后,应迅速放入干燥器中进行冷却,否则,不易达到恒重。

(3)干燥器内一般用硅胶作干燥剂,硅胶吸湿后效能会减低,故当硅胶蓝色减褪或变红时,需及时换出,置135℃左右烘2～3 h使其再生后再用。硅胶若吸附油脂等后,去湿能力也会大大减低。

(4)果糖含量较高的样品,如水果制品、蜜蜂等,在高温下(>70℃)长时间加热,其果糖会发生氧化分解作用而导致明显误差。故宜采用减压干燥法测定水分含量。

(5)含有较多氨基酸、蛋白质及羰基化合物的样品,长时间加热则会发生羰氨反应析出水分而导致误差,对此类样品宜用其他方法测定水分含量。

# 实训4-1 大豆中水分的测定

【实训目标】

1.掌握直接干燥法测定水分的原理和方法;

2.学会电热恒温干燥箱、干燥器的使用和维护;

3.学会直接干燥法测定水分的操作技能。

【对学生的要求】

1.明确学习任务,根据检测任务查阅资料,小组讨论制订检测方案。

2.分组汇报检测方案,接受师生的点评,同时参加小组自评与互评,确定检测方案。

3.按检测方案实施检测。正确进行操作;做好数据的记录和处理;评价检测结果,完成检测报告,评定学习成绩。

4.遵守实训室工作纪律，爱护仪器设备，安全用水用电。检测过程中仪器试剂摆放整齐，检测结束整理好台面。

**表 4-3　大豆中水分的测定原始记录**

检测日期：______年____月____日　　　　　　　　　　　共____页　第____页

样品名称：____________　规格：____________　样品状态：____________

仪器名称：______________________　仪器编号：_____________________

检测依据：______________________________________________________

检 测 数 据

| 称量瓶编号 | 称量瓶质量 $m_0$/g | （称量瓶＋样品）质量/g | | 样品中水分含量/(g/100 g) | | | | 精密度/% | |
|---|---|---|---|---|---|---|---|---|---|
| | | 干燥前 $m_1$ | 干燥后 $m_2$ | $X_1$ | $X_2$ | 平均值 $\overline{X}$ | 标准值 | 测得值 | 标准值 |
| | | | | | | | | | |
| | | | | | | | | | |

计算公式：

$$X=\frac{m_1-m_2}{m_1-m_0}\times 100 \qquad 精密度=\frac{|X_1-X_2|}{\frac{X_1+X_2}{2}}\times 100\%$$

备注：

检测者：　　　　　　　　　　　　　　复核者：

【知识延伸】

查阅相关标准，了解无公害食品玉米的各项质量指标，学习无公害玉米中水分的测定方法、技术要求。

【知识拓展】

# 水分测定的其他方法

## 一、减压干燥法

1. 原理

利用食品中水分的物理性质，在达到 40～53 kPa 压力后加热至(60±5)℃，采用减压烘干方法去除试样中的水分，再通过烘干前后的称量数值计算出水分的含量。

2.适用范围

适用于在较高温度下易热分解、变质或不易除去结合水的食品,如糖浆、果糖、高脂肪食品、果蔬及其制品等的水分含量测定。本法不适用于水分含量小于0.5 g/100 g 的样品。

3.仪器和设备

(1)真空干燥箱;

(2)扁形铝制或玻璃制称量瓶;

(3)干燥器:内附有效干燥剂;

(4)天平:感量为0.1 mg。

4.分析步骤

(1)试样的制备　粉末和结晶试样直接称取;较大块硬糖经研钵粉碎,混匀备用。

(2)测定　取已恒重的称量瓶称取2～10 g(精确至0.0001 g)试样,放入真空干燥箱内,将真空干燥箱连接真空泵,抽出真空干燥箱内空气(所需压力一般为40～53 kPa),并同时加热至所需温度(60±5)℃。关闭真空泵上的活塞,停止抽气,使真空干燥箱内保持一定的温度和压力,经4 h后,打开活塞,使空气经干燥装置缓缓通入至真空干燥箱内,待压力恢复正常后再打开。取出称量瓶,放入干燥器中0.5 h后称量,并重复以上操作至前后两次质量差不超过2 mg,即为恒重。

5.分析结果的表述

同直接干燥法。

6.精密度

在重复性条件下获得的两次独立测定结果的绝对差值不得超过算术平均值的10%。

7.说明及注意事项

(1)真空烘箱内各部位温度要求均匀一致,若干燥时间短时,更应严格控制。

(2)第一次使用的铝质称量盒要反复烘干2次,每次置于调节到规定温度的烘箱内烘1～2 h,然后移至干燥器内冷却45 min,称重(精确到0.1 mg),求出恒重。第二次以后使用时,通常采用前一次的恒重值。试样为谷粒时,小心使用可重复20～30次而恒重值不变。

(3)由于直读天平与被测量物之间的温度差会引起明显的误差,故在操作中应力求被称量物与天平的温度相同后再称重,一般冷却时间在0.5～1 h内。

(4)减压干燥时,自烘箱内部压力降至规定真空度时起计算烘干时间,一般每次烘干时间为 2 h，但有的样品需 5 h；恒重一般以减量不超过 0.5 mg 时为标准，但对受热后易分解的样品则可以不超过 1～3 mg 的减量值为恒重标准。

## 二、蒸馏法

1. 原理

利用食品中水分的物理化学性质，使用水分测定器将食品中的水分与甲苯或二甲苯共同蒸出，冷凝并收集馏液，由于密度不同，馏出液在接受管中分层，根据馏出液中水的体积，即可计算出样品中水分含量。

2. 特点及适用范围

蒸馏法适用于含较多挥发性物质的食品如油脂、香辛料等水分的测定，不适用于水分含量小于 1 g/100 g 的样品。

此法测定过程在密闭容器中进行，加热温度比直接干燥法低，故对易氧化、分解、热敏性以及含有大量挥发性组分的样品的测定准确度明显优于干燥法。此法设备简单，操作方便，现已广泛用于谷类、果蔬、油类香料等多种样品的水分测定，特别对于香料，此法是唯一公认的水分含量的标准分析法。

3. 仪器和设备

(1) 水分测定器：如图 4-1 所示（带可调电热套）。水分接收管容量 5 mL，最小刻度值 0.1 mL，容量误差小于 0.1 mL。

(2) 天平：感量为 0.1 mg。

4. 试剂和材料

甲苯或二甲苯（化学纯）：取甲苯或二甲苯，先以水饱和后，分去水层，进行蒸馏，收集馏出液备用。

5. 分析步骤

准确称取适量试样（应使最终蒸出的水在 2～5 mL，但最多取样量不得超过蒸馏瓶的 2/3），放入 250 mL 锥形瓶中，加入新蒸馏的甲苯（或二甲苯）75 mL，连接冷凝管与水分接收管，从冷凝管顶端注入甲苯，装满水分接收管。

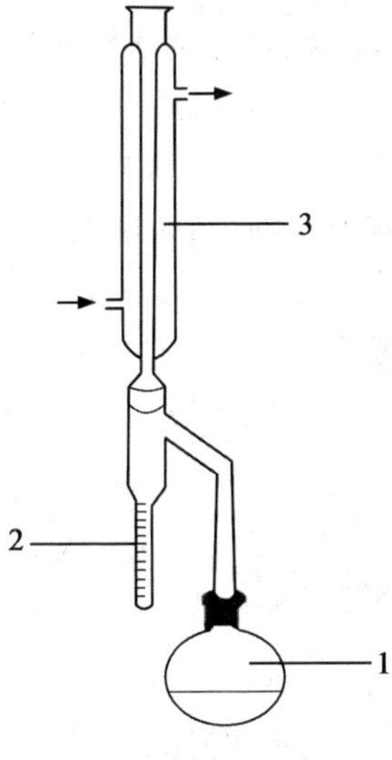

1. 250 mL 蒸馏瓶　2. 水分接收管，有刻度　3. 冷凝管

**图 4-1　水分测定器**

加热慢慢蒸馏，使每秒钟的馏出液为两滴，待大部分水分蒸出后，加速蒸馏约每秒钟 4 滴，当水分全部蒸出后，接收管内的水分体积不再增加时，从冷凝管顶端加入甲苯冲洗。如冷凝管壁附有水滴，可用附有小橡皮头的铜丝擦干，再蒸馏片刻至接收管上部及冷凝管

壁无水滴附着，接收管水平面保持 10 min 不变为蒸馏终点，读取接收管水层的容积。

6. 分析结果的表述

试样中水分的含量按下式进行计算。

$$X=\frac{V}{M}\times 100$$

式中：$X$——试样中水分的含量，单位为毫升每百克(mL/100 g)(或按水在 20℃的密度 0.998，20 g/mL 计算质量)；

$V$——接收管内水的体积，单位为毫升(mL)；

$M$——试样的质量，单位为克(g)。

以重复性条件下获得的两次独立测定结果的算术平均值表示，结果保留 3 位有效数字。

7. 精密度

在重复性条件下获得的两次独立测定结果的绝对差值不得超过算术平均值的 10%。

8. 说明及注意事项

(1)样品用量，一般谷类、豆类约 20 g，鱼、肉、蛋、乳制品 5～10 g，蔬菜、水果约 5 g。

(2)有机溶剂一般用甲苯，其沸点为 110.7℃。对于在高温易分解样品则用苯作蒸馏溶剂(纯苯沸点 80.2℃，水苯其沸点则为 69.25℃)，但蒸馏的时间需延长。

(3)加热温度不宜太高，温度太高时冷凝管上端水汽难以全部回收。蒸馏时间一般为 2～3 h，样品不同蒸馏时间各异。

(4)为了尽量避免接受管和冷凝管壁附着水滴，仪器必须洗涤干净。

## 第二节 灰分的测定

### 一、基础知识

#### (一)灰分的含义

农产品的组成十分复杂，除含有大量有机物质外，还含有较丰富的无机成分。当这些组分经高温灼烧时，将发生一系列物理和化学变化，最后有机成分挥发逸散，而无机成分(主要是无机盐和氧化物)则残留下来，这些残留物称为灰分。灰分是标示食品中无机成分总量的一项指标。

农产品的灰分与农产品中原来存在的无机成分在数量和组成上并不完全相同。

(1)农产品在灰化时,某些易挥发元素,如氯、碘、铅等,会挥发散失,磷、硫等也能以含氧酸的形式挥发散失,使这些无机成分减少。

(2)某些金属氧化物会吸收有机物分解产生的二氧化碳而形成碳酸盐,又使无机成分增多。

因此,灰分并不能准确地表示农产品中原来的无机成分的总量。从这种观点出发通常把农产品经高温灼烧后的残留物称为总灰分或粗灰分。

**(二)测定灰分的意义**

灰分是一项重要的农产品产品质量指标,测定灰分具有十分重要的意义。

果蔬的灰分中含有丰富的矿物质元素,大量元素有 Ca、Mg、P、Na、K、Cl、S;微量元素有 Fe、Cu、Zn、Cr、I、F、Co、Mn、Mo、Se 等。这些元素在维持机体的正常生理功能、保障人体健康等方面具有特殊重要的意义。测定果蔬产品灰分含量可以判断其无机矿物质元素的含量,从而评价其营养价值。

不同的果蔬产品以及同一种果蔬不同的栽培条件,各种灰分的组成和含量也不相同,但有一定的正常范围。如果灰分含量超过了正常范围,说明果蔬产品在栽培、贮运过程中存在问题。例如,酸不溶性灰分的增加预示着果蔬产品污染和掺杂。测定灰分可以了解果蔬产品的污染情况,以便采取相应措施,查清和控制污染,以保证果蔬产品的安全和食用者的健康。

果蔬产品等植物性原料的灰分组成和含量与自然条件、成熟度等因素密切相关,因此,通过测定其在生长过程中的灰分含量及其变动情况,可以掌握适时的采摘期,并弄清环境、气候、施肥等因素对作物的影响。

在生产果胶、明胶等胶质产品时,总灰分可以说明这些制品的胶冻性能;水溶性灰分则在很大程度上表明果酱、果冻等水果制品中的水果含量。

不同的食品,因所用原料、加工方法及测定条件的不同,各种灰分的组成和含量也不相同,当这些条件确定后,某种食品的灰分常在一定范围内。如果灰分含量超过了正常范围,说明食品生产中使用了不合乎卫生标准要求的原料或食品添加剂,或食品在加工、贮运过程中受到了污染。因此,测定灰分可以判断食品受污染的程度。

总之,灰分是某些农产品重要的质量控制指标,也是食品成分全分析的项目之一。表 4-4 是某些常见农产品的灰分含量;表 4-5 是部分农产品标准对灰分的要求。

表 4-4 某些常见农产品的灰分含量

| 样品名称 | 灰分含量/(g/100 g) | 样品名称 | 灰分含量/(g/100 g) |
|---|---|---|---|
| 牛乳 | 0.6～0.7 | 蔬菜 | 1.2～1.3 |
| 脱脂乳粉 | 7.8～8.2 | 新鲜水果 | 0.2～1.2 |
| 小麦 | ≤1.6 | 鲜肉 | 0.5～1.2 |

表 4-5 部分农产品标准的灰分指标

| 样品名称 | 灰分含量/(g/100 g) | 样品名称 | 灰分含量/(g/100 g) |
|---|---|---|---|
| 小麦粉(特制一级) | ≤0.70 | 蜂蜜(绿色食品) | ≤0.4 |
| 小麦粉(特制二级) | ≤0.85 | 蜂王浆(绿色食品) | ≤1.5 |
| 小麦粉(标准粉) | ≤1.10 | 脱水蔬菜(绿色食品) | ≤5.8 |
| 小麦粉(普通粉) | ≤1.40 | 脱水蘑菇(干基,绿色食品) | ≤6.5 |

## 二、总灰分的测定能力训练

总灰分的测定采用重量法或称灰化法,参考 GB/T 5009.4—2010 食品安全国家标准 食品中灰分的测定。本方法适用于除淀粉及其衍生物之外的食品中灰分含量的测定。

### (一)灰化法测定总灰分的原理

把一定量的样品经炭化后放入高温炉内灼烧,使有机物质被氧化分解,以二氧化碳、氮的氧化物及水等形式逸出,而无机物质以硫酸盐、磷酸盐、碳酸盐、氯化物等无机盐和金属氧化物的形式残留下来,这些残留物即为灰分,称量残留物的重量即可计算出样品中总灰分的含量。

### (二)工作中需要的主要仪器和设备

(1)马弗炉:温度≥600℃。

(2)天平:感量为 0.1 mg。

(3)石英坩埚或瓷坩埚。

(4)干燥器(内有干燥剂)。

(5)电热板。

(6)水浴锅。

### (三)工作程序及操作技术和质量要求

工作流程:试剂的准备→样品中水分的测定→测定数据记录及处理→测定结

果报告。

1. 试剂和材料的准备

(1)乙酸镁[$(CH_3COO)_2Mg \cdot 4H_2O$]:分析纯。

(2)乙酸镁溶液(80 g/L):称取 8.0 g 乙酸镁加水溶解并定容至 100 mL,混匀。

(3)乙酸镁溶液(240 g/L):称取 24.0 g 乙酸镁加水溶解并定容至 100 mL,混匀。

(4)1∶4 盐酸溶液。

2. 样品中灰分的测定

| 工作程序 | 操作技术和质量要求 | 备注 |
|---|---|---|
| 坩埚恒重 | 取大小适宜的石英坩埚或瓷坩埚,用稀盐酸(1∶4)将坩埚煮 1～2 h,洗净置于马弗炉中,在(550±25)℃下灼烧 0.5 h,待炉温降至 200℃左右,取出,放入干燥器中冷却至室温(30 min 左右),准确称量。重复灼烧至恒重(前后两次称量相差不超过 0.5 mg)。坩埚质量记为 $m_0$。 | |
| 样品制备 | 1. 果汁、牛乳等液体试样:混匀;<br>2. 果蔬、动物组织等含水分较多的试样:组织捣碎机匀浆,制备成均匀的试样;<br>3. 豆类等水分含量较少的固体试样:粉碎成均匀的试样;<br>4. 富含脂肪的样品:把试样制备均匀,准确称取一定量试样,先提取脂肪,再将残留物移入已知重量的坩埚中,进行炭化。 | |
| 样品称量 | 灰分大于 10 g/100 g 的试样称取 2～3 g(精确至 0.000 1 g);灰分小于 10 g/100 g 的试样称取 3～10 g(精确至 0.000 1 g)于已恒重的坩埚中。坩埚+试样的质量记为 $m_1$。 | |
| 灰分测定(炭化-灰化-称重) | 1. 一般食品:液体和半固体试样应先在沸水浴上蒸干。固体或蒸干后的试样,先在电热板上以小火加热使试样充分炭化至无烟,然后置于马弗炉中,在(550±25)℃灼烧 4 h。冷却至 200 ℃左右,取出,放入干燥器中冷却 30 min,称量前如发现灼烧残渣有炭粒时,应向试样中滴入少许水湿润,使结块松散,蒸干水分再次灼烧至无炭粒即表示灰化完全,方可称量。重复灼烧至前后两次称量相差不超过 0.5 mg 为恒重。坩埚+灰分的质量记为 $m_2$。 | 1. 液体试样若直接炭化,液体沸腾,易造成溅失。<br>2. 炭化操作时,半盖坩埚盖,小心加热使试样在通气情况下逐渐炭化,直至无黑烟产生。 |

续表

| 工作程序 | 操作技术和质量要求 | 备注 |
| --- | --- | --- |
| | 2. 含磷量较高的豆类及其制品、肉禽制品、蛋制品、水产品、乳及乳制品<br>①炭化-灰化-称重：称取试样后，加入 1.00 mL 乙酸镁溶液(240 g/L)或 3.00 mL 乙酸镁溶液(80 g/L)，使试样完全润湿。放置 10 min 后，在水浴上将水分蒸干，先在电热板上以小火加热使试样充分炭化至无烟，然后置于马弗炉中，在(550±25)℃灼烧 4 h。冷却至 200℃左右，取出，放入干燥器中冷却 30 min，称量前如发现灼烧残渣有炭粒时，应向试样中滴入少许水湿润，使结块松散，蒸干水分再次灼烧至无炭粒即表示灰化完全，方可称量。重复灼烧至前后两次称量相差不超过 0.5 mg 为恒重。坩埚+灰分的质量记为 $m_2$。<br>②试剂空白试验：吸取 3 份与①相同浓度和体积的乙酸镁溶液，做 3 次试剂空白试验。 | 当 3 次试剂空白试验结果的标准偏差小于 0.003 g 时，取算术平均值作为空白值 $m_3$。若标准偏差超过 0.003 g 时，应重新做空白值试验。 |

3. 测定结果的表述

一般食品试样中灰分按下式 $X_1$ 计算，含磷量较高的豆类及其制品、肉禽制品、蛋制品、水产品、乳及乳制品中灰分按下式 $X_2$ 计算。

$$X_1=\frac{m_2-m_0}{m_1-m_0}\times 100$$

$$X_2=\frac{m_2-m_0-m_3}{m_1-m_0}\times 100$$

式中：$X$——试样中灰分的含量，单位为克每百克(g/100 g)；

$m_0$——坩埚的质量，单位为克(g)；

$m_1$——坩埚和试样的质量，单位为克(g)；

$m_2$——坩埚和灰分的质量，单位为克(g)；

$m_3$——氧化镁(乙酸镁灼烧后生成物)的质量，单位为克(g)。

试样中灰分含量≥10 g/100 g 时，保留 3 位有效数字；试样中灰分含量＜10 g/100 g 时，保留 2 位有效数字。

4. 测定结果的评价及报告

(1)精密度：在重复性条件下获得的两次独立测定结果的绝对差值不得超过算术平均值的 5%，否则重新测定。

(2)将检测结果填写在检验结果报告单中，原始数据按要求在检测过程中及时填写在原始数据记录单中。

### (四)工作中注意事项及常见技术问题处理

(1)样品炭化时要注意热源强度,防止产生大量泡沫溢出坩埚。但样品量少时,可直接在高温炉中分二阶段灰化。首先在150℃炭化至无烟,然后在300℃炭化至无烟。

(2)把坩埚放入高温炉或从炉中取出时,要放在炉口停留片刻,使坩埚预热或冷却,防止因温度剧变而使坩埚破裂。

(3)灼烧后的坩埚应冷却到200℃以下再移入干燥器中,否则因热的对流作用,易造成残灰飞散,且冷却速度慢,冷却后干燥器内形成较大真空,盖子不易打开。

(4)从干燥器内取出坩埚时,因内部成真空,开盖恢复常压时,应注意使空气缓缓流入,以防残灰飞散。

(5)灰化后所得残渣可留作Ca、P、Fe等成分的分析。

(6)用过的坩埚经初步洗刷后,可用粗盐酸或废盐酸浸泡10～20 min,再用水冲刷洁净。

(7)选择测定条件

①灰化容器:测定灰分通常以坩埚作为灰化容器,个别情况下也可使用蒸发皿。

灰化容器的大小要根据试样的性状来选用,需要前处理的液态样品、加热易膨胀的样品及灰分含量低、取样量较大的样品,需选用稍大些的坩埚;或选用蒸发皿,但灰化容器过大会使称量误差增大。

②取样量:测定灰分时,取样量的多少应根据试样的种类和性状来决定。食品的灰分与其他成分相比,含量较少,所以取样时应考虑称量误差,以灼烧后得到的灰分量为10～100 mg来决定取样量。

③灰化温度:灰化温度的高低对灰分测定结果影响很大,由于各种食品中无机成分的组成、性质及含量各不相同,灰分温度也应有所不同。一般为500～550℃。

④灰化时间:一般以灼烧至灰分呈白色或浅灰色,无碳粒存在并达到恒重为止。灰化至达到恒重的时间因试样不同而异,一般需2～5 h。通常根据经验灰化一定时间后,观察一次残灰的颜色,以确定第一次取出的时间,取出后冷却、称重,再放入炉中灼烧,直至达恒重。

⑤加速灰化的方法

加入少量无离子水:灰化后,加入少量无离子水,使水溶性盐类溶解,被包住的碳粒暴露出来,使样品快速灰化完全。

加入氧化剂或疏松剂:经初步灼烧后,放冷,加入几滴硝酸或双氧水,蒸干后再灼烧至恒重。可以加入10%碳酸铵等疏松剂。这些物质经灼烧后完全消失,不增加残灰的质量。

加入助灰化剂：醋酸镁、硝酸镁等。这类镁盐随着灰化的进行而分解，与过剩的磷酸结合，残灰不熔融而呈松散状态，避免碳粒被包裹，可大大缩短灰化时间。此法应做空白试验，以校正加入的镁盐灼烧后分解产生 MgO 的量。

# 实训 4-2　大豆中灰分的测定

【实训目标】

1. 掌握灰分测定的原理和方法；
2. 学会马弗炉的使用和维护；
3. 学会炭化、灰化的操作技能。

【学习要求】

1. 明确学习任务，根据检测任务查阅资料，小组讨论制订检测方案。
2. 分组汇报检测方案，接受师生的点评，同时参加小组自评与互评，确定检测方案。
3. 按检测方案实施检测。正确进行操作；做好数据的记录和处理；评价检测结果，完成检测报告，评定学习成绩。
4. 遵守实训室工作纪律，爱护仪器设备，安全用水用电。检测过程中仪器试剂摆放整齐，检测结束整理好台面。

**表 4-6　大豆中灰分测定原始记录**

检测日期：______年____月____日　　　　　　　　　　　　共____页　第____页

样品名称：____________　规格：____________　样品状态：____________

仪器名称：______________________　仪器编号：______________________

检测依据：______________________________________________________

检 测 数 据

| 坩埚编号 | 坩埚质量 $m_0$/g | 坩埚和试样质量 $m_1$/g | 坩埚和灰分质量 $m_2$/g | 氧化镁的质量 $m_3$/g | 样品灰分含量/(g/100 g) | | | 精密度/% | |
|---|---|---|---|---|---|---|---|---|---|
| | | | | | $X_1$ | $X_2$ | $\overline{X}$ | 测得值 | 标准值 |
| | | | | | | | | | |
| | | | | | | | | | |

续表 4-6

| |
|---|
| 计算公式：<br>$X=\frac{m_2-m_0-m_3}{m_1-m_0}\times 100$　　精密度$=\frac{\lvert X_1-X_2\rvert}{\frac{X_1+X_2}{2}}\times 100\%$ |
| 备注： |

检测者：　　　　复核者：

【知识拓展】

农产品的灰分除总灰分（即粗灰分）外，按其溶解性还可分为水溶性灰分、水不溶性灰分和酸不溶性灰分。其中水溶性灰分反映的是可溶性的钾、钠、钙、镁等的氧化物和盐类的含量。水不溶性灰分反映的是污染的泥沙和铁、铝等氧化物及碱土金属的碱式磷酸盐的含量。酸不溶性灰分反映的是污染的泥沙和食品中原来存在的微量氧化硅的含量。

## 一、水溶性灰分和水不溶性灰分的测定

在总灰分中加水约 25 mL，盖上表面皿，加热至近沸。用无灰滤纸过滤，以 25 mL 热水洗涤，将滤纸和残渣置于原坩埚中，按上述方法再行干燥、炭化、灼烧、冷却、称量 $m_3$。以下式计算水溶性灰分与水不溶性灰分含量：

$$X_2=\frac{m_3-m_0}{m_1-m_0}\times 100$$

式中：$X_2$——样品中水不溶性灰分的含量，单位为克每百克（g/100 g）；

$m_3$——坩埚和水不溶性灰分的质量，单位为克（g）；

$m_1$——坩埚和样品的质量，单位为克（g）；

$m_0$——坩埚的质量，单位为克（g）。

水溶性灰分（g/100 g）＝总灰分（g/100 g）－水不溶性灰分（g/100 g）

## 二、酸溶性灰分的测定

于水不溶性灰分（或测定总灰分的残留物）中，加入盐酸（1＋9）25 mL，盖上表面皿，小火加热煮沸 5 min。用无灰滤纸过滤，用热水洗涤至滤液无 $Cl^-$ 反应为止。将残留物和滤纸一同放入原坩埚中进行干燥、炭化、灼烧、冷却、称量如前。

$$X_3=\frac{m_4-m_0}{m_2-m_0}\times 100$$

式中：$X_3$——样品中酸不溶性灰分的质量分数，单位为克每百克(g/100 g)；

$m_4$——坩埚和酸不溶性灰分的质量，单位为克(g)；

$m_2$——坩埚和样品的质量，单位为克(g)；

$m_0$——坩埚的质量，单位为克(g)。

说明：检查滤液有无氯离子，可取几滴滤液于试管中，用硝酸(6 mol/L)酸化，加1～2滴硝酸银试剂，如无白色沉淀析出，表明已洗涤干净。

酸溶性灰分(g/100 g)=总灰分(g/100 g) － 酸不溶性灰分(g/100 g)

## 第三节 脂肪的测定(索氏提取法)

在植物组织中，脂类主要存在于种子或果仁中，在动物体中的脂类主要存在于皮下组织、腹腔、肝脏及肌肉的结缔组织中。

表4-7是部分农产品中脂肪的含量。

**表4-7 部分农产品的脂肪含量**

| 农产品名称 | 脂肪含量/(g/100 g) | 农产品名称 | 脂肪含量/(g/100 g) |
|---|---|---|---|
| 核桃 | 63.9～69.0 | 稻米 | 0.4～3.0 |
| 花生仁 | 30.5～39.2 | 水果 | 一般小于1.1 |
| 大豆 | 12.1～20.2 | 鲜牛乳 | 3.5～4.2 |
| 芝麻 | 50.0～57.0 | 全脂乳粉 | 25.0～32.0 |

脂肪是食品中重要的营养成分之一。脂肪是生物体内能量储存的最好形式，是食物中能量最高的营养素；脂肪是脂溶性维生素的良好溶剂，有助于维生素的传递和吸收；脂肪可以提供人体必需的脂肪酸；脂肪在动物体内还有润滑、保温等功能。但是，过量摄入脂肪对人体健康也不利。

在食品加工生产过程中，原料、半成品、成品的脂类含量对食品的风味、组织结构、品质、外观、口感等都有直接影响。因此，测定食品中脂肪含量，不仅可以用来评价食品的品质，衡量食品的营养价值，而且对实现生产过程的质量控制与管理、实行工艺监督，研究食品的储藏方式是否恰当等方面都有重要的意义。表4-8是部分食品标准中对脂肪含量的要求。

**表 4-8　部分农产品标准对脂肪含量的规定**

| 农产品名称 | 脂肪含量/(g/100 g) | 农产品名称 | 脂肪含量/(g/100 g) |
| --- | --- | --- | --- |
| 高油大豆(1 级) | ≥22.0 | 生鲜牛乳(无公害) | ≥3.2 |
| 高油大豆(2 级) | ≥21.0 | 消毒牛乳 | ≥30.0 |
| 高油大豆(3 级) | ≥20.0 | 全脂乳粉 | 25.00～30.00 |
| 油用花生仁(绿色食品) | ≥48.0 | 脱脂乳粉(一级) | ≤1.75 |

食品中脂肪的存在形式有游离态的,如动物性脂肪和植物性油脂;也有结合态的,如天然存在的磷脂、糖脂、脂蛋白。对大多数食品来说,游离态脂肪是主要的,结合态脂肪含量较少。

常用的测定脂肪的方法有:索氏提取法、酸分解法、罗紫-哥特里法、巴布科克氏法、盖勃氏法和氯仿—甲醇提取法等。酸水解法能对包括结合态脂类在内的全部脂类进行定量。而罗紫-哥特里法主要用于乳及乳制品中脂类的测定。

## 一、索氏提取法测定脂肪的适用范围(参考 GB/T 5009.6—2003 食品中脂肪的测定——索氏抽提法)

本法可用于包括果蔬产品在内的各类食品中脂肪含量的测定,特别适用于脂肪含量较高而结合态脂类含量少、易烘干磨细、不易潮解结块的样品,如果品中坚果的脂肪含量的分析检测。

果蔬产品中的游离脂肪一般都能直接被乙醚、石油醚等有机溶剂抽提,而结合态脂肪不能直接被乙醚、石油醚提取,需在一定条件下进行水解等处理,使之转变为游离脂肪后方能提取,故索氏提取法测得的只是游离态脂肪。

此法对大多数样品测定结果准确,是一种经典分析方法,但操作费时,而且溶剂消耗量大,且需要专门的索氏抽提器。

## 二、索氏提取法测定脂肪的原理

经前处理的样品用无水乙醚或石油醚等溶剂回流抽提后,样品中的脂肪进入溶剂中,回收溶剂后所得到的残留物,即为脂肪。因为提取物中除游离脂肪外,还含有部分磷脂、色素、树脂、蜡状物、挥发油、糖脂等物质。因此,用索氏抽提法获得的脂肪,也称之为粗脂肪。

## 三、工作中需要的主要仪器和设备

(1)索氏抽提器,如图 4-2 所示。

(2)电热鼓风干燥箱：温控(103±2)℃。

(3)分析天平：感量0.1 mg。

(4)干燥器：内附有效干燥剂。

## 四、工作程序及操作技术和质量要求

工作流程：试剂的准备→样品中脂肪的测定→测定数据记录及处理→测定结果报告。

### (一)试剂和材料的准备

(1)无水乙醚(分析纯，不含过氧化物)或石油醚(沸程30～60℃)。

(2)海沙：取用水洗去泥土的海沙或河沙，先用盐酸(1+1)煮沸0.5 h，用水洗至中性，再用氢氧化钠溶液(240 g/L)煮沸0.5 h，用水洗至中性，经(100±5)℃干燥备用。

(3)滤纸筒：取长28 cm、宽17 cm的滤纸，用直径2 cm的试管，沿滤纸长边卷成筒形，抽出试管至纸筒高的一半处，压平抽空部分，折过来，使之紧靠试管外层，用脱脂线系住，下部的折角向上折，压成圆形底部，抽出试管，即成直径2 cm、高约7.5 cm的滤纸筒。

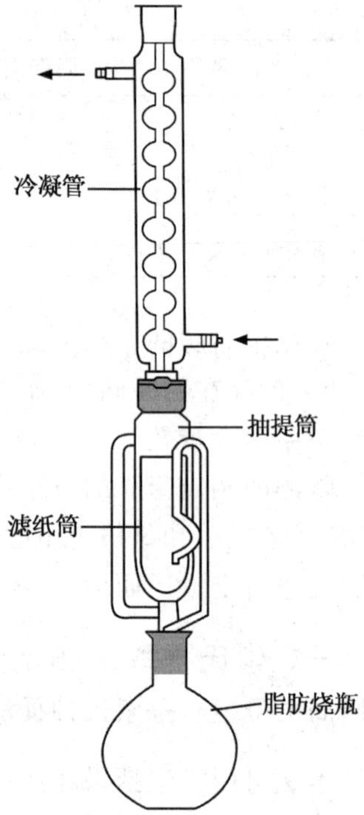

图4-2　索氏脂肪抽提仪

### (二)样品中脂肪的测定

| 工作程序 | 操作技术和质量要求 | 备注 |
| --- | --- | --- |
| 索氏抽提器的准备 | 将索氏抽提器各部位充分洗涤并用蒸馏水清洗后烘干。脂肪烧瓶在(103±2)℃的电热鼓风干燥箱内干燥至恒重($m_0$)。 | 恒量标准：前后两次称量差不超过0.002 g(或准确称量滤纸的质量，记作$m_0$)。 |
| 试样处理 | 1.固体试样：谷物或干燥制品用粉碎机粉碎过40目筛；肉用绞肉机绞两次；一般用组织捣碎机捣碎后，称取2.00～5.00 g(可取测定水分后的试样)，必要时拌以海沙，全部移入滤纸筒内。<br>2.液体或半固体试样：称取5.00～10.00 g，置于蒸发皿中，加入约20 g海沙于沸水浴上蒸干后，在(100±5)℃干燥，研细，全部移入滤纸筒内。蒸发皿及附有试样的玻棒，均用沾有乙醚的脱脂棉擦净，并将棉花放入滤纸筒内。 | 试样质量记为$m$。 |

续表

| 工作程序 | 操作技术和质量要求 | 备注 |
|---|---|---|
| 抽提 | 将滤纸筒放入脂肪抽提器的抽提筒内，连接已干燥至恒量的脂肪烧瓶，由抽提器冷凝管上端加入无水乙醚或石油醚至瓶内容积的 2/3 处，通入冷凝水，将脂肪烧瓶浸没在水浴中加热，使乙醚或石油醚不断回流提取，水浴温度应控制在使提取液每 8～10 min 回流一次（一般夏天 65℃，冬天 80℃左右）。用一小块脱脂棉轻轻塞入冷凝管上口。提取时间视试样中粗脂肪含量而定：一般样品提取 6～12 h，坚果制品提取约 16 h。 | 提取结束时，用毛玻璃板接取一滴提取液，如无油斑则表明提取完毕。 |
| 回收溶剂、烘干、称重 | 提取完毕后，回收提取液。取下脂肪烧瓶，回收乙醚或石油醚，待脂肪烧瓶内乙醚剩 1～2 mL 时在水浴上蒸干，用脱脂滤纸擦净脂肪烧瓶外部，再于（100±5）℃干燥 2 h，放干燥器内冷却 0.5 h 后称量。重复干燥 0.5 h，冷却，称量，直至前后两次称量差不超过 0.002 g 即为恒量。 | 两次恒重值在最后计算中，以最小称量为准，记为 $m_1$（或脂肪提取完毕后，取出滤纸包挥干，准确称取滤纸包的质量，记作 $m_1$） |

**（三）结果计算**

$$X=\frac{m_1-m_0}{m}\times 100$$

式中：$X$——样品中粗脂肪的含量，单位为克每百克（g/100 g）；

$m_0$——脂肪烧瓶的质量，单位为克（g）；

$m_1$——脂肪烧瓶和粗脂肪的质量，单位为克（g）；

$m$——试样的质量（如是测定水分后的试样，则按测定水分前的质量计），单位为克（g）。

或：

$$X=\frac{(m+m_0)-m_1}{m}\times 100$$

式中：$X$——样品中粗脂肪的含量，单位为克每百克（g/100 g）；

$m_0$——滤纸的质量，单位为克（g）；

$m$——试样的质量（如是测定水分后的试样，则按测定水分前的质量计），单位为克（g）；

$m_1$——抽提后滤纸包的质量，单位为克（g）。

计算结果表示到小数点后 1 位。

**（四）结果报告**

（1）精密度：在重复性条件下获得的两次独立测定结果的绝对差值不得超过算

术平均值的10%,否则重新测定。

(2)将检测结果填写在检验结果报告单中,原始数据按要求在检测过程中及时填写在原始数据记录单中。

**(五)工作中注意事项及常见技术问题处理**

(1)索氏抽提器是利用溶剂回流和虹吸原理,使固体物质每一次都被纯的溶剂所萃取,而固体物质中的可溶性物质则富集于脂肪烧瓶中。

(2)样品必须干燥无水,并且要研细,样品含水分会影响有机溶剂的提取效果,而且有机溶剂会吸收样品中的水分造成非脂成分溶出。装样品的滤纸筒一定要严密,不能往外漏样品,但也不要包得太紧,以影响溶剂渗透。样品放入滤纸筒时高度不要超过回流弯管,否则超过弯管的样品中的脂肪不能提尽,造成误差。

(3)测定脂类大多采用低沸点的有机溶剂萃取的方法。常用的溶剂乙醚和石油醚的沸点较低、易燃,在操作时应注意防火。切忌直接用明火加热,应该用电热套、电水浴等加热。使用烘箱干燥前应去除全部残余的乙醚,因乙醚稍有残留,放入烘箱时,有发生爆炸的危险。

(4)用溶剂提取果蔬产品中的脂类时,要根据产品种类、性状及所选取的分析方法,在测定之前对样品进行预处理时需将样品粉碎、切碎、碾磨等;含水量较高的样品,可加入适量的无水硫酸钠,使样品成粒状;有时需将样品烘干,易结块样品可加入4~6倍量的海沙。以上处理的目的都是为了增加样品的表面积,减小样品含水量,使有机溶剂更有效地提取脂类。

(5)对含糖及糊精高的样品,要先用冷水使糖及糊精溶解,经过滤除去,将残渣连同滤纸一起烘干,再一起放入抽提管中。

(6)通常乙醚可含约2%的水,但抽提用的乙醚要求无水,同时不含醇类和过氧化物,并要求其中挥发残渣含量低。因水和醇可导致水溶性物质溶解,如水溶性盐类、糖类等,使得测定结果偏高。石油醚溶解脂肪的能力比乙醚弱些,但吸收水分比乙醚少,没有乙醚易燃,使用时允许样品含有微量水分,这两种溶液只能直接提取游离的脂肪。对于结合态脂类,必须预先用酸或碱破坏脂类和非脂成分的结合后才能提取。因二者各有特点,故常常混合使用。

(7)乙醚若放置时间过长,会产生过氧化物。过氧化物会导致脂肪氧化,且不稳定,当蒸馏或干燥时会发生爆炸,故使用前应该严格检查,并除去过氧化物。

过氧化物的检查方法:取6 mL乙醚,加2 mL 10%碘化钾溶液,用力振摇,放置1 min后,若出现黄色,则证明有过氧化物存在,应另选乙醚或处理后再用。

去除过氧化物的方法:将乙醚倒入蒸馏瓶中,加一段无锈铁丝或铝丝,收集重蒸馏乙醚。

(8)在抽提时,冷凝管上端最好连接一个氯化钙干燥管,这样,可防止空气中水分进入，也可避免乙醚挥发在空气中，如无此装置可塞一团干燥的脱脂棉球。

(9)抽提是否完全，可凭经验，也可用滤纸或毛玻璃检查，由抽提管下口滴下的乙醚滴在滤纸或毛玻璃上，挥发后不留下油迹表明已抽提完全，若留下油迹说明抽提不完全。

(10)反复加热会因脂类氧化而增重。质量增加时，以增重前的质量作为恒量。

# 实训 4-3　大豆中粗脂肪含量的测定

【实训目标】

1.掌握索氏抽提法测定脂肪的原理和方法；

2.学会索氏抽提仪的使用和维护；

3.学会索氏抽提法测定脂肪的操作技能。

【学习要求】

1.明确学习任务，根据检测任务查阅资料，小组讨论制订检测方案。

2.分组汇报检测方案，接受师生的点评，同时参加小组自评与互评，确定检测方案。

3.按检测方案实施检测。正确进行操作；做好数据的记录和处理；评价检测结果，完成检测报告，评定学习成绩。

4.遵守实训室工作纪律，爱护仪器设备，安全用水用电。检测过程中仪器试剂摆放整齐，检测结束整理好台面。

**表 4-9　大豆中脂肪的测定原始记录**

检测日期：______年____月____日　　　　共____页　第____页

样品名称：____________　规格：____________　样品状态：____________

仪器名称：____________________　仪器编号：____________________

检测依据：________________________________________________

检 测 数 据

| 脂肪烧瓶瓶编号 | 脂肪烧瓶质量 $m_0$/g | 试样质量 $m$/g | (脂肪烧瓶+脂肪)质量 $m_1$/g | 样品中脂肪含量/(g/100 g) | | | | 精密度/% | |
|---|---|---|---|---|---|---|---|---|---|
| | | | | $X_1$ | $X_2$ | 平均值 $\overline{X}$ | 标准值 | 测得值 | 标准值 |
| | | | | | | | | | |
| | | | | | | | | | |

续表 4-9

| |
|---|
| 计算公式：<br>$X=\frac{m_1-m_0}{m}\times 100$ 精密度$=\frac{\lvert X_1-X_2\rvert}{\frac{X_1+X_2}{2}}\times 100\%$ |
| 备注： |

检测者： 复核者：

【知识延伸】

查阅最新相关标准，了解无公害生鲜乳的各项质量指标，学习无公害生鲜乳中脂肪的测定方法、技术要求。

【知识拓展】

## 脂肪测定的其他方法

### 一、酸水解法

本法测定的脂肪为总脂肪，适用于果蔬加工制品和结块制品以及不易除去水分的样品。此法不适用于含糖高的农产品，因糖类遇强酸易炭化而影响测定结果。

#### （一）酸水解法的原理

将试样与盐酸溶液一同加热进行水解，利用强酸破坏蛋白质、纤维素等组织，使结合或包藏在果蔬产品组织中的脂肪游离析出，再用乙醚或石油醚提取脂肪，蒸发回收溶剂，干燥后称量，提取物的质量即为脂肪含量（游离及结合脂肪的总量）。

#### （二）操作步骤

1.仪器和试剂

（1）仪器 100 mL 具塞量筒。

（2）试剂：①95％乙醇；②乙醚（不含过氧化物）；③石油醚（30～60℃沸程）；④盐酸。

2.测定步骤

（1）样品处理

①固体样品 准确称取样品约 2.00 g，置于 50 mL 大试管内，加水 8 mL，混匀后再加盐酸 10 mL。

②液体样品 称取样品 10.00 g 置于 50 mL 大试管内，加 10 mL 盐酸。

(2)样品消化 将试管放入 70～80℃水浴中，每隔 5～10 min 用玻璃棒搅拌一次，至样品脂肪游离消化完全为止，消化时间约为 40～50 min。

(3)提取脂肪 取出试管，加入 10 mL 乙醇，混合；冷却后将混合物移入 100 mL 具塞量筒中，以 20 mL 乙醚分次洗试管，并倒入量筒中，待乙醚全部倒入量筒后，加塞振摇 1 min，小心开塞，放出气体，再塞好，静置 12 min，小心开塞，用石油醚-乙醇等量混合液冲洗塞及筒口附着的脂肪。静置 10～20 min，待上部液体清晰，吸出上清液于已恒量的锥形瓶内，再加 15 mL 乙醚于具塞量筒内，振摇，静置后，仍将上层乙醚吸出，放入原锥形瓶内。

(4)分离脂肪 将锥形瓶于水浴上蒸干后，置(100±5)℃烘箱中干燥 2 h。取出放入干燥器内冷却 30 min 后称量。并重复以上操作至恒量。

3. 结果计算

$$X=\frac{m_2-m_1}{m}\times 100$$

式中：$X$——样品中总脂肪的质量分数，单位为克每百克(g/100 g)；

$m_1$——空锥形瓶的质量，单位为克(g)；

$m_2$——锥形瓶和总脂肪质量，单位为克(g)；

$m$——试样的质量，单位为克(g)。

### (三)注意事项

(1)测定的固体样品须充分磨细，液体样品须充分混合均匀，否则会因为消化不完全而使结果偏低，同时用有机溶剂提取时也往往易乳化。

(2)水解时应防止大量水分损失，使酸浓度升高。

(3)水解后加入乙醇可使蛋白质沉淀，降低表面张力，促进脂肪球聚合，同时溶解一些碳水化合物、有机酸等。后面用乙醚提取脂肪时，因乙醇可溶于乙酸，故须加入石油醚，降低乙醇在石油醚中的溶解度，使乙醇溶解物残留在水层，并使分层清晰。

(4)挥干溶剂后，残留物中若有黑色焦油状杂质，是分解物与水一同混入所致，会使测定值增大，造成误差，可用等量的乙酸及石油醚溶解后过滤，再挥干溶剂。

## 二、盖勃氏法

### (一)原理

在乳中加入硫酸破坏乳胶质性和覆盖在脂肪球上的蛋白质外膜，离心分离脂肪后测量其体积。

**(二)试剂和材料**

(1)硫酸($H_2SO_4$):分析纯,$\rho_{20}$约 1.84 g/L。

(2)异戊醇($C_5H_{12}O$):分析纯。

**(三)仪器和设备**

(1)乳脂离心机。

(2)盖勃氏乳脂计:最小刻度值为 0.1%,见图 4-3。

(3)10.75 mL 单标乳吸管。

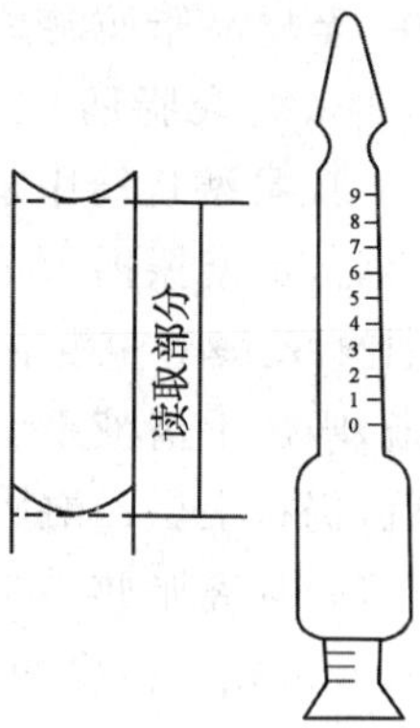

图 4-3 盖勃氏乳脂计

**(四)分析步骤**

于盖勃氏乳脂计中先加入 10 mL 硫酸,再沿着管壁小心准确加入 10.75 mL 样品,使样品与硫酸不要混合,然后加 1 mL 异戊醇,塞上橡皮塞,使瓶口向下,同时用布包裹以防冲出,用力振摇使呈均匀棕色液体,静置数分钟(瓶口向下),置 65～70℃水浴中 5 min,取出后置于乳脂离心机中以 1 100 r/min 的转速离心 5 min,再置于 65～70℃水浴中保温 5 min(注意水浴水面应高于乳脂计脂肪层)。取出,立即读数,即为脂肪的百分数。

**(五)精密度**

在重复性条件下获得的两次独立测定结果的绝对差值不得超过算术平均值的 5%。

【作业】

1. 水分测定的意义是什么?
2. 请说明直接干燥法测定水分的原理和适用范围。
3. 简述灰分的定义。样品在高温灼烧前,为什么要先炭化至无烟?
4. 样品经长时间灼烧后,灰分中仍有炭粒遗留的主要原因是什么?如何处理?
5. 怎样判断样品是否灰化完全?
6. 简述恒量的含义。如何进行恒量操作?
7. 为什么乙醚提取物只能称为粗脂肪?粗脂肪中主要包含哪些组分?
8. 简要说明索氏抽提器的提取原理及应用范围。
9. 简述索氏提取法的操作要点与注意事项。
10. 查阅资料,制订"芹菜中粗纤维的测定"检测方案。

# 第五章　滴定分析技术

## 第一节　酸度的测定

农产品中的酸性物质包括有机酸、无机酸、酸式盐以及酸性有机化合物，这些酸有些是农产品本身固有的，如果蔬中的苹果酸、柠檬酸、酒石酸、醋酸、草酸等有机酸；有些是加工过程中添加的，如果汁中的柠檬酸；还可以发酵产生酸，如泡菜中的乳酸、醋酸。不同农产品中所含有机酸的种类、数量各不相同。

### 一、测定酸度的意义

农产品中的酸不仅作为酸味成分，而且在农产品的加工贮运及品质管理等方面被认为是重要的成分，测定农产品中的酸度具有十分重要的意义。

(1)通过测定农产品中糖和酸的含量，可以判断农产品的成熟度，如番茄、葡萄等随着成熟度的增加而糖酸比增大，口感变好。确定加工产品的配方并可通过调整糖酸比获得风味极佳的产品(风味是一组复杂的质量集合体，它包括甜味、酸味、芳香味和涩味等)。

(2)通过测定酸度，可对农产品的质量进行鉴定。例如，挥发酸含量的高低，是衡量水果发酵制品质量好坏的一项重要技术指标，如产品中乙酸的质量分数超过0.1%，就说明制品已经腐败；发酵制品中乳酸含量高时，说明已变质。

(3)农产品的 pH 对其色、香、味、成熟度、稳定性、质量的好坏都有影响。例如，农产品加工中控制 pH≤3 可以抑制酶促褐变的发生，保持水果的本色。降低 pH 可抑制酶的活性和微生物的生长，pH 也是水果蔬菜罐头杀菌条件的重要依据。

### 二、酸度的分类

农产品中酸度可分为总酸度、有效酸度、挥发酸度。

总酸度是指食品中所有酸性成分的总量。它包括未离解的酸的浓度和已离解的酸的浓度，其大小常用标准碱溶液进行滴定，并以样品中主要代表酸的百分含量来表示，所以总酸度又称为可滴定酸度。

有效酸度是指农产品中呈游离状态的 $H^+$ 的浓度(或称活度)，常用 pH 来表示，用 pH 计(酸度计)来测定。

挥发酸是指食品中易挥发的有机酸，如甲酸，醋酸及丁酸等低碳链的直链脂肪酸。其大小可通过蒸馏挥发分离，再借标准碱滴定来测定。一种农产品的挥发酸含量是一定的，挥发酸的含量是某些食品的一项质量控制指标。

在同一个农产品中，往往几种有机酸同时存在，但在分析有机酸含量时，是以主要酸为计算标准。通常仁果类、核果类及大部分浆果类以苹果酸计算；葡萄以酒石酸计算；柑橘类以柠檬酸计算；蔬菜和山上野果则可用草酸计算。

## **三、总酸度的测定技术实训**(参考 GB/T 12456—2008 食品中总酸的测定)

### (一)原理

根据酸碱中和原理，用碱标准溶液滴定试液中的酸，以酚酞为指示剂确定滴定终点。按碱标准溶液的消耗量计算食品中的总酸含量。

本法适用于各类色浅的食品中总酸含量的测定。

### (二)仪器和设备

(1)组织捣碎机。

(2)水浴锅。

(3)研钵。

(4)酸度计：±0.1(pH)。

(5)玻璃电极和饱和甘汞电极。

(6)电磁搅拌器。

### (三)试剂

所有试剂均使用分析纯试剂；分析用水应符合 GB/T 6682 规定的二级水规格或蒸馏水，使用前应经煮沸、冷却。

(1)0.1 mol/L 氢氧化钠钠标准溶液：按 GB/T 601 配制与标定。

(2)0.01 mol/L 氢氧化钠标准溶液：量取 100 mL 0.1 mol/L 氢氧化钠标准溶液稀释到 1 000 mL(用时当天稀释)。

(3) 0.05 mol/L 氢氧化钠标准溶液：量取 100 mL 0.1 mol/L 氢氧化钠标准

溶液稀释到 200 mL(用时当天稀释)。

(4)1%酚酞溶液:称取 1 g 酚酞,溶于 60 mL 95%乙醇中,用水稀释至 100 mL。

(5)pH 8.0 缓冲溶液:按 GB/T 604 配制。

**(四)工作程序及操作技术和质量要求**

| 工作程序 | 操作技术和质量要求 | 备注 |
| --- | --- | --- |
| 试样制备 | 液态样品:<br>不含二氧化碳的样品,充分混合均匀,置于密闭玻璃容器内。<br>含二氧化碳的样品,至少取 200 g 样品于 500 mL 烧杯中,置于电炉上,边搅拌边加热至微沸腾,保持 2 min。称量,用煮沸过的水补充至煮沸前的质量,置于密闭玻璃容器内。 | |
| | 固态样品:取有代表性的样品至少 200 g,置于研钵或组织捣碎机中,加入与样品等量的煮沸过的水,用研钵研碎,或用组织捣碎机捣碎,混匀后置于密闭玻璃容器内。 | |
| | 固、液态样品:按样品的固、液体比例至少取 200 g,用研钵研碎或用组织捣碎机捣碎,混匀后置于密闭玻璃容器内。 | |
| 试液制备 | 1.总酸含量小于或等于 4 g/kg 的试样:将试样用快速滤纸过滤,收集滤液,用于测定。<br>2.总酸含量大于 4 g/kg 的试样:称取 10~50 g 试样,精确至 0.001 g,置于 100 mL 烧杯中。用约 80℃煮沸过的水将烧杯中的内容物转移到 250 mL 容量瓶中(总体积约 150 mL),置于沸水浴中煮沸 30 min(摇动 2~3 次,使试样中的有机酸全部溶解于溶液中),取出,冷却至室温(约 20℃),用煮沸过的水定容至 250 mL。用快速滤纸过滤。收集滤液用于测定。 | 试样质量记作 $m$,单位 g。<br>试样稀释液总体积记作 $V_0$,单位 mL。 |
| 测定 | 1.样液的测定<br>方法一:准确吸取 25~50 mL 滤液于 250 mL 锥形瓶中,加入 40~60 mL 水及酚酞指示剂 2~3 滴,用0.1 mol/L 的氢氧化钠标准溶液(如果样品酸度较低,可用 0.01 mol/L 或 0.05 mol/L 氢氧化钠标准溶液)滴定至微红色 30 s 不褪色,记录消耗 0.1 mol/L 氢氧化钠标准溶液的毫升数($V$)。同一被测样品应测 2 次。 | 1.滴定时吸取样液(滤液)体积记作 $V_1$,单位 mL。 |

续表

| 工作程序 | 操作技术和质量要求 | 备注 |
|---|---|---|
| 测定 | 方法二(电位滴定法):准确吸取 25～50 mL 滤液于 250 mL 烧杯中,加入 40～60 mL 水。将酸度计电源接通,用 pH 8.0 的缓冲溶液校正酸度计。将盛有试液的烧杯放到电磁搅拌器上,浸入玻璃电极和甘汞电极。按下 pH 读数开关,开动搅拌器,迅速用 0.1 mol/L 氢氧化钠标准溶液(如果样品酸度较低,可用 0.01 mol/L 或 0.05 mol/L 氢氧化钠标准溶液 )滴定。随时观察溶液 pH 的数值变化。接近滴定终点时,放慢滴定速度。一次滴加半滴(最多一滴),直至溶液的 pH 达到终点,记录消耗 0.1 mol/L 氢氧化钠标准溶液的毫升数($V$)。同一被测样品应测 2 次。<br>2.空白试验:用水代替试液,按测定试液的相同步骤操作,记录消耗氢氧化钠标准溶液的体积数值($V'$)。 | 2.各种酸滴定终点的 pH:磷酸,8.7～8.8,其他酸,8.3±0.1。 |
| 结果计算 | 样品中总酸的含量以质量分数 $X$ 计,按下式计算:<br>$$X=\frac{c\times(V-V')\times K}{m\times 0.1}\times\frac{V_0}{V_1}\times 1\ 000$$<br>式中:$X$——样品中总酸的含量,单位为克每千克(g/kg)<br>$c$——NaOH 标准溶液的浓度,单位为摩尔每升(mol/L);<br>$V$——滴定试液时消耗氢氧化钠标准溶液的体积,单位为毫升(mL);<br>$V'$——空白试验时消耗氢氧化钠标准溶液的体积(mL);<br>$m$——试样质量(或体积),g(或 mL);<br>$V_0$——样品稀释液总体积(mL);<br>$V_1$——滴定时吸取样液体积(mL);<br>$K$——换算成主要酸的折算系数,即 1 mmol NaOH 相当于主要酸的克数。苹果酸 0.067,酒石酸 0.075,乙酸 0.060,草酸 0.045,乳酸 0.090,柠檬酸(含 1 分子水)为 0.070。 | 1. $\frac{V_0}{V_1}$ 为试样的稀释倍数。<br>2.计算结果表示到小数点后两位。 |
| 报告 | 1.平行测定的结果,用算术平均值表示。<br>2.精密度:同一样品,两次测定结果之差,不得超过 2 次测定平均值的 2%。 | |

**(五)工作中注意事项及常见技术问题处理**

(1)农产品中含有多种有机酸,总酸测定的结果一般以样品中含量最多的酸来表示。例如柑橘类果实及其制品以柠檬酸表示;葡萄及其制品以酒石酸表示;苹果、核果类及其制品和蔬菜以苹果酸表示;发酵产品如调味品等以乙酸表示。

(2)农产品中的有机酸均为弱酸,用强碱氢氧化钠滴定时,其滴定终点偏碱,一般在 pH 为 8.2 左右,所以可选用酚酞作为指示剂。

(3)咖啡样品的提取液采用下述方法制备:称取 10 g 粉碎并过 40 目筛的样品,置于锥形瓶中加入 75 mL 80%的乙醇,加塞放置 16 h,并不时摇动,然后过滤。

(4)若样液颜色过深(如带色果汁)或浑浊,终点不易判断时,可采用电位滴定法。

也可制备成脱色样液后测定:取样品 25 mL 置于 100 mL 容量瓶中,加水至刻度。用此稀释液加活性炭脱色,加热到 50～60℃微温过滤。取此滤液 10 mL 三角瓶中,加水 50 mL 测定,计算时换算为原样品量。

(5)二氧化碳对测定有影响,驱除二氧化碳的方法是将蒸馏水煮沸 15 min,冷却后立即使用。

## 实训 5-1　牛乳中酸度的测定

乳挤出后在存放过程中,由于微生物的活动,分解乳糖产生乳酸,而使乳的酸度升高。测定乳的酸度,可判断乳是否新鲜。乳的滴定酸度常用滴定度(°T)表示。

滴定度(°T)是以中和 100 g 乳中的酸所消耗的 0.1 mol/L 氢氧化钠的毫升数来表示。消耗 0.1 mol/L 氢氧化钠 1 mL 为 1 °T。

### 一、原理

以酚酞为指示剂,用 0.100 0 mol/L 的氢氧化钠标准溶液滴定 100 g 试样至终点所消耗的氢氧化钠标准溶液的体积,经计算确定试样的酸度。

### 二、试剂和材料

(1)中性乙醚-乙醇混合溶液:取等体积的乙醚、乙醇溶液混合后,加 3 滴酚酞指示液,用氢氧化钠(4 g/L)滴至微红色。

(2)氢氧化钠标准溶液:0.100 0 mol/L。

(3)酚酞指示液:称取 0.5 g 酚酞溶于 75 mL 体积分数 95%的乙醇中,并加入 20 mL 水,然后滴加 0.100 0 mol/L 的氢氧化钠标准溶液至微红色,再加入水定容至 100 mL。

## 三、仪器和设备

(1)天平:感量为 1 mg。

(2)电位滴定仪。

(3)碱式滴定管:分刻度为 0.1 mL。

(4)水浴锅。

## 四、分析步骤

称取 10 g(精确到 0.01 g)已混匀的试样,置于 150 mL 锥形瓶中,加入 20 mL 新鲜煮沸并冷却至室温的水,混匀,用 0.100 0 mol/L 的氢氧化钠标准溶液电位滴至 pH=8.3 为终点;或于混匀的试样中加入 2.0 mL 酚酞指示液,混匀后用 0.100 0 mol/L 的氢氧化钠标准溶液滴至微红色,并在 30 s 内不褪色,记录消耗的 0.100 0 mol/L 氢氧化钠标准溶液的毫升数,代入公式中进行计算。

## 五、分析结果的表述

试样中的酸度数值以(°T)表示,按下式计算:

$$X=\frac{c\times V}{m\times 0.1}\times 100$$

式中:$X$——试样的酸度,单位为度(°T);

$c$——氢氧化钠标准溶液物质的量浓度,单位为摩尔每升(mol/L);

$V$——滴定时消耗的氢氧化钠标准溶液的体积,单位为毫升(mL);

$m$——试样的质量,单位为克(g);

0.1——酸度理论定义氢氧化钠的物质的量浓度,单位为摩尔每升(mol/L)。

以重复性条件下获得的两次独立测定结果的算术平均值表示,结果保留 3 位有效数字。

## 六、精密度

在重复性条件下获得的两次独立测定结果的绝对差值不得大于 1.0 °T。

**表 5-1　牛乳中酸度的测定原始记录**

检测日期：______年____月____日　　　　　　　　共____页　第____页

样品名称：__________　规格：__________　样品状态：__________

检测依据：________________________________

检 测 数 据

<table>
<tr><td rowspan="2">测定次数</td><td rowspan="2">试样的质量 $m$/g</td><td rowspan="2">试样滴定消耗标准溶液的体积 $V$/mL</td><td rowspan="2">标准溶液的浓度 $c$ /(mol/L)</td><td colspan="2">试样的酸度 $X$/°T</td><td colspan="2">精密度</td></tr>
<tr><td>测定值</td><td>平均值 $\overline{X}$</td><td>测定值</td><td>标准值</td></tr>
<tr><td>1</td><td></td><td></td><td rowspan="2"></td><td></td><td rowspan="2"></td><td rowspan="2"></td><td rowspan="2">≤1.0 °T</td></tr>
<tr><td>2</td><td></td><td></td><td></td></tr>
</table>

计算公式：

$$X=\frac{c\times V}{m\times 0.1}\times 100 \qquad 精密度=|X_1-X_2|$$

| 无公害食品生鲜牛乳酸度指标(NY 5045—2008)： | 酸度(°T)：12.0～18.0 |
|---|---|

备注：

检测者：　　　　　　　　　　　复核者：

## 第二节　蛋白质的测定

蛋白质是复杂的含氮有机化合物，主要由碳、氢、氧、氮、硫 5 种元素组成，在某些蛋白质中，还含有微量的磷、铜、铁、碘等。

蛋白质是生命的物质基础，存在于一切生物的原生质内，是细胞组成的主要成分，同时也是新陈代谢作用中各种酶的组成部分。蛋白质是人体重要的营养物质，也是人类食物重要的营养指标。人和其他动物只能从食物中得到蛋白质及其分解物，来构成自身的蛋白质。人体新生组织的形成、酸碱平衡和水平衡的维持、遗传信息的传递、物质的代谢及转运都与蛋白质有关。

果蔬产品中含氮物质虽少，但其对果蔬产品及其制品的风味有着重要的影响。其中影响最深的是氨基酸。果蔬产品中的鲜味主要来自一些具有鲜味的氨基酸、酰胺和肽等含氮物质，其中，*L*-谷氨酸、*L*-天门冬氨酸、*L*-谷氨酰胺和 *L*-天门冬酰胺最为重要，广泛存在于果蔬产品中，在梨、桃、葡萄、柿子、番茄中含量较为丰富。

果蔬产品中的含氮物质大部分是蛋白质，其次为氨基酸、酰胺，某些铵盐和硝酸盐。果蔬产品中的含氮物质含量相当丰富(表5-2)。

**表5-2　常见果蔬产品的蛋白质大约含量**　　%

| 产品名称 | 蛋白质含量 | 产品名称 | 蛋白质含量 |
|---|---|---|---|
| 鸭梨 | 0.1 | 黄瓜 | 0.8 |
| 苹果 | 0.4 | 菠菜 | 2.4 |
| 桃 | 0.9 | 大白菜 | 1.1 |
| 柑橘 | 0.8 | 油菜(春) | 2.6 |
| | | 油菜(秋) | 1.2 |

## 一、测定果蔬中蛋白质的意义

(1)测定果蔬产品中蛋白质的含量，对于评价果蔬产品的营养价值，合理开发利用果蔬产品资源，提高产品质量及生产过程控制均具有极其重要的意义。

(2)果蔬产品中的蛋白质与氨基酸的存在和变化，对果蔬产品的颜色产生影响，从而影响产品的外观质量。最显著的是贮藏环境的高温引起羰氨反应造成的果蔬产品色暗。

(3)蛋白质及其分解产物对果蔬产品的色、香、味和产品质量都有一定影响，所以在果蔬产品品质检验中蛋白质的测定具有重要的意义。

## 二、蛋白质的测定方法

测定蛋白质的方法可分为两大类：一类是利用蛋白质的共性，即含氮量、肽键和折射率等测定蛋白质含量；另一类是利用蛋白质中特定氨基酸残基、酸性或碱性基团以及芳香基团等测定蛋白质含量。

测定蛋白质含量最常用的方法是凯氏定氮法，它是测定总有机氮的最准确和操作较简便的方法之一，在国内外普遍应用。该法是通过测出样品中的总氮量再乘以相应的蛋白质系数而求出蛋白质含量的，由于样品中含有少量非蛋白质含氮化合物，故此法的结果称为粗蛋白质含量。

近年来，凯氏定氮法经不断地研究改进，使其在应用范围、分析结果的准确度、仪器装置及分析操作的速度等方面均取得了新的进步。

## 三、凯氏定氮法测定蛋白质技术实训（参考 GB/T 5009.5—2010 食品中蛋白质的测定）

### （一）凯氏定氮法测定蛋白质的原理

样品、浓硫酸和催化剂一同加热消化，使蛋白质分解，其中碳和氢被氧化为二氧化碳和水逸出，而样品中的有机氮转化为氨，并与硫酸结合生成硫酸铵。然后加碱蒸馏，使氨逸出，用硼酸溶液吸收后，再以标准盐酸溶液滴定。根据消耗的标准盐酸液的体积可计算蛋白质的含量。

本方法适用于各种食品中蛋白质的测定。本法不适用于添加无机含氮物质、有机非蛋白质含氮物质的食品测定。

测定过程分为 3 个阶段：

1. 消化

$$2NH_2(CH_2)_2COOH + 13H_2SO_4 \rightarrow (NH_4)_2SO_4 + 6CO_2 + 12SO_2 + 16H_2O$$

浓硫酸既可使有机物脱水后被炭化为碳、氢、氮；又能将有机物炭化后的碳转化为二氧化碳，而硫酸则被还原成二氧化硫：

$$2H_2SO_4 + C \rightarrow CO_2 + 2SO_2 + 2H_2O$$

二氧化硫使氮还原为氨，本身则被氧化为三氧化硫，氨随之与硫酸作用生成硫酸铵留在酸性溶液中：

$$H_2SO_4 + 2NH_3 \rightarrow (NH_4)_2SO_4$$

2. 蒸馏

在消化完全的样品溶液中加入氢氧化钠溶液使呈碱性，加热蒸馏，释放出氨气，反应方程式如下：

$$(NH_4)_2SO_4 + 2NaOH \rightarrow 2NH_3 + Na_2SO_4 + 2H_2O$$

3. 滴定

加热蒸馏所放出的氨，可用硼酸溶液进行吸收，待吸收完全后，再用盐酸标准溶液滴定，因硼酸呈微弱酸性（$K=5.8\times10^{-10}$），用酸滴定不影响指示剂的变色。吸收及滴定反应方程式如下：

$$2NH_3 + 4H_3BO_3 \rightarrow (NH_4)_2B_4O_7 + 5H_2O$$

$$(NH_4)_2B_4O_7 + 5H_2O + 2HCl \rightarrow 2NH_4Cl + 4H_3BO_3$$

蒸馏释放出来的氨，也可以采用硫酸或盐酸标准溶液吸收，然后再用氢氧化钠标准溶液返滴定吸收液中过剩的硫酸或盐酸，从而计算总氮量。

### (二)工作中需要的主要仪器和设备

(1)天平：感量为 1 mg。

(2)凯氏烧瓶(500 mL)。

(3)可调式电炉。

(4)定氮蒸馏装置见图 5-1。

(5)自动凯氏定氮仪。

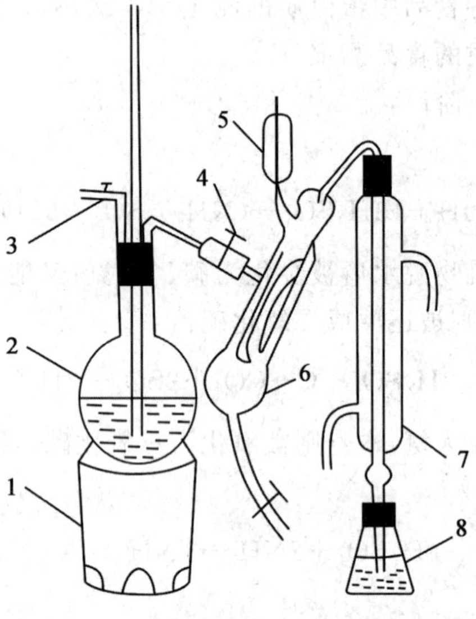


1.电炉　2.水蒸气发生器　3.螺旋夹　4.螺旋夹
5.小玻璃杯及棒状玻塞　6.反应室　7.冷凝管
8.蒸馏液接收瓶

**图 5-1　微量蒸馏装置**

### (三)工作程序及操作技术和质量要求

工作流程：试剂的准备→样品的消化→测定(蒸馏、吸收、滴定)→数据记录及处理→测定结果报告。

1.试剂和材料的准备

所用试剂均用不含氨的蒸馏水配置。

(1)硫酸铜($CuSO_4 \cdot 5H_2O$)。

(2) 硫酸钾($K_2SO_4$)。

(3)硫酸($H_2SO_4$ 密度为 1.84 g/L)。

(4)40%氢氧化钠溶液。

(5)20 g/L 硼酸溶液:称取 20 g 硼酸,加水溶解后稀释至 1 000 mL。

(6)0.1 mol/L 盐酸标准滴定溶液 按 GB 601—1988 规定的方法配制与标定。

(7)95%乙醇。

(8)1 g/L 甲基红乙醇溶液:称取 0.1 g 甲基红,溶于 95%乙醇,并用 95%乙醇稀释至 100 mL。

(9)1 g/L 溴甲酚绿乙醇溶液:称取 0.1 g 溴甲酚绿,溶于 95%乙醇,并用 95%乙醇稀释至 100 mL。

(10)1 g/L 次甲基蓝乙醇溶液:称取 0.1 g 甲基蓝,溶于 95%乙醇,并用 95%乙醇稀释至 100 mL。

(11)混合指示剂:1 份 1 g/L 甲基红乙醇溶液与 5 份 1 g/L 溴甲酚绿乙醇溶液临用时混合;也可用 2 份 1 g/L 甲基红乙醇溶液与 1 份 1 g/L 次甲基蓝乙醇溶液临用时混合。

2.分析步骤

(1)凯氏定氮法

①样品预处理(湿法消化):称取充分混匀的固体样品 0.2～2 g,精确至 0.001 g,小心移入干燥洁净 100 mL 的凯氏烧瓶中,然后依次加入硫酸铜 0.2 g、硫酸钾 6 g 和浓硫酸 20 mL 及数粒玻璃珠。轻轻摇匀后于瓶口放一小漏斗,将凯氏烧瓶以 45°角斜支于有小孔的石棉网上,缓慢加热待内容物全部炭化,泡沫完全停止后,加大火力,保持液面微沸。当溶液呈蓝绿色透明时,继续加热 0.5～1 h。取下凯氏烧瓶冷却至 40℃,缓慢加入 20 mL 水,冷却后,移入 100 mL 容量瓶中,并用少量水洗凯氏烧瓶,洗液移至容量瓶中,再加水至刻度,摇匀备用。同时做试剂空白试验。

②测定:按图 5-1 装好蒸馏装置。向水蒸气发生器内装水至 2/3 处,加入数粒玻璃珠,加甲基红乙醇溶液数滴并加数毫升硫酸溶液,以保持水呈酸性。加热煮沸水蒸气发生器内的水并保持沸腾。

接收瓶内加入 10 mL 硼酸溶液及 1～2 滴甲基红-次甲基蓝混合指示液。将接收瓶置于蒸馏装置的冷凝管下口,使冷凝管下口浸入硼酸溶液中。

根据试样中的氮含量,吸取 2～10 mL 样品消化稀释液,沿小玻璃杯流入反应室中,并用 10 mL 蒸馏水冲洗小玻璃杯使流入反应室内。塞紧棒状玻璃塞,向小玻璃杯内加入约 10 mL 40%氢氧化钠溶液。提起玻璃塞,使氢氧化钠溶液缓慢流入反应室,立即塞紧玻璃塞,并在小玻璃杯中加水使之密封。夹紧夹子,开始蒸馏。蒸馏 10 min 后降低接收瓶的位置,使冷凝管下端离开液面,再蒸馏 1 min,用少量水冲洗冷凝管下端外部,洗液并入接收瓶内,取下接收瓶。馏出液立即用硫酸或盐酸标准溶液滴定至终点,其中 1 份 1 g/L 甲基红乙醇溶液与 5 份 1 g/L 溴甲酚绿乙醇指示液,颜色由酒红色变成绿色,pH 5.1。2 份 1g/L 甲基红乙醇溶液与 1 份 1 g/L 次甲基蓝乙醇指示液,颜色由紫红色变成灰色,pH 5.4。同时做试剂空白。

(2)自动凯氏定氮仪法 准确称取固体样品 0.2~2 g、半固体样品 2~5 g,液体样品 10~25 g(相当于 30~40 mg 氮),精确至 0.001 g,按仪器使用说明的要求进行检测。

3.分析结果的表述

试样中蛋白质的含量按下式进行计算。

$$X=\frac{(V-V_0)\times 0.014\times c}{m\times\frac{V_1}{100}}\times F\times 100$$

式中:$X$——样品中蛋白质含量,单位为克每百克(g/100 g);

$V$——试样消耗硫酸或盐酸标准溶液的体积,单位为毫升(mL);

$V_0$——空白试验消耗硫酸或盐酸标准溶液的体积,单位为毫升(mL);

$V_1$——测定时吸取消化液的体积,单位为毫升(mL);

$c$——硫酸或盐酸标准溶液的浓度,单位为摩尔每升(mol/L);

0.014——氮的毫摩尔质量,单位为克(g);

$m$——试样的质量,单位为克(g);

$F$——氮换算为蛋白质的系数(表 5-3)。

以重复性条件下获得的两次独立测定结果的算术平均值表示,蛋白质的含量≥1 g/100 g 时计算结果保留 3 位有效数字,蛋白质的含量≤1 g/100 g 时计算结果保留 2 位有效数字。

**表 5-3 不同种类食品的蛋白质换算系数**

| 食品种类 | 花生 | 纯乳与纯乳制品 | 肉及肉制品 | 芝麻、向日葵 | 栗、胡桃 | 其 他 |
|---|---|---|---|---|---|---|
| 氮换算为蛋白质的系数($F$) | 5.46 | 6.38 | 6.25 | 5.30 | 5.3 | 6.25 |

续表 5-3

| 食品种类 | 面粉 | 大豆及其粗加工制品 | 大豆蛋白制品 | 玉米、高粱 | 大麦、小米、燕麦、裸麦 | 大米 |
| --- | --- | --- | --- | --- | --- | --- |
| 氮换算为蛋白质的系数($F$) | 5.70 | 5.71 | 6.25 | 6.24 | 5.83 | 5.95 |

4. 结果报告

(1)精密度:在重复性条件下获得的两次独立测定结果的绝对差值不得超过算术平均值的10%。

(2)将检测结果填写在检验结果报告单中,原始数据按要求在检测过程中及时填写在原始数据记录单中。

**(四)工作中注意事项及常见技术问题处理**

1. 装置

实验前必须仔细检查蒸馏装置的各个连接处,保证不漏气。所用橡皮管、塞须浸在氢氧化钠溶液(100 g/L)中,煮沸 10 min,然后水洗、水煮,再用水洗数次以保证洁净。

2. 消化

(1)消化时如不易得到澄清透明的溶液,可将烧瓶放冷后缓缓加入 30%过氧化氢 2～3 滴,以加速反应。

(2)消化时不要用强火,应保持缓和沸腾,以免黏附在凯氏瓶内壁上的含氮化合物在无硫酸存在的情况下未消化完全而造成氮损失。另外,消化过程中应注意不时转动凯氏烧瓶,以便利用冷凝酸液将附着在瓶壁上的固体残渣洗下,促进其消化完全。

(3)若样品中含脂肪或糖分较多时,消化的时间要长些。对于这类样品,要注意避免产生泡沫溢出瓶外造成氮的损失,消化过程中须时时摇动,开始时温度不要太高;或者加入少量辛醇或液体石蜡或硅油消泡剂,并同时注意控制热源强度。

(4)在消化过程中,加入硫酸钾($K_2SO_4$)和硫酸铜($CuSO_4$)可以加速分解过程、缩短消化时间,其中硫酸钾的功用是提高沸点,但加入量不能过多,否则会因为温度过高而造成氮的损失。硫酸铜除了具有催化作用外,在蒸馏时还可以作为碱性反应的指示剂。

(5)一般消化至呈透明后,继续消化 30 min 即可,但对于含有特别难以氨化的氮化合物的样品，如含赖氨酸、组氨酸、色氨酸、酪氨酸或脯氨酸等时，需适当延长消化时间。有机物如分解完全，消化液呈蓝色或浅绿色，但含铁量多时，呈较深绿色。

3. 蒸馏

(1)小心加样，切勿使样品玷污凯氏烧瓶口部、颈部。

(2)蒸汽发生要均匀充足，蒸馏过程中不得停火断气，否则将发生倒吸。另外，蒸馏前，加碱量要足，操作要迅速；漏斗应采用水封措施，以免氨由此逸出损失。蒸馏前若加碱量不足，消化液呈蓝色不生成氢氧化铜沉淀，此时需再增加氢氧化钠用量。蒸馏完毕后，应先将冷凝管下端提高离开液面、清洗管口，再蒸 1 min 后关掉热源，否则可能造成吸收液倒吸。

(3)氨是否蒸馏完全，可用 pH 试纸测试馏出液是否呈碱性来进行判断。

4. 吸收

(1)硼酸吸收液的温度不应超过 40℃，否则对氨的吸收作用减弱而造成损失，此时可置于冷水浴中。

(2)吸收液也可用 0.1 mol/L 硫酸溶液($H_2SO_4$)代替硼酸溶液，过剩的酸液用 0.1 mol/L 氢氧化钠标准溶液 (NaOH)滴定。

5. 滴定

甲基红-溴甲酚绿混合指示剂在碱性溶液中呈绿色，在中性溶液中呈灰色，在酸性溶液中呈红色。

# 实训 5-2　大豆中蛋白质的测定

【实训目标】

1. 掌握凯氏定氮法测定蛋白质的原理和方法；

2. 学会全自动凯氏定氮仪的使用和维护。

【对学生的要求】

1. 明确学习任务，按照国家标准(GB/T 5009.5—2010 食品中蛋白质的测定)设计检测方案。

2. 分组汇报检测方案，接受师生的点评，同时参加小组自评与互评，确定检测方案。

3. 按检测方案实施检测。正确进行操作；做好数据的记录和处理；评价检测结果，完成检测报告，评定学习成绩。

4. 遵守实训室工作纪律，爱护仪器设备，安全用水用电。检测过程中仪器试剂摆放整齐，检测结束整理好台面。

**表 5-4　大豆中蛋白质的测定原始记录**

检测日期：______年____月____日　　　　共____页　第____页

样品名称：____________　规格：____________　样品状态：____________

仪器名称：______________________　仪器编号：______________________

检测依据：____________________________________________________

检 测 数 据

| 消化管编号 | 试样质量 $m$/g | 试样消耗盐酸标准溶液的体积 $V$/mL | 空白试验消耗盐酸标准溶液的体积 $V_0$/mL | 吸取消化液的体积 $V_1$/mL | 盐酸标准溶液的浓度 $c$ /(mol/L) | 氮换算为蛋白质的系数 $F$ | 测得值 $X$/(g /100 g) |
|---|---|---|---|---|---|---|---|
| | | | | | | | |

计算公式：

$$X=\frac{(V-V_0)\times 0.014\times c}{m\times\frac{V_1}{100}}\times F\times 100$$

备注：

检测者：　　　　　　　　复核者：

## 第三节　还原糖的测定

还原糖是指具有还原性的糖类。葡萄糖分子中含有游离醛基，果糖分子中含有游离酮基，乳糖和麦芽糖分子中含有游离的半缩醛羟基，因而它们都具有还原性，都是还原糖。其他非还原糖性糖类，如双糖、三糖、多糖等（常见的蔗糖、糊精、淀粉等都属此类），它们本身不具有还原性，但可以通过水解而成具有还原性的单糖，再进行测定，然后换算成样品中的相应的糖类的含量。所以糖类的测定是以还原糖的测定为基础的。

## 一、糖类的提取和澄清

还原糖最常用的提取方法是温水(40～50℃)提取。在糖类提取液中,除了所需测定的糖分外,还可能含有蛋白质、氨基酸、多糖、色素、有机酸等干扰物质,这些物质的存在将影响糖类的测定并使下一步的过滤产生困难。因此,需要在提取液中加入澄清剂以除去这些干扰物质。而对于水果等有机酸含量较高的样品,提取时还应调节 pH 至近中性,因为有机酸的存在会造成部分双糖的水解。

澄清剂的种类很多,使用时应根据提取液的性质、干扰物质的种类与含量以及采取的测定方法等加以选择。总的原则是:能完全除去干扰物质,但不会吸附糖类,也不会改变糖液的性质。

常用的澄清剂有以下几种:①中性醋酸铅溶液[$Pb(CH_3COOH)_2 \cdot 3H_2O$];②醋酸锌溶液和亚铁氰化钾溶液;③碱性硫酸铜溶液;④活性炭。

除以上澄清剂外,农产品分析中常用的澄清剂还有碱性醋酸铅、氢氧化铝、钨酸钠等。

## 二、还原糖的测定(直接滴定法)能力训练

还原糖的测定方法很多,其中最常用的有费林试剂法(直接滴定法)及高锰酸钾滴定法。费林试剂法是目前最常用的测定还原糖的方法,它具有试剂用量少,操作简单、快速、滴定终点明显等特点,适用于各类农产品中还原糖的测定。但对深色样品(如深色果汁等)因色素干扰使终点难以判断,从而影响其准确性。

### (一)直接滴定法测定还原糖的原理

一定量的碱性酒石酸铜甲、乙液等体积混合后,生成天蓝色的氢氧化铜沉淀,这种沉淀很快与酒石酸钾钠反应,生成深蓝色的酒石酸钾钠铜的络合物。在加热条件下,以次甲基蓝作为指示剂,用样液直接滴定经标定过的碱性酒石酸铜溶液,还原糖将二价铜还原为氧化亚铜。待二价铜全部被还原后,稍过量的还原糖将次甲基蓝还原,溶液由蓝色变为无色,即为终点。根据最终所消耗的样液的体积,即可计算出还原糖的含量。

### (二)工作中需要的主要仪器和设备

(1)碱式滴定管:25 mL;

(2)可调式电炉:带石棉板。

**(三)工作程序及操作技术和质量要求**

工作流程:试剂的准备→测定(试样处理→标定碱性酒石酸铜溶液→试样溶液预测→试样溶液测定)→测定数据记录及处理→测定结果报告。

1. 试剂和材料的准备

(1)盐酸。

(2)碱性酒石酸铜甲液:称取 15 g 硫酸铜($CuSO_4 \cdot 5H_2O$)及 0.05 g 次甲基蓝,溶于水中并稀释至 1 000 mL。

(3)碱性酒石酸铜乙液:称取 50 g 酒石酸钾钠及 75 g 氢氧化钠,溶于水中,再加入 4 g 亚铁氰化钾,完全溶解后,用水稀释至 1 000 mL,贮存于橡胶塞玻璃瓶内。

(4)乙酸锌溶液:称取 21.9 g 乙酸锌[$Zn(CH_3COO)_2 \cdot 2H_2O$],加 3 mL 冰醋酸,加水溶解并稀释至 100 mL。

(5)亚铁氰化钾溶液(106 g/L):称取 10.6 g 亚铁氰化钾[$K_4Fe(CN)_6 \cdot 3H_2O$],溶于水中,稀释至 100 mL。

(6)乳糖标准溶液(1 mg/mL):准确称取 1.000 0 g 于 98～100℃烘干至恒重的无水乳糖,加水溶解后,再加入 5 mL 盐酸(防止微生物生长),用水稀释至 1 000 mL。

(7)葡萄糖标准溶液(1 mg/mL):准确称取 1.000 0 g 于 98～100℃烘干至恒重的无水葡萄糖,加水溶解后,再加入 5 mL 盐酸(防止微生物生长),用水稀释至 1 000 mL。

(8)果糖标准溶液(1 mg/mL):准确称取 1.000 0 g 于 98～100℃烘干至恒重的无水果糖,加水溶解后,再加入 5 mL 盐酸(防止微生物生长),用水稀释至 1 000 mL。

2. 分析步骤

(1)试样处理

①新鲜果蔬样品:将样品洗净、擦干,并除去不可食用部分。准确称取平均样品 10～25 g,研磨成浆状(对于多汁的果蔬样品,如西瓜、葡萄、柑橘等,可直接榨取果汁后,吸取 10.0～25.0 mL 汁液),用 100 mL 水分数次将样品转入 250 mL 容量瓶中。然后用碳酸钠($Na_2CO_3$)溶液(150 g/L)调整样液至微酸性,置于 80℃水浴中加热 30 min。

冷却后滴加中性醋酸铅溶液(100 g/L)沉淀蛋白质等干扰物质,加至不再产生雾状沉淀为止。再加入同浓度的硫酸钠($Na_2SO_4$)溶液以除去多余的铅盐。摇匀,用水定容至刻度，静置 15～20 min 后，用干燥滤纸过滤，滤液备用。

②干果类样品：准确称取经干燥、粉碎过的均匀样品 5～10 g，置于 250 mL 锥形瓶中，加入乙醇(82%)50 mL，在 50℃水浴上加热 30 min(浸提过程中注意经常搅拌)。将上层清液过滤于干燥烧杯中，残渣留在锥形瓶内。再用乙醇同上法重复提取 2～3 次。再用少量 50℃乙醇(82%)洗涤残渣，洗液合并于烧杯中。残渣可保留供测定淀粉用。

在水浴上蒸去提取液中的乙醇，然后加热水将提取物洗入 250 mL 容量瓶中。冷却后定容至刻度，用干燥滤纸过滤，滤液备用。用乙醇溶液作提取剂时，因蛋白质溶出量很少，所以提取液不必除蛋白质。

③一般性食品：称取粉碎后固体试样 2.5～5 g 或混匀后的液体试样 5～25 g，精确至 0.001 g，置于 250 mL 容量瓶中，加入 50 mL 水，慢慢加入 5 mL 乙酸锌溶液及 5 mL 亚铁氰化钾溶液，加水至刻度，混匀，静置 30 min，用干燥滤纸过滤，弃去初滤液，取续滤液备用。

(2)标定碱性酒石酸铜溶液　准确吸取碱性酒石酸铜甲液和乙液各 5 mL，置于 150 mL 锥形瓶中。加水 10 mL，加入玻璃珠 3 粒。从滴定管中滴加 9 mL 还原糖标准溶液，加热使其在 2 min 沸腾，并保持沸腾 1 min，趁沸以 1 滴/2 s 的速度继续用还原糖标准溶液滴定，直至蓝色刚好褪去为终点。记录消耗还原糖标准溶液的总体积，平行操作 3 次，取其平均值。计算每 10 mL(甲、乙液各 5 mL)碱性酒石酸铜溶液，相当于乳糖的质量：

计算每 10 mL(甲、乙液各 5 mL)碱性酒石酸铜溶液，相当于葡萄糖的质量：

$$F=V\times c$$

式中：$c$——还原糖标准溶液的浓度(mg/mL)；

$V$——标定时消耗还原糖标准溶液的总体积(mL)；

$F$——10 mL 碱性酒石酸铜溶液相当于还原糖的质量(mg)。

(3)试样溶液预测　准确吸取碱性酒石酸铜甲液和乙液各 5 mL，置于 150 mL 锥形瓶中。加水 10 mL，加入玻璃珠 3 粒，加热使其在 2 min 沸腾，并保持沸腾 1 min，趁沸以先快后慢的速度从滴定管中滴加样液，滴定时须始终保持溶液呈微沸腾状态。待溶液颜色变浅时，以 1 滴/2 s 的速度继续滴定，直至蓝色刚好褪去为终点。记录消耗样液的总体积。样液中还原糖浓度过高时，应适当稀释再进行滴定，使每次滴定消耗的样液的体积控制在与标定碱性酒石酸铜时消耗的还原糖标准溶液的体积相接近，约 10 mL。结果按下式计算。当浓度过低时则采取直接加入10 mL 样品液，免去加水 10 mL，再用还糖标准溶液滴定至终点，记录消耗的体积与标定时消耗的还原糖标准溶液的体积之差相当于 10 mL 样液中所含的还原糖的量，结果按下式计算。

(4)试样溶液测定　准确吸取碱性酒石酸铜甲液和乙液各 5 mL，置于 250 mL 锥形瓶中。加水 10 mL，加入玻璃珠 3 粒，从滴定管中加入比预测定时少 1 mL 的样液，加热使其在 2 min 沸腾，并保持沸腾 1 min，趁沸以 1 滴/2 s 的速度继续滴定，直至蓝色刚好褪去为终点。记录消耗样液的总体积。同法平行操作 3 次，取其平均值。

3. 分析结果的表述

试样中还原糖的含量按下式计算：

$$X=\frac{F}{m\times\frac{V'}{250}\times1\ 000}\times100$$

式中：$X$——试样中还原糖的含量(以某种还原糖计)，单位为克每百克(g/100 g)；

$m$——试样的质量，单位为克(g)；

$V'$——测定时平均消耗试样溶液的体积，单位为毫升(mL)；

$F$——碱性酒石酸铜溶液(甲、乙液各 5 mL)相当于还原糖的质量，单位为毫克(mg)；

250——试样溶液的总体积，单位为毫升(mL)。

当浓度过低时试样中还原糖的含量按下式计算：

$$X=\frac{F_1}{m\times\frac{10}{250}\times1\ 000}\times100$$

式中：$X$——试样中还原糖的含量(以某种还原糖计)，单位为克每百克(g/100 g)；

$m$——试样的质量，单位为克(g)；

$F_1$——标定时的体积与加入样液后消耗的还原糖标准溶液的体积之差相当于还原糖的质量单位为毫克(mg)。

4. 结果报告

(1)还原糖的含量≥10 g/100 g 时计算结果保留 3 位有效数字，还原糖的含量<10 g/100 g 时计算结果保留 2 位有效数字

(2)将检测结果填写在检验结果报告单中，原始数据按要求在检测过程中及时填写在原始数据记录单中。

5. 工作中注意事项及常见技术问题处理

(1)碱性酒石酸铜甲液、乙液应分别配制贮存,用时才混合。

(2)碱性酒石酸铜的氧化能力较强,可将醛糖和酮糖都氧化,所以测得的是总还原糖量。

(3)本法对糖进行定量的基础是碱性酒石酸铜溶液中二价铜($Cu^{2+}$)的量,所以样品处理时不能采用硫酸铜-氢氧化钠作为澄清剂,以免样液中误入二价铜($Cu^{2+}$),得出错误的结果。

(4)在碱性酒石酸铜乙液中加入亚铁氰化钾,是为了使所生成的氧化亚铁($Cu_2O$)的红色沉淀与之形成可溶性的无色络合物,使终点便于观察。

$$Cu_2O\downarrow + K_4Fe(CN)_6 + H_2O \xlongequal{\triangle} K_2Cu_2Fe(CN)_6 + 2KOH$$

(5)次甲基蓝也是一种氧化剂,但在测定条件下其氧化能力比一价铜($Cu^{2+}$)弱,故还原糖先与二价铜($Cu^{2+}$)反应,待二价铜($Cu^{2+}$)完全反应后,稍过量的还原糖才会与次甲基蓝发生反应,溶液蓝色消失,指示到达终点。

(6)整个滴定过程必须在沸腾条件下进行,其目的是为了加快反应速度和防止空气进入,避免氧化亚铜和还原型的次甲基蓝被空气氧化从而使得耗糖量增加。

(7)测定中还原糖液浓度、滴定速度、热源强度及煮沸时间等对测定精密度有很大的影响。还原糖液浓度要求在0.1%左右,与标准葡萄糖溶液的浓度相近;继续滴定至终点的体积数应控制在0.5~1 mL以内,以保证在1 min内完成继续滴定的工作;热源一般采用800 W电炉,热源强度和煮沸时间应严格按照操作中规定的执行,否则,加热至煮沸时间不同,蒸发量不同,反应液的碱度也不同,从而影响反应的速度、反应进行的程度及最终测定的结果。

(8)预测定与正式测定的检测条件应一致。平行实验中消耗样液量的差应不超过0.1 mL。

## 实训5-3 牛奶中还原糖的测定

【实训目标】

1. 掌握直接测定法测定食品中还原糖的原理和方法;
2. 学会直接测定法测定牛奶中还原糖的操作技能。

【对学生的要求】

1. 明确学习任务，根据检测任务查阅国家标准（GB/T 5009.7—2008 食品中还原糖的测定）资料，小组讨论制订检测方案。

2. 分组汇报检测方案，接受师生的点评，同时参加小组自评与互评，确定检测方案。

3. 按检测方案实施检测。正确进行操作；做好数据的记录和处理；评价检测结果，完成检测报告，评定学习成绩。

4. 遵守实训室工作纪律，爱护仪器设备，安全用水用电。检测过程中仪器试剂摆放整齐，检测结束整理好台面。

**表 5-5 牛奶中还原糖测定原始记录**

检测日期：______年____月____日　　　　　　　　　　　共____页　第____页

样品名称：____________________规格：____________________样品状态：____________________

检测依据：____________________________________________________________

检 测 数 据

| 测定次数 | 试样的质量 $m$/g | 标定时消耗还原糖标准溶液的总体积 $V$/mL | | | | 还原糖标准溶液的浓度 $c$/(mg/mL) | 10 mL 碱性酒石酸铜溶液相当于还原糖的质量 $F$/mg | 测定时消耗试样的体积 $V'$/mL | | | | 试样中还原糖的含量 $X$/(g/100 g) | |
|---|---|---|---|---|---|---|---|---|---|---|---|---|---|
| | | $V_1$ | $V_2$ | $V_3$ | $\overline{V}$ | | | $V'_1$ | $V'_2$ | $V'_3$ | $\overline{V}'$ | 测定值 | 平均值 |
| 1 | | | | | | | | | | | | | |
| 2 | | | | | | | | | | | | | |

计算公式：

$$X=\frac{F}{m\times\frac{V'}{250}\times 1\,000}\times 100 \qquad F=cV$$

备注：

检测者：　　　　　　　　　　　　　　复核者：

## 第四节 二氧化硫的测定（滴定法）

漂白剂是指可使食品中的有色物质经化学作用分解转变为无色物质，或使其褪色的一类食品添加剂。可分为还原型和氧化型两类。目前，我国使用的大都是以亚硫酸类化合物为主的还原型漂白剂，通过产生的 $SO_2$ 的还原作用而使食品漂白。

我国《食品添加使用卫生标准》(GB 2760—1996)规定：亚硫酸用于葡萄酒、果酒时的用量为0.25 g/kg，残留量(以$SO_2$计)不超过0.5 g/kg。在蜜饯、葡萄糖、食糖、冰糖、糖果、液体葡萄糖、竹笋、蘑菇及其罐头的最大使用量为0.4～0.6 g/kg；薯类淀粉为0.20 g/kg；残留量(以$SO_2$计)竹笋、蘑菇及其罐头不超过0.04 g/kg；液体葡萄糖不超过0.2 g/kg；蜜饯、葡萄糖不超过0.05 g/kg；薯类淀粉不超过0.03 g/kg。

## 一、原理

样品经过处理后，加入氢氧化钾使残留的$SO_2$以亚硫酸盐的形式固定。再加入硫酸使$SO_2$游离，用碘标准溶液滴定定量。终点稍过量的碘与淀粉指示作用呈现蓝色。

$$SO_2 + 2H_2O + I_2 \longrightarrow H_2SO_4 + 2HI$$

## 二、工作中需要的主要仪器和设备

(1)酸式滴定管：25 mL。

(2)250 mL碘量瓶。

(3)分析天平：感量0.1 mg。

## 三、工作程序及操作技术和质量要求

工作流程：试剂的准备→样品溶解、定容→样品的测定→测定数据记录及处理→测定结果报告。

1.试剂和材料的准备

(1)氢氧化钾溶液(1 mol/L)：准确称取57 g氢氧化钾加水溶解，定容至1 000 mL。

(2)硫酸溶液(1+3)。

(3)碘标准溶液(0.005 mol/L)。

(4)淀粉溶液(1 g/L)。

2.分析步骤

称取经粉碎的试样20 g于小烧杯中，用蒸馏水将试样洗入250 mL的量瓶中，加水至容量的1/2，加塞振荡，用蒸馏水定容，摇匀。待容量瓶内的液体澄清后，用移液管吸取澄清液50 mL于250 mL碘量瓶中，加入1 mol/L氢氧化钾溶液25 mL，用力振摇后放置10 min，然后边振荡边加入硫酸溶液(1+3)10 mL和

1 g/L 淀粉溶液 1 mL，以碘标准溶液滴定至呈现蓝色 30 s 不褪色为止。按上法同时做空白试验。

## 四、分析结果的表述

$$X=\frac{(V-V_0)\times c\times 64.06\times 250}{m\times 50}$$

式中：$X$——样品中 $SO_2$ 的含量(g/kg)；

$V$——试样滴定时所消耗的碘标准溶液体积(mL)；

$V_0$——空白滴定时所消耗的碘标准溶液体积(mL)；

$c$——标准溶液的浓度(mol/L)；

64.06——$SO_2$ 的摩尔质量(g/mol)；

$m$——样品的质量(g)。

## 五、结果报告

(1)精密度：在重复性条件下获得的两次独立测定结果的算术平均值表示，结果保留三位有效数字，绝对差值不得超过算术平均值的 10%，否则重新测定。

(2)将检测结果填写在检验结果报告单中，原始数据按要求在检测过程中及时填写在原始数据记录单中。

# 实训 5-4　白砂糖中二氧化硫的测定

【实训目标】

1. 掌握用滴定法测定食品中二氧化硫的原理和方法；

2. 学会用滴定法测定白砂糖中二氧化硫的操作技能。

【对学生的要求】

1. 明确学习任务，根据检测任务查阅国家标准(GB/T 5009.7—2008 食品中还原糖的测定)资料，小组讨论制订检测方案。

2. 分组汇报检测方案，接受师生的点评，同时参加小组自评与互评，确定检测方案。

3. 按检测方案实施检测。正确进行操作；做好数据的记录和处理；评价检测结果，完成检测报告，评定学习成绩。

4. 遵守实训室工作纪律，爱护仪器设备，安全用水用电。检测过程中仪器试剂摆放整齐，检测结束整理好台面。

**表 5-6　白砂糖中二氧化硫测定原始记录**

检测日期：____年____月____日　　　　共____页　第____页

样品名称：________规格：________样品状态：________

检测依据：________________

检 测 数 据

| 测定次数 | 试样质量 $m$ /g | 试样滴定时所消耗的碘标准溶液体积 $V$/mL | | | | 标准溶液的浓度 $c$ /(mol/L) | 空白滴定时所消耗的碘标准溶液体积 $V_0$/mL | | | | 样品中 $SO_2$ 的含量 $X$ /(g/kg) | |
|---|---|---|---|---|---|---|---|---|---|---|---|---|
| | | $V_1$ | $V_2$ | $V_3$ | $\overline{V}$ | $c$ | $V_{01}$ | $V_{02}$ | $V_{03}$ | $\overline{V}_0$ | 测定值 | $\overline{X}$ |
| 1 | | | | | | | | | | | | |
| 2 | | | | | | | | | | | | |

计算公式：

$$X=\frac{(V-V_0)\times c\times 64.06\times 250}{m\times 50}$$

备注：

检测者：　　　　　　　　复核者：

【作业】

1. 写出标定 0.1 mL/L NaOH 标准溶液的原理，操作步骤及注意问题。

2. 写出 PHs-25 型酸度计测定样液 pH 值的操作步骤。

3. 称取 120 g 固体 NaOH(AR)，100 mL 水溶解冷却后置于聚乙烯塑料瓶中，密封数日澄清后，取上层清液 5.60 mL，用煮沸过并冷却的蒸馏水定容至 1 000 mL。然后称取 0.3 000 g 邻苯二甲酸氢钾放入锥形瓶中，用 50 mL 水溶解后，加入酚酞指示剂后用上述氢氧化钠溶液滴定至终点耗去 15.00 mL。现用此氢氧化钠标准液测定健力宝饮料的总酸度。先将饮料中的色素用活性炭脱色后，再加热除去 $CO_2$，取饮料 10.00 mL，用稀释 10 倍标准碱液滴定至终点耗去 12.25 mL，问健力宝饮料的总酸度(以柠檬酸计 $K=0.070$)为多少？

4. 直接滴定法测定食品还原糖含量时，为什么要对还原糖标准溶液进行标定？

5. 直接滴定法测定食品还原糖含量时，对样品液进行预滴定的目的是什么？

6. 影响直接滴定法测定结果的主要操作因素有哪些？为什么要严格控制这些

实验条件？

7. 用直接滴定法测定某厂生产的硬糖的还原糖含量，称取 2.000 g 样品，用适量水溶解后，定容于 100 mL。吸取碱性酒石酸铜甲、乙液各 5.00 mL 于锥形瓶中，加入 10.00 mL 水，加热沸腾后用上述硬糖溶液滴定至终点耗去 9.65 mL。已知标定裴林氏液 10.00 mL 耗去 0.1%葡萄糖液 10.15 mL，问该硬糖中还原糖含量为多少？

8. 请叙述测定黄豆中蛋白质含量的样品消化操作步骤。

9. 简述凯氏定氮法的基本原理。

10. 凯氏定氮法操作中应注意哪些问题？

11. 抽取双汇集团生产软塑包装的双汇牌火腿肠 10 kg（样品批号为 2004062518），要求测定粗蛋白含量。

(1)某分析检验员称取经搅碎混匀的火腿 0.50 g 于 100 mL 凯氏烧瓶中。请写出此后的样品处理步骤。

(2)将消化液冷却后，转入 100 mL 容量瓶中定容，移取消化稀释液 10 mL 于微量凯氏定氮蒸馏装置的反应管中，用水蒸气蒸馏，2%硼酸吸收后，馏出液用 0.099 8 mol/L 盐酸滴定至终点，消耗盐酸 5.12 mL。计算该火腿肠中粗蛋白含量。

(3)该分析检验员对双汇牌火腿肠中的粗蛋白含量进行了 5 次平行测定，结果分别为 44.20%，44.15%，44.25%，44.20%，44.10%。请你写一份完整的检验评价报告。

# 第六章 仪器分析技术

## 第一节 紫外-可见分光光度法技术

通常把波长在 200～400 nm 范围的光称为紫外光，人眼能感觉到的光其波长约在 400～760 nm 之间称为可见光。物质吸收波长范围在 200～760 nm 区间的电磁辐射能而产生的分子吸收光谱称为该物质的紫外-可见吸收光谱，利用紫外-可见吸收光谱进行物质的定性、定量分析的方法称为紫外-可见分光光度法，又称为紫外-可见吸收光谱法。

相对于其他光谱分析方法，紫外-可见分光光度法有如下特点：

(1)仪器设备和操作都比较简单，费用低，分析速度较快。

(2)灵敏度较高。被测物质浓度的下限可达 $10^{-5}$～$10^{-6}$ mol/L。如在紫外区直接检测抗坏血酸时，其最低检出浓度可达到 $10^{-6}$ g/mL。

(3)有较好的选择性。通过适当地选择测量条件，一般可在多种组分共存的体系中，对某一种物质进行测定。

(4)精密度和准确度较高。在仪器设备和其他测量条件较好的情况下，其相对误差可减小到 1%～2%。虽然相对误差比重量法和滴定法大，但对于微量组分的测定已经满足要求。

(5)用途广泛。紫外-可见分光光度法的应用范围涉及化学化工、医疗卫生、冶金地质、食品饮料、农业化肥、畜牧水产、机械制造、计量科学、环保、制药、生物、材料、石油等领域中的科研、教学、生产中的质量控制、原材料和产品检验等各个方面，进行定性分析、定量测定、纯度检查、动力学研究等。

### 一、光的性质

光是一种电磁波，具有波动性和微粒性。光具有一定能量，光的能量($E$)与其传播频率($\nu$)或波长($\lambda$)的关系为：

$$E=h\nu=h\frac{c}{\lambda}$$

其中：

$h$——普朗克常数($6.626\times10^{-34}$ J·S)；

$c$——光速(真空中约为 $3\times10^{10}$ m/s)。

从上式可知，光的能量与其频率成正比，与波长成反比，即波长愈长能量愈小，波长愈短能量愈大，所以不同波长的光具有不同的能量。将各种波长的光按其大小排列，即可得电磁波谱，如表 6-1 所示。

**表 6-1　电磁波谱**

| 区域 | 波长范围 | 能量范围 | 设计分析方法 |
| --- | --- | --- | --- |
| γ 射线 | 1～100 pm | 1.24 M eV～12.4 k eV | γ 射线光谱法 |
| X 射线 | 0.1～10 nm | 12.4 k eV～124 eV | X 射线光谱法 |
| 远紫外 | 10～200 nm | 124～6.20 eV | |
| 紫外 | 200～400 nm | 6.20～3.10 eV | 紫外分光光度法 |
| 可见 | 400～760 nm | 3.10～1.63 eV | 可见分光光度法 |
| 红外 | 0.76～50 μm | 1.63～0.025 eV | 红外光谱法 |
| 远红外 | 50～100 μm | 0.025～0.012 eV | |
| 微波 | 0.01～100 cm | $0.012\sim1\times10^{-9}$ eV | 微波光谱法 |
| 无线电波 | 1～1 000 m | $1\times10^{-6}\sim1\times10^{-9}$ eV | 核磁共振光谱法 |

## 二、紫外-可见吸收光谱的产生

分子总是处于不停的运动状态。在一定的环境条件下，分子处于一定的运动状态，因而对应着确定的能量。分子的内部运动可分为价电子相对于原子核的运动，分子内原子在其平衡位置附近的相对振动及分子本身绕其重心的转动。对应于这三种不同的运动方式，分子具有三种能级，即电子能级、振动能级和转动能级。

电子能级因能量不同有电子基态(低能级)与电子激发态(高能极)。通常状况下，分子处于基态，当从外界吸收一定能量后，就能引起分子能级的跃迁，即从较低能级跃迁到较高的能级。分子只有选择性的吸收某些波长(频率)的光才能由较低的能级跃迁到较高能级上。若用一连续的电磁辐射照射样品分子，将照射前后的光强度变化转变为电信号并记录下来，就可得到光强度变化对波长的关系曲线，即为分子吸收光谱。

电子能级的能量差 $\Delta E$e 一般为 1 V～20 eV，所吸收光的波长为 12.5～0.06 μm，主要在真空紫外到可见光区，对应形成的光谱称为分子的电子光谱或紫外-可见光谱。即分子吸收紫外-可见光区的电磁辐射，分子中价电子(或外层电子)的能级跃迁而产生紫外-可见吸收光谱。

## 三、光的吸收定律(朗伯-比耳定律)

当一束具有一定波长的平行单色光照射透明介质时,由于介质中的吸光体对光的吸收,透过光强度比入射光强度弱。假设入射光的强度为 $I_0$,透过光的强度为 $I$,被测物质的浓度为 $c$,透明介质的厚度为 $L$,实验证明,被测物质对光的吸收程度,与该被测物质的浓度、被测液层厚度(光通过透明介质的距离)以及入射光的强度有关。如果保持入射光的强度不变,则光吸收的程度与该被测物质的浓度和液层的厚度有关。朗伯和比耳总结了光的吸收与液层的厚度及被测物质浓度的定量关系,称为朗伯与比耳定律,从而奠定了吸光光度分析的理论基础。

朗伯-比耳定律的数学表达式为:

$$A=\lg \frac{I_0}{I}=-\lg T=EcL$$

式中:$A$——吸光度,描述被测物质对光的吸收程度;

$L$——液层厚度(光程长度),通常以 cm 为单位;

$c$——被测物质的浓度;

$E$——吸光系数;

$T$——透光率。

吸光系数 $E$ 之值取决于吸光物质的本质及入射光波长,而与吸收层厚度及浓度无关,但随吸收层厚度的单位和浓度单位而异。吸光系数 $E$ 常有两种表示法:

(1)摩尔吸光系数 ε(单位:$L \cdot mol^{-1} \cdot cm^{-1}$),在一定波长下,$c=1$ mol/L,$L=1$ cm 时的吸光度。

(2)百分含量吸光系数或比吸光系数 $E$(单位:$100\ mL \cdot g^{-1} \cdot cm^{-1}$),在一定波长下,$c=1$ g/100 mL,$L=1$ cm 时的吸光度。

百分含量吸光系数与摩尔吸光系数之间的关系是:

$$E=\varepsilon Lc=\varepsilon \times 1\times \frac{1/m}{100/1\ 000}=\varepsilon\times \frac{10}{m}$$

朗伯-比耳定律是吸光光度法的理论基础和定量测定的依据,应用于各种光度法的吸收测量。

## 四、可见-紫外分光光度计

可见-紫外分光光度计的应用波长范围为 200～400 nm 的紫外光区、400～

760 nm 的可见光区。主要由辐射源(光源)、单色器、吸收池、检测器、信号处理器及显示器等部件组成。

光源 ⇨ 单色器 ⇨ 吸收池 ⇨ 检测器 ⇨ 信号显示系统

1. 光源

光源的作用是提供使被测物质电子能级跃迁、从而产生紫外、可见吸收光谱的能量。对光源的基本要求是,在较宽的光谱区内提供连续辐射,辐射强度足够大且随波长变化小,输出稳定,使用寿命长。

可见光区和紫外光区常采用热辐射光源。如钨灯、卤钨灯(波长范围 350～2 500 nm),氘灯或氢灯(180～460 nm),或采用可调谐激光光源等。

2. 单色器

单色器通常由入射、出射狭缝、透镜系统和色散元件(棱镜或光栅)组成,是用以产生高纯度单色光束的装置,其功能包括将光源产生的复合光分解为单色光和分出所需的单色光束。

3. 吸收池

吸收池又称比色皿或比色杯,供盛放试样并为测量提供合适的光程。吸收池按材料可分为石英吸收池和玻璃吸收池,前者适用于紫外到可见区,后者只适用于可见区。容器的光程一般为 0.5～10 cm。

4. 检测器

检测器的作用是检测光信号,并将光信号转变为电信号。常用的有光电管或光电倍增管,后者较前者更灵敏,特别适用于检测较弱的辐射。近年来还使用光导摄像管或光电二极管矩阵作检测器,具有快速扫描的特点。

5. 信号显示系统

这部分装置发展较快。较高级的光度计,常备有微处理机、荧光屏显示和记录仪等,可将图谱、数据和操作条件都显示出来。

本仪器根据相对测量的原理工作,即先选定某一溶剂(或空气、试样)作为标准(空白或称参比)溶液,并认为它的透光率为 100%(或吸光度为 0),而被测的试样透光率(或吸光度)是相对于标准溶液而言,实际上就是由出射狭缝射出的单色光,分别通过被测试样和标准溶液,这两个光能量之比值,就是在一定波长下对于被测试样的透光率(或吸光度)。

使用前应校正测定波长并按仪器说明书进行操作。

## 五、定量分析方法

测定时，除另有规定外，应以配制供试品溶液的同批溶剂为空白对照，采用1 cm的石英吸收池，在规定的吸收峰波长±2 nm以内测试几个点的吸收度，或由仪器在规定波长附近自动扫描测定，以核对供试品的吸收峰波长位置是否正确，除另有规定外，吸收峰波长应在该品种项下规定的波长±2 nm以内，并以吸光度最大的波长作为测定波长。一般供试品溶液的吸收度读数，以在0.3～0.7之间的误差较小。由于吸收池和溶剂本身可能有空白吸收，因此测定供试品的吸光度后应减去空白读数，或由仪器自动扣除空白读数后再计算含量。当溶液的pH值对测定结果有影响时，应将供试品溶液和对照品溶液的pH值调成一致。

测量溶液的吸光度后，可用下面的任意一种方法，求出溶液的浓度（待测组分含量）。

1. 工作曲线法

先配制一系列（5～10个）不同浓度的标准溶液，用最大吸收波长的单色光分别测出它们的吸光度。以浓度为横坐标，吸光度为纵坐标，绘制出标准曲线或称工作曲线。在测定被测物质溶液的浓度时，用与绘制标准曲线时相同的操作方法和条件测出该溶液的吸光度，再从标准曲线上查出相应的浓度或含量。

2. 对照品比较法

按各品种项下的方法，分别配制供试品溶液和对照品溶液，对照品溶液中所含被测成分的量应为供试品溶液中被测成分标示量的(100±10)%，所用溶剂也应完全一致，在规定的波长测定供试品溶液和对照品溶液的吸光度后，按下式计算供试品中被测组分的含量（溶液浓度）：

$$c_{样}=\frac{A_{样}}{A_{对}}\times c_{对}$$

## 六、注意事项

(1)空白溶液与供试品溶液必须澄清，不得有浑浊。如有浑浊，应预先过滤，并弃去初滤液。

(2)测定时，除另有规定外，应以配制供试品溶液的同瓶溶剂为空白对照，采用1 cm的石英吸收池。

(3)在规定的吸收峰波长±2 nm以内测试几个点的吸光度，以核对供试品的吸收峰波长位置是否正确，除另有规定外，吸收峰波长应在该品种项下规定的波长

±2 nm 以内；否则应考虑该试样的真伪、纯度以及仪器波长的准确度，并以吸光度最大的波长作为测定波长。

(4)一般供试品溶液的吸光度读数，以在 0.3～0.7 之间的误差较小。

(5)吸收池应选择配对，否则要引入测定误差。在规定波长下两个吸收池的透光率相差小于 0.5%的吸收池作配对，在必要的情况时，须在最终测量扣除吸收池间的误差修正值。

(6)由于吸收池和溶剂本身可能有空白吸收，因此测定供试品的吸光度后应减去空白读数，再计算含量。

(7)仪器的接地必须良好，一切裸露的零件对地电位不得超过 24 V(测电笔的氖管不得发亮)。

(8)在使用过程中，如需开启试样室盖时或暂时停止测试时，必须及时推入光门钮杆(使光电管前光门关闭)，保护光电管，以防止光电管受强光或长时间照射而损坏。

(9)在测定时或改测其他检品时，应用待测溶液冲洗吸收池 3～4 次，用干净绸布或擦镜纸擦净吸收池的透光面至不留斑痕(切忌把透光面磨损)。

(10)取吸收池时，应拿毛玻璃两面，切忌用手拿捏透光面，以免粘上油污。使用完后及时用测定溶剂冲净，再用纯化水冲净，用干净绸布或擦镜纸擦干，晾干后，放入吸收池盒中，防尘保存。

(11)若吸收池内外壁玷污，两池差较大的处理。

①可用绸布缠在扁竹条外或用脱脂棉缠在细玻璃棒上蘸上乙醇，轻轻摩擦，再用纯化水冲净。

②如上述方法处理不好，必要时可用重铬酸钾-硫酸洗液泡洗 1～2 min，用自来水冲净，再用纯化水冲净。

③不得用毛刷刷洗或硬物拭擦，以防止表面光洁度受损影响正常使用。

(12)请务必注意经常保持硅胶的干燥，目的是保护光学元件和光电放大器系统不致受潮损坏而影响仪器的正常工作，如发现有的硅胶由蓝色变为粉红色，应立即更换。该仪器干燥剂筒有两个：一个是装在放大器暗盒上，另一个装在单色光器暗盒上。

(13)在更换硅胶干燥剂时，应关闭切断电源。

(14)在停止工作期间，主机试样室内应放入袋装或筒装硅胶干燥剂。用防尘罩罩住整个仪器，并在防尘罩内放数袋防潮硅胶。

(15)仪器在操作中，狭缝的宽度应从小逐渐开大。若狭缝过大，由于进入光电管的光能量强度过大，将会使放大器输出信号达到饱和，以至数字显示出溢出(即数字闪烁或示 1 不变)。这不是仪器有故障。

(16)将波长旋转放在 625 nm,狭缝关闭在 0.02 nm 附近,选择按键恢复在停止工作部位(即 3 个键均弹出)。

(17)搬动仪器时应搬在主体端,不要搬在试样室和光电管盒端以及光源灯室部位,以防止仪器狭缝或光路部件受力而发生变形。并在搬动或运输时,应将可动部分固定,如各旋钮可用胶布贴住,狭缝位置开大些,然后固定,不要关小狭缝,以免运输时振动使狭缝刀口受损坏。

(18)仪器的光栅、反射镜绝对不能擦拭,否则将损坏仪器光学表面,增加杂散光。

(19)仪器经过搬动请及时检查并纠正波长精度,为保证测定的准确性请经常校准波长精度。如有异常,应立即报告质量保证部,但不得擅自调整,并及时做好记录。

## 实训 6-1 火腿肠中亚硝酸盐的测定(可见分光光度法)

农产品中含有的亚硝酸盐主要指亚硝酸钠,在气温较高的季节,进食贮存过久的蔬菜,容易引起亚硝酸盐中毒,亚硝酸盐中毒是指由于食用硝酸盐或亚硝酸盐含量较高的腌制肉制品、泡菜及变质的蔬菜可引起中毒,大剂量的亚硝酸盐能够引起高铁血红蛋白症,导致组织缺氧,还可使血管扩张血压降低。人体摄入 0.2~0.5 g 即可引起中毒,3 g 可致死。肉类制品中也允许作为发色剂限量使用。因此,测定亚硝酸盐的含量,对保证人们的生命安全,具有很重要的意义。

部分食品中亚硝酸盐限量指标见表 6-2。

**表 6-2 部分食品中亚硝酸盐限量指标**

| 食品 | 限量(以 $NaNO_2$ 计)/(mg/kg) |
|---|---|
| 粮食(大米、面粉、玉米) | 3 |
| 蔬菜 | 4 |
| 鱼类 | 3 |
| 肉类 | 3 |
| 蛋类 | 5 |
| 酱菜类 | 20 |
| 乳粉 | 2 |

## 一、范围

本方法适用于食品中亚硝酸盐的测定。

## 二、原理

亚硝酸盐采用盐酸萘乙二胺法测定。试样经沉淀蛋白质、除去脂肪后，在弱酸条件下亚硝酸盐与对氨基苯磺酸重氮化后，再与盐酸萘乙二胺耦合形成紫红色染料，与标准比较定量，测得亚硝酸盐含量。

## 三、工作中需要的主要仪器和设备

(1)天平：感量为0.1 mg和1 mg；

(2)组织捣碎机；

(3)超声波清洗器；

(4)恒温干燥箱；

(5)水浴锅；

(6)UV-1700紫外可见分光光度计。

## 四、试剂的准备

除非另有规定，本方法所用试剂均为分析纯。水为GB/T 6682规定的二级水或去离子水。

(1)亚铁氰化钾($K_4Fe(CN)_6 \cdot 3H_2O$)。

(2)乙酸锌($Zn(CH_3COO)_2 \cdot 2H_2O$)。

(3)冰醋酸($CH_3COOH$)。

(4)硼酸钠($Na_2B_4O_7 \cdot 10H_2O$)。

(5)盐酸($\rho$=1.19 g/mL)。

(6)氨水(25%)。

(7)对氨基苯磺酸($C_6H_7NO_3S$)。

(8)盐酸萘乙二胺($C_{12}H_{14}N_2 \cdot 2HCl$)。

(9)亚硝酸钠($NaNO_2$)。

(10)亚铁氰化钾溶液(106 g/L)：称取106.0 g亚铁氰化钾，用水溶解，并稀释至1 000 mL。

(11)乙酸锌溶液(220 g/L):称取 220.0 g 乙酸锌,先加 30 mL 冰醋酸溶解,用水稀释至 1 000 mL。

(12)饱和硼砂溶液(50 g/L):称取 5.0 g 硼酸钠,溶于 100 mL 热水中,冷却后备用。

(13)氨缓冲溶液(pH 9.6～9.7):量取 30 mL 盐酸,加 100 mL 水,混匀后加 65 mL 氨水,再加水稀释至 1 000 mL,混匀。调节 pH 至 9.6～9.7。

(14)氨缓冲液的稀释液:量取 50 mL 氨缓冲溶液,加水稀释至 500 mL,混匀。

(15)盐酸(0.1 mol/L):量取 5 mL 盐酸,用水稀释至 600 mL。

(16)对氨基苯磺酸溶液(4 g/L):称取 0.4g 对氨基苯磺酸,溶于 100 mL 20%(*V*/*V*)盐酸中,置棕色瓶中混匀,避光保存。

(17)盐酸萘乙二胺溶液(2 g/L):称取 0.2 g 盐酸萘乙二胺,溶于 100 mL 水中,混匀后,置棕色瓶中,避光保存。

(18)亚硝酸钠标准溶液(200 μg /mL):准确称取 0.100 0 g 于 110～120℃干燥恒重的亚硝酸钠,加水溶解移入 500 mL 容量瓶中,加水稀释至刻度,混匀。

(19)亚硝酸钠标准使用液(5.0 μg/mL):临用前,吸取亚硝酸钠标准溶液 5.00 mL,置于 200 mL 容量瓶中,加水稀释至刻度。

## 五、检测程序及操作技术和质量要求

| 工作程序 | 操作技术和质量要求 | 备注 |
| --- | --- | --- |
| 样品制备 | 火腿肠用绞肉机绞碎或用研钵研碎,制成混合均匀的试样。 | |
| 样品预处理 | 1. 亚硝酸盐的提取:称取 5 g(精确至 0.001 g)经绞碎混匀的试样(如火腿肠),置于 50 mL 烧杯中,加 5 mL 硼砂饱和溶液搅拌均匀,以 70℃左右的水约 50 mL 将试样洗入 100 mL 容量瓶中,于沸水浴中加热 15 min,取出置冷水浴中冷却,并放置至室温。<br>2. 提取液净化:上述提取液中,一面转动,一面加入 5 mL 亚铁氰化钾溶液,摇匀,再加入 5 mL 乙酸锌溶液,以沉淀蛋白质。加水至刻度,摇匀,放置 0.5 h,除去上层脂肪,用滤纸过滤清液,弃去初滤液,滤液备用。 | |

续表

| 工作程序 | 操作技术和质量要求 | 备注 |
|---|---|---|
| 标准系列的制作 | 吸取 0.00 mL、0.20 mL、0.40 mL、0.60 mL、0.80 mL、1.00 mL 亚硝酸钠标准使用液(此溶液含 5 μg/mL 亚硝酸盐),分别置于 25 mL 带塞比色管中。(相当于含亚硝酸盐 0 μg/mL、0.04 μg/mL、0.08 μg/mL、0.12 μg/mL、0.16 μg/mL、0.20 μg/mL),加入 2 mL 对氨基苯磺酸溶液(4 g/L),混匀,静置 3～5 min 后各加入 1 mL 盐酸萘乙二胺溶液(2 g/L),加水至刻度,混匀,静置 15 min。 | |
| 试样溶液显色 | 吸取 20.00 mL 上述滤液于 25 mL 带塞比色管中,加入 2 mL 对氨基苯磺酸溶液(4 g/L),混匀,静置 3～5 min 后各加入 1 mL 盐酸萘乙二胺溶液(2 g/L),加水至刻度,混匀,静置 15 min。 | |
| 测定吸光度,绘制标准曲线 | 用 1 cm 比色杯,以标准系列的零管调节零点,于波长 538 nm 处测系列标准溶液及试样溶液的吸光度,绘制标准曲线比较定量。 | |

## 六、结果计算

1. 亚硝酸盐含量计算

试样中亚硝酸盐(以亚硝酸钠计)的含量可按下式计算。计算结果保留两位有效数字。

$$X_1=\frac{m_1\times 1\ 000}{m\times\frac{V_1}{V_0}\times 1\ 000}$$

式中:$X_1$——试样中亚硝酸钠的含量,单位为毫克每千克(mg/kg);

$m$——试样质量,单位为克(g);

$m_1$——测定用样液中亚硝酸钠的质量,单位为微克(μg);

$V_1$——测定用样液体积,单位为毫升(mL);

$V_0$——试样处理液总体积,单位为毫升(mL)。

2. 精密度

在重复性条件下获得的 2 次独立测定结果的算术平均值表示,绝对差值不得超过算术平均值的 10%。结果保留 2 位有效数字。

## 七、说明及注意事项

样品检测结果应在标准系列中；注意显色时间的控制。

**表 6-3　紫外/可见分光光度计检测分析原始记录**

| | | | | | | | |
|---|---|---|---|---|---|---|---|
| 样品名称 | | 样品编号 | | | 环境温度/℃ | | |
| 执行标准或方法 | | 检验项目 | | | 相对湿度/% | | |
| 仪器名称、型号及编号 | | 测定波长 | | 图号 | | 检验结果 | |

| | | |
|---|---|---|
| 标准曲线 | 标准含量 | |
| | 吸光度 $A$ | |
| | 截距 $a=$　　斜率 $b=$　　相关系数 $r=$ | |

| 项目 | | 代号 | 重复<br>空白 | 1 | 2 |
|---|---|---|---|---|---|
| 称样量/mL 或 g | | $m$ | | | |
| 定容体积/mL | | $V_1$ | | | |
| 测定体积/mL | | $V_2$ | | | |
| | | | | | |
| 样液 | 吸　光　度 | $A_1$ | | | |
| | 相当标准量 | $C$ | | | |
| 计算结果 | | | | | |
| 平均值 | | | | | |
| 测定差/% | | | | 允许差/% | |

计算：

| | | | | | |
|---|---|---|---|---|---|
| 备注 | | | | | |
| 检验员 | | 校核人 | | 审核人 | |
| 日　期 | | 日期 | | 日期 | |

# 实训 6-2　食用菌中多菌灵的测定(紫外分光光度法)

## 一、检测方法

参考 GB/T 5009.188—2003 蔬菜、水果中甲基托布津、多菌灵的测定。

## 二、原理

多菌灵经提取后用紫外分光光度法进行定量测定。

定量时为了排除各种作物中的干扰影响,采用作图法,求得校正吸光度,再根据校正吸光度和多菌灵的关系绘制成标准曲线。

多菌灵具有苯并咪唑的特异吸收,植物成分干扰不大。

## 三、试剂

(1)甲醇。

(2)二氯甲烷。

(3)石油醚:沸程 30～60℃。

(4)盐酸(1+11):量取盐酸 90 mL,加水稀释至 1 000 mL。

(5)氢氧化钠溶液(80 g/L):称取 8 g 氢氧化钠,加水溶解并稀释至 100 mL。

(6)氢氧化铵溶液(1+7):量取氨水 10mL,加水稀释至 80 mL。

(7)氯化钠溶液(100 g/mL)

(8)多菌灵标准溶液:准确称取 50.0 mg 多菌灵置于烧杯中,用盐酸(1+11)溶解移入 50 mL 容量瓶中,并稀释至刻度,此溶液每毫升相当于 1.0 mg 多菌灵。

(9)多菌灵标准使用液,吸取 10.0 mL 多菌灵标准溶液,置于 100 mL 容量瓶中,加盐酸(1+11)稀释至刻度。此溶液每毫升相当于 100.0 μg 多菌灵。

## 四、主要仪器设备

紫外分光光度计。

## 五、分析步骤

1.试样的制备

取不少于 1 000 g 样品,去除其中杂物,取可食部分,用干净纱布轻轻擦去样品表面的杂物，将样品缩分至 250 g，切碎后密封，制成试样备用，剩余试样于 −18℃ 保存。

2. 试样的提取和分离

称取 50.0 g 切碎、混匀的试样，加 50 mL 甲醇振摇 0.5 h，用布氏漏斗抽滤，容器和滤器用甲醇洗涤 2 次，每次 15～20 mL，抽干后，滤液移入烧杯中，抽滤瓶用约 10 mL 水洗涤，洗液并入滤液内，在水浴上用空气流吹去部分甲醇后，移入分液漏斗中，加 30 mL 氯化钠溶液（100 g/L），用石油醚振摇提取 2 次，每次 25 mL，弃去石油醚，加盐酸酸化至 pH 为 1～2（用 pH 试纸试），用二氯甲烷提取 2 次，每次 25 mL，合并二氯甲烷提取液用 25 mL 水洗涤一次，弃去二氯甲烷层（可留作甲基托布津测定用），水洗涤液合并入水层，留作多菌灵测定用。

3. 多菌灵标准曲线的制备

吸取 0、0.10、0.30、0，50 mL 多菌灵标准使用液（相当 0、10、30、50 μg 多菌灵），置于盛有 20 mL 盐酸（1＋11）的分液漏斗中，各用二氯甲烷提取 2 次，每次 10 mL，弃去二氯甲烷层，水溶液用氢氧化铵（1＋7）中和到 pH 为 6.0～6.5（pH 试纸试），用二氯甲烷提取 2 次，每次 20 mL，提取液用 10 mL 水洗涤一次，将二氯甲烷层分入另一个干的分液漏斗中，准确加入 10 mL 盐酸（1＋11），振摇 5 min，静置分层后，盐酸提取液用 1 cm 石英比色杯，以盐酸（1＋11）调节分光光度计零点，测读 250～300 nm 的吸光度，以波长为横坐标，吸光度为纵坐标，绘制吸收图谱。将图谱上 260 nm 和 290 nm 吸光度读数点连成直线，设直线上 282 nm 的吸光度为 $A'$，吸收图谱上 282 nm 的吸光度为 $A$，两者之差为 $\Delta A$（$\Delta A=A-A'$，为校正吸光度）。再以校正吸光度为纵坐标，多菌灵的含量为横坐标，绘制各多菌灵标准点 $\Delta A$ 值的标准曲线。

4. 多菌灵的测定

取多菌灵提取液，用氢氧化铵（1＋7）中和至 pH 6.0～6.5，然后按上面“3. 多菌灵标准曲线的制备”中自“用二氯甲烷提取 2 次，每次 10 mL”起依法操作，计算出试样中的 ΔA 值，再与多菌灵标准曲线比较，计算样品中的多菌灵含量。

## 六、结果计算

试样中多菌灵含量按下式计算：

$$X=\frac{m_1}{m_2}$$

式中：$X$——试样中多菌灵含量，单位为毫克每千克(mg/kg)；

$m_1$——测定用试样中多菌灵的质量，单位为微克(μg)；

$m_2$——试样的质量，单位为克(g)。

计算结果表示到两位有效数字。

## 七、精密度

在重复性条件下获得的两次独立测定结果的绝对差值不得超过算术平均值的10%。

# 实训6-3 食用菌中亚硫酸盐(以$SO_2$计)的测定

## 一、检测方法

参考GB/T 5009.34—2003食品中亚硫酸盐的测定。采用盐酸副玫瑰苯胺法测定食用菌中亚硫酸盐(以$SO_2$计)的含量，本方法检出浓度为1 mg/kg。本方法适用于食品中二氧化硫残留量的测定。

## 二、原理

亚硫酸盐与四氯汞钠反应生成稳定的络合物，再与甲醛及盐酸副玫瑰苯胺作用生成紫红色络合物，与标准系列比较定量。

## 三、试剂

(1)四氯汞钠吸收液：称取13.6 g氯化高汞及6.0 g氯化钠，溶于水中并稀释至1 000 mL，放置过夜，过滤后备用。

(2)氨基磺酸铵溶液(12 g/L)。

(3)甲醛溶液(2 g/L)：吸取0.55 mL无聚合沉淀的甲醛(36%)，加水稀释至100 mL，混匀。

(4)淀粉指示液：称取1 g可溶性淀粉，用少许水调成糊状，缓缓倾入100 mL沸水中，随加随搅拌，煮沸，放冷备用，此溶液临用时现配。

(5)亚铁氰化钾溶液：称取10.6 g亚铁氰化钾[$K_4Fe(CN)_6 \cdot 3H_2O$]，加水溶解并稀释至100 mL。

(6)乙酸锌溶液：称取 22 g 乙酸锌[$Zn(CH_3COO)_2 \cdot 2H_2O$]溶于少量水中，加入 3 mL 冰乙酸，加水稀释至 100 mL。

(7)盐酸副玫瑰苯胺溶液：称取 0.1 g 盐酸副玫瑰苯胺($C_{19}H_{14}N_2Cl \cdot 4H_2O$)于研钵中，加少量水研磨使溶解并稀释至 100 mL。取出 20 mL，置于 100 mL 容量瓶中，加盐酸(1+1)，充分摇匀后使溶液由红变黄，如不变黄再滴加少量盐酸至出现黄色，再加水稀释至刻度，混匀备用(如无盐酸副玫瑰苯胺可用盐酸品红代替)。

盐酸副玫瑰苯胺的精制方法：称取 20 g 盐酸副玫瑰苯胺于 400 mL 水中，用 50 mL 盐酸(1+5)酸化，徐徐搅拌，加 4～5 g 活性炭，加热煮沸 2 min。将混合物倒入大漏斗中，过滤(用保温漏斗趁热过滤)。滤液放置过夜，出现结晶，然后再用布氏漏斗抽滤，将结晶再悬浮于 1 000 mL 乙醚-乙醇(10∶1)的混合液中，振摇 3～5 min，以布氏漏斗抽滤，再用乙醚反复洗涤至醚层不带色为止，于硫酸干燥器中干燥，研细后贮于棕色瓶中保存。

(8)碘溶液[$c(I/2I_2)=0.100$ mol/L]。

(9)硫代硫酸钠标准溶液[$c(Na_2S_2O_3 \cdot 5H_2O)=0.100$ mol/L]。

(10)二氧化硫标准溶液：称取 0.5 g 亚硫酸氢钠，溶于 200 mL 四氯汞钠吸收液中，放置过夜，上清液用定量滤纸过滤备用。

吸取 10.0 mL 亚硫酸氢钠—四氯汞钠溶液于 250 mL 碘量瓶中，加 100 mL 水，准确加入 20.00 mL 碘溶液(0.1 mol/L)，5 mL 冰乙酸，摇匀，放置于暗处，2 min 后迅速以硫代硫酸钠(0.1 mol/L)标准溶液滴定至淡黄色，加 0.5 mL 淀粉指示液，继续滴至无色。另取 100 mL 水，准确加入碘溶液 20.0 mL(0.1 mol/L)，5 mL 冰乙酸，按同一方法做试剂空白试验。

二氧化硫标准溶液的浓度按下式进行计算。

$$X=\frac{(V_2-V_1)\times c\times 32.03}{10}$$

式中：$X$——二氧化硫标准溶液浓度，单位为毫克每毫升(mg/mL)；

$V_1$——测定用亚硫酸氢钠—四氯汞钠溶液消耗硫代硫酸钠标准溶液体积，单位为毫升(mL)；

$V_2$——试剂空白消耗硫代硫酸钠标准溶液体积，单位为毫升(mL)；

$c$——硫代硫酸钠标准溶液的摩尔浓度，单位为摩尔每升(mol/L)；

32.03——每毫升硫代硫酸钠[$c(Na_2S_2O_3 \cdot 5H_2O)=0.100$ mol/L]标准溶液相当于二氧化硫的质量，单位为毫克(mg)。

(11)二氧化硫使用液:临用前将二氧化硫标准溶液以四氯汞钠吸收液稀释成每毫升相当 2 μg 二氧化硫。

(12)氢氧化钠溶液(2 g/L)。

(13)硫酸(1+71)。

## 四、仪器

分光光度计。

## 五、分析步骤

1.试样处理

称取 5.0~10.0 g 研磨均匀的试样,以少量水移入 100 mL 容量瓶中,然后加入 20 mL 四氯汞钠吸收液,浸泡 4 h 以上,若上层溶液不澄清可加入亚铁氰化钾及乙酸锌溶液各 2.5 mL,最后用水稀释至 100 mL 刻度,过滤后备用。

2.测定

吸取 0.50~5.0 mL 上述试样处理液于 25 mL 带塞比色管中。

另吸取 0、0.20、0.40、0.60、0.80、1.00、1.50、2.00 mL 二氧化硫标准使用液(相当于 0、0.4、0.8、1.2、1.6、2.0、3.0、4.0 μg 二氧化硫),分别置于 25 mL 带塞比色管中。

于试样及标准管中各加入四氯汞钠吸收液至 10 mL,然后再加入 1 mL 氨基磺酸铵溶液(12 g/L),1 mL 甲醛溶液(2 g/L)及 1 mL 盐酸副玫瑰苯胺溶液,摇匀,放置 20 min。用 1 cm 比色杯,以零管调节零点,于波长 550 nm 处测吸光度,绘制标准曲线比较。

3.计算

试样中二氧化硫的含量按下式进行计算:

$$X=\frac{A\times 1\ 000}{m\times V/100\times 1\ 000\times 1\ 000}$$

式中:$X$——试样中二氧化硫的含量,单位为克每千克(g/kg);

$A$——测定用样液中二氧化硫的质量,单位为微克(μg);

$m$——试样质量,单位为克(g);

$V$——测定用样液的体积,单位为毫升(mL)。

计算结果表示到 3 位有效数字。

4.精密度

在重复性条件下获得的两次独立测定结果的绝对差值不得超过10%。

【拓展学习】

# 乳及乳制品中亚硝酸盐的测定

## 一、原理

试样经沉淀蛋白质、除去脂肪后，在滤液中，加入磺胺和N-1-萘基-乙二胺二盐酸盐，使其显粉红色，然后用分光光度计在538 nm波长下测其吸光度。将测得的吸光度与亚硝酸钠标准系列溶液的吸光度进行比较，就可计算出样品中的亚硝酸盐含量。

## 二、试剂和材料

测定用水应是不含亚硝酸盐的蒸馏水或去离子水。

(1)亚硝酸钠($NaNO_2$)。

(2)硫酸铜溶液：溶解20 g硫酸铜($CuSO_4 \cdot 5H_2O$)于水中，稀释至1 000 mL。

(3)盐酸-氨水缓冲溶液：pH 9.60～9.70。用600 mL水稀释75 mL浓盐酸(质量分数为36%～38%)。混匀后，再加入135 mL浓氨水(质量分数等于25%的新鲜氨水)。用水稀释至1 000 mL，混匀。用精密pH计调pH值为9.60～9.70。

(4)盐酸(2 mol/L)：160 mL的浓盐酸(质量分数为36%～38%)用水稀释至1 000 mL。

(5)盐酸(0.1 mol/L)：50 mL 2 mol/L的盐酸用水稀释至1 000 mL。

(6)沉淀蛋白和脂肪的溶液

①硫酸锌溶液：将53.5 g的硫酸锌($ZnSO_4 \cdot 7H_2O$)溶于水中，并稀释至100 mL。

②亚铁氰化钾溶液：将17.2 g的三水亚铁氰化钾[$K_4Fe(CN)_6 \cdot 3H_2O$]溶于水中，稀释至100 mL。

(7)EDTA溶液：用水将33.5 g的乙二胺四乙酸二钠($Na_2C_{10}H_{14}N_2O_3 \cdot 2H_2O$)溶解，稀释至1 000 mL。

(8)显色液1:体积比为450∶550的盐酸。将450 mL浓盐酸(质量分数为36%～38%)加入到550 mL水中,冷却后装入试剂瓶中。

(9)显色液2:5 g/L的磺胺溶液。在75 mL水中加入5 mL浓盐酸(质量分数为36%～38%),然后在水浴上加热,用其溶解0.5 g磺胺($NH_2C_6H_4SO_2NH_2$)。冷却至室温后用水稀释至100 mL。必要时进行过滤。

(10)显色液3:1 g/L的萘胺盐酸盐溶液。将0.1 g的N-1-萘基-乙二胺二盐酸盐($C_{10}H_7NHCH_2CH_2NH_2 \cdot 2HCl$)溶于水,稀释至100 mL。必要时过滤。此溶液应少量配制,装于密封的棕色瓶中,冰箱中2～5℃保存。

(11)亚硝酸钠标准溶液:相当于亚硝酸根的浓度为0.001 g/L。将亚硝酸钠在110～120℃的范围内干燥至恒重。冷却后称取0.150 g,溶于1 000 mL容量瓶中,用水定容。在使用的当天配制该溶液。取10 mL上述溶液和20 mL盐酸-氨水缓冲溶液于1 000 mL容量瓶中,用水定容。每1 mL该标准溶液中含1.00 μg的$NO_2^-$。

## 三、仪器和设备

所有玻璃仪器都要用蒸馏水冲洗,以保证不带有亚硝酸盐。

(1)天平:感量为0.1 mg和1 mg。

(2)烧杯:100 mL。

(3)锥形瓶:250 mL、500 mL。

(4)容量瓶:100 mL、500 mL和1 000 mL。

(5)移液管:2 mL、5 mL、10 mL和20 mL。

(6)吸量管:2 mL、5 mL、10 mL和25 mL。

(7)量筒:根据需要选取。

(8)玻璃漏斗:直径约9 cm,短颈。

(9)定性滤纸:直径约18 cm。

(10)分光光度计:测定波长538 nm,使用1～2 cm光程的比色皿。

(11)pH计:精度为±0.01,使用前用pH 7和pH 9的标准溶液进行校正。

## 四、分析步骤

1.样品的称取和溶解

(1)液体乳样品:量取 90 mL 样品于 500 mL 锥形瓶中,用 22 mL 50～55℃的水分数次冲洗样品量筒,冲洗液倾入锥形瓶中,混匀。

(2)乳粉样品:在 100 mL 烧杯中称取 10 g 样品,准确至 0.001 g。用 112 mL 50～55℃的水将样品洗入 500 mL 锥形瓶中,混匀。

(3)乳清粉及以乳清粉为原料生产的粉状婴幼儿配方食品样品:在 100 mL 烧杯中称取 10 g 样品,准确至 0.001 g。用 112 mL 50～55℃的水将样品洗入 500 mL 锥形瓶中,混匀。用铝箔纸盖好锥形瓶口,将溶好的样品在沸水中煮 15 min,然后冷却至约 50℃。

2.脂肪和蛋白的去除

(1)按顺序加入 24 mL 硫酸锌溶液 24 mL 亚铁氰化钾溶液和 40 mL 盐酸-氨水缓冲溶液,加入时要边加边摇,每加完一种溶液都要充分摇匀。

(2)静置 15 min 至 1 h。然后用滤纸过滤,滤液用 250 mL 锥形瓶收集。

3.测定

(1)移取 20 mL 滤液(4.2.2)于 100 mL 容量瓶中,加水至约 60 mL。

(2)在每个容量瓶中先加入 6 mL 显色液 1,边加边混;再加入 5 mL 显色液 2。小心混合溶液,使其在室温下静置 5 min,避免直射阳光。

(3)加入 2 mL 显色液 3,小心混合,使其在室温下静置 5 min,避免直射阳光。用水定容至刻度,混匀。

(4)在 15 min 内用 538 nm 波长,以空白试验液体为对照测定上述样品溶液的吸光度。

4.标准曲线的制作

(1)分别移取(或用滴定管放出)0 mL、2 mL、4 mL、6 mL、8 mL、10 mL、12 mL、16 mL 和 20 mL 亚硝酸钠标准溶液于 9 个 100 mL 容量瓶中。在每个容量瓶中加水,使其体积约为 60 mL。

(2)在每个容量瓶中先加入 6 mL 显色液 1,边加边混;再加入 5 mL 显色液 2。小心混合溶液,使其在室温下静置 5 min,避免直射阳光。

(3)加入 2 mL 显色液 3,小心混合,使其在室温下静置 5 min,避免直射阳光。用水定容至刻度,混匀。

(4)在 15 min 内,用 538 nm 波长,以第一个溶液(不含亚硝酸钠)为对照测定另外 8 个溶液的吸光度。

(5)将测得的吸光度对亚硝酸根质量浓度作图。亚硝酸根的质量浓度可根据加入的亚硝酸钠标准溶液的量计算出。亚硝酸根的质量浓度为横坐标,吸光度为纵坐标。亚硝酸根的质量浓度以 μg/100 mL 表示。

## 五、分析结果的表述

1. 亚硝酸盐含量

样品中亚硝酸根含量按下式计算:

$$X=\frac{20\ 000\times c_1}{m\times V_1}$$

式中:X——样品中亚硝酸根含量,单位为毫克每千克(mg/kg);

$c_1$——根据滤液的吸光度,从标准曲线上读取的 $NO_2^-$ 的浓度,单位为微克每百毫升(μg/100 mL);

$m$——样品的质量(液体乳的样品质量为 90×1.030 g),单位为克(g);

$V_1$——所取滤液的体积,单位为毫升(mL)。

样品中以亚硝酸钠表示的亚硝酸盐含量,按下式计算:

$$W(NaNO_2)=1.5\times W(NO_2^-)$$

式中:$W(NO_2^-)$——样品中亚硝酸根的含量,单位为毫克每千克(mg/kg);

$W(NaNO_2)$——样品中以亚硝酸钠表示的亚硝酸盐的含量,单位为毫克每千克(mg/kg)。

以重复性条件下获得的两次独立测定结果的算术平均值表示,结果保留两位有效数字。

## 六、精密度

由同一分析人员在短时间间隔内测定的两个亚硝酸盐结果之间的差值,不应超过 1 mg/kg。

## 七、其他

本方法中亚硝酸盐检出限为 0.2 mg/kg。

# 第二节 原子吸收光谱分析技术

## 一、原子吸收分光光度计

### (一)基本原理及构造

原子吸收光谱法是依据处于气态的被测元素基态原子对该元素的原子共振辐射有强烈的吸收作用来测定待测元素的含量。一般情况下原子都是处于基态的，当特征辐射通过原子蒸气时，基态原子从辐射中吸收能量，由基态跃迁到激发态。根据光线被吸收后的减弱程度就可以判断样品中待测元素的含量。

在温度吸收光程，进样方式等实验条件固定时，样品产生的待测元素基态原子对作为锐线光源的该元素的空心阴极灯所辐射的单色光产生吸收，其吸光度($A$)与样品中该元素的浓度($c$)成正比，即 $A=Kc$ 式中 $K$ 为常数。据此，通过测量标准溶液及未知溶液的吸光度，又已知标准溶液浓度，可作标准曲线，基于样品中的基态原子对该元素的特征谱线的吸收程度。求得未知液中待测元素浓度。

(1)基本构造　原子吸收分光光度计主要有两种类型：一类由火焰将试样分解为自由原子，为火焰原子吸收分光光度计(火焰法)；另一类依靠电加热的石墨管将试样汽化分解，称为无火焰原子吸收分光光度计(石墨炉法)。

原子吸收分光光度计主要结构分为：光源、原子化器、分光系统、检测系统 4 个主要部分(图 6-1)。

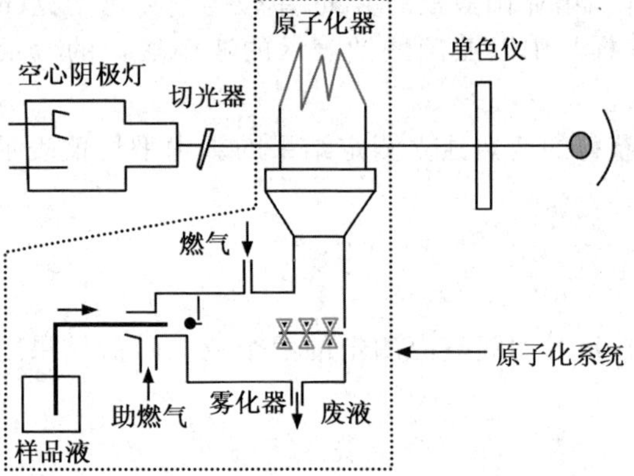


**图 6-1　原子吸收仪器结构示意图**

(2)原子吸收光谱分析的过程　A元素的含量测定—A元素的空心阴极灯发射特征辐射—试样先在原子化器中变为气态的基态原子—吸收空心阴极灯发射特征辐射—空心阴极灯发射特征辐射减弱—产生吸光度—元素定量分析。

### (二)检测范围

该法主要适用样品中微量及痕量组分分析。

特点是:具有灵敏度高,火焰法达到 $10^{-6}$,石墨炉法可达到 $10^{-9}\sim10^{-14}$,干扰少,选择性好,测定范围广,火焰法可检测如锌、铜、铁、铝、镁、银、钙、钴、铬、镉、锰、镍、钾、钠、砷等元素,石墨炉法可检测一些易生成难溶化合物的元素,如铅、硅、铊、硼和锆等,一共可检测大约70种元素,分析速度快等优点。缺点就是检测什么元素,就必须有相应的空心阴极灯。

### (三)操作条件的选择原则

(1)灯电流的选择　小电流能够得到较高的吸收灵敏度,但信噪比低,稳定性差。使用较大的电流可提高测定稳定性,但灵敏度低。可通过制作吸光度-电流强度关系曲线来选定或根据灯标上数字确定,对大多数元素而言,日常分析的工作电流选择在额定(最大)电流的40%～60%比较合适。

(2)火焰种类　主要采用的是乙炔-空气(最高温度约为2 300℃)和乙炔-一氧化氮(最高温度约为3 000℃)。前者能测定大多数元素,后者温度较高,适用于一些易生成难溶化合物的元素。

(3)吸收线的选择　每种元素都有若干条可使用的吸收线,常选择最灵敏的吸收线作为分析谱线。但有时也选用次灵敏线作为分析谱线,这样可以克服某些干扰。

(4)吸收高度的选择　是指光通过火焰的高度。火焰一般分3部分,常使用上部分和中部分,因其为氧化焰部分,火焰稳定,干扰少,灵敏度较高,而下部分为还原焰部分,火焰稳定性差,干扰多,对紫外线吸收强。火焰高度的选择可喷入一定浓度的标准溶液,每改变一定高度重调零点,然后测定其消光值,在获得最大吸收处为合适的高度。

(5)狭缝宽度的选择　一般原子吸收分光光度计的光谱狭缝宽度(通常),可调节适当的范围,为0.05～2 nm之间,而机械狭缝宽度为0.01～1 mm之间。所使用的狭缝宽度主要由各种仪器的性能,单色器的色散率,以及被测元素的种类所决定。

(6)程序升温的条件选择　在石墨炉原子化法中,合理选择干燥、灰化、原子化及除残温度与时间是十分重要的。干燥应在稍低于溶剂沸点的温度下进行，以防止试液飞溅。灰化的目的是除去基体和局外组分，在保证被测元素没有损失的前提下应尽可能使用较高的灰化温度。原子化温度的选择原则是，选用达到最大吸收信号的最低温度作为原子化温度。原子化时间的选择，应以保证完全原子化为准。原子化阶段停止通保护气，以延长自由原子在石墨炉内的平均停留时间。除残的目的是为了消除残留物产生的记忆效应，除残温度应高于原子化温度。

(7)空心阴极灯的工作电流选择　空心阴极灯一般需要预热 10～30 min 才能达到稳定输出。灯电流过小，放电不稳定，故光谱输出不稳定，且光谱输出强度小；灯电流过大，发射谱线变宽，导致灵敏度下降，校正曲线弯曲，灯寿命缩短。选用灯电流的一般原则是，在保证有足够强且稳定的光强输出条件下，尽量使用较低的工作电流。通常以空心阴极灯上标明的最大电流的 1/3～1/2 作为工作电流。在具体的分析场合，最适宜的工作电流由实验确定。

(8)燃烧器的高度选择　在火焰区内，自由原子的空间分布是不均匀，且随火焰条件而改变，因此，应调节燃烧器的高度，以使来自空心阴极灯的光束从自由原子浓度最大的火焰区域通过，以期获得高的灵敏度。

(9)进样量选择　进样量过小，吸收信号弱，不便于测量；进样量过大，在火焰原子化法中，对火焰产生冷却效应，在石墨炉原子化法中，会增加除残的困难。在实际工作中，应测定吸光度随进样量的变化，达到最满意的吸光度的进样量，即为应选择的进样量。

## 二、原子吸收分光光度计的使用及维护

(1)安放待测元素的空心阴极灯，打开主机电源预热 30 min；

(2)打开 PC 机电源开关，双击 AA 软件，选择适当的检测条件，进行检测；

(3)定期进行燃烧器头的清洁和配管气路漏气的检查。

# 实训 6-4　白酒中铜含量的测定

（本法适用于各类食品中铜的测定）

## 一、原理

样品经处理后，导入原子吸收分光光度计中原子化，吸收元素空心阴极灯发出

的共振线(铜 324.8 nm)，其吸收量与样品中金属元素含量成正比，与标准系列比较定量。

## 二、部分食品中铜的限量卫生指标(表 6-4)

表 6-4　食品中铜的限量卫生指标

| 品种 | 指标(以 Cu 计)/(mg/kg) |
|---|---|
| 粮食 | ≤10 |
| 豆类 | ≤20 |
| 蔬菜 | ≤10 |
| 水果 | ≤10 |
| 肉类 | ≤10 |
| 水产类 | ≤50 |
| 蛋类 | ≤5 |
| 白酒 | ≤5.0 |

## 三、试剂

(1)铜标准贮备液(1 mg/mL)：精确称取 1.0 000 g 金属铜(99.99%)于 100 mL 小烧杯中，分次加入 10 mL 的硝酸溶液，总量不超过 37 mL，待全部铜溶解后，移入 1 000 mL 容量瓶中，加入 1∶100 硝酸溶液稀释至刻度；摇匀备用。

(2)铜标准使用液(100 μg/mL)：吸取 10.0 mL 铜标准贮备液，置于 100 mL 容量瓶中，用 1∶100 硝酸溶液稀释至刻度；摇匀备用。

(3)浓硝酸溶液：分析纯。

(4)1∶100 硝酸溶液。

(5)0.5% 硝酸溶液。

## 四、仪器

(1)铜的空心阴极灯。

(2)AA-6800 原子吸收分光光度计。

## 五、工作程序及操作技术和质量要求

| 工作程序 | 操作技术和质量要求 | 备注 |
|---|---|---|
| 样品制备 | 吸取酒样 2 mL 于 100 mL 容量瓶中，用 0.5%硝酸稀释至刻度，摇匀即可备用。 | |
| 标准系列的制作 | 吸取 0.0、1.0、2.0、3.0、4.0、5.0 mL 铜标准使用液，分别置于 50.0 mL 容量瓶中，加入 0.5%硝酸溶液稀释至刻度（每毫升含铜量分别为 0.0、2.0、4.0、6.0、8.0、10.0 μg）。 | |
| 样品的测定 | 测定：将处理后的样液、试剂空白液和容量瓶中的铜标准溶液分别导入火焰进行测定。测定条件：铜灯电流 6.0 mA，波长 324.8 nm，狭缝 0.19 nm，空气流量 9 L/min，乙炔流量 2.0 L/min，灯头高度 3 mm，氘灯背景校正。以铜含量为横轴，吸光度为纵轴，绘制标准曲线。 | |

## 六、计算

$$铜含量(mg/L)=\frac{(A-A_0)\times V_1\times 1\ 000}{V\times 1\ 000}$$

式中：$A$——测定用样液中铜含量（μg/mL）；

$A_0$——试剂空白液中铜含量（μg/mL）；

$V$——样品的体积（mL）；

$V_1$——样品处理液总体积（mL）。

## 七、说明

(1)原子吸收分光光度计的型号不同，所用标准溶液应按仪器灵敏度进行调整。

(2)使用的所有玻璃仪器均需用稀硝酸浸泡，以水冲洗干净后再使用。

## 八、做好数据的记录和处理

评价检测结果，完成检测报告。

**表 6-5　原子吸收分光光度计检测分析原始记录**

<table>
<tr><td>样品名称</td><td colspan="3"></td><td colspan="2">样品编号</td><td colspan="2"></td><td>环境温度/℃</td><td colspan="2"></td></tr>
<tr><td>执行标准或方法</td><td colspan="3"></td><td colspan="2">检验项目</td><td colspan="2"></td><td>相对湿度/%</td><td colspan="2"></td></tr>
<tr><td>仪器名称、型号及编号</td><td colspan="5"></td><td colspan="2">检验结果</td><td colspan="3"></td></tr>
<tr><td>波长/nm</td><td colspan="5"></td><td colspan="2">原子化方式</td><td colspan="3">GA 或 FLAME</td></tr>
<tr><td>样品处理</td><td colspan="10">1. 直接进样　　2. 干灰化　　3. 湿消化</td></tr>
<tr><td rowspan="3">仪器工作条件</td><td rowspan="2">吸收级/nm</td><td rowspan="2">灯电流/nA</td><td rowspan="2">狭缝/nm</td><td rowspan="2">空气/(L/min)</td><td rowspan="2">乙炔/(L/min)</td><td rowspan="2">燃烧器/min</td><td colspan="2">进样体积</td><td rowspan="2" colspan="2">原子化温度/℃</td></tr>
<tr><td>10 μL</td><td>20 μL</td></tr>
<tr><td></td><td></td><td></td><td></td><td></td><td></td><td colspan="2"></td><td colspan="2"></td></tr>
<tr><td rowspan="2">标准曲线浓度及吸光度</td><td colspan="3">c/(μg/L 或 mg/L)</td><td colspan="7"></td></tr>
<tr><td colspan="3">A</td><td colspan="7"></td></tr>
<tr><td>称样量 m/g 或 mL</td><td colspan="10"></td></tr>
<tr><td>重复</td><td colspan="3">1</td><td colspan="3">2</td><td colspan="4"></td></tr>
<tr><td>定容体积 V<br>(定容分取过程)/mL</td><td colspan="3"></td><td colspan="3"></td><td colspan="4"></td></tr>
<tr><td>测定浓度 c<br>/(mg/L 或 μg/L)</td><td colspan="3"></td><td colspan="3"></td><td colspan="4"></td></tr>
<tr><td>计算结果<br>/(mg/kg 或 mg/L)</td><td colspan="3"></td><td colspan="3"></td><td colspan="4"></td></tr>
<tr><td>平均值<br>/(mg/kg 或 mg/L)</td><td colspan="10"></td></tr>
<tr><td>测定差/%</td><td colspan="3"></td><td colspan="3">允许差/%</td><td colspan="4"></td></tr>
</table>

计算：

| 检验员 | | 校核人 | | 审核人 | |
|---|---|---|---|---|---|
| 日　期 | | 日　期 | | 日　期 | |

【拓展学习】

# 食品中铅的测定

## 一、石墨炉原子吸收光谱法

### (一)石墨炉原子吸收光谱法原理

试样经灰化或酸消解后,注入原子吸收分光光度计石墨炉中,电热原子化后吸收 283.3 nm 共振线,在一定浓度范围,其吸收值与铅含量成正比,与标准系列比较定量。本方法适用于食品中铅的测定。

### (二)试剂和材料

除非另有规定,本方法所使用试剂均为分析纯,水为 GB/T 6682 规定的一级水。

(1)硝酸:优级纯。

(2)过硫酸铵。

(3)过氧化氢(30%)。

(4)高氯酸:优级纯。

(5)硝酸(1+1):取 50 mL 硝酸慢慢加入 50 mL 水中。

(6)硝酸(0.5 mol/L):取 3.2 mL 硝酸加入 50 mL 水中,稀释至 100 mL。

(7)硝酸(1 mol/L):取 6.4 mL 硝酸加入 50 mL 水中,稀释至 100 mL。

(8)磷酸二氢铵溶液(20 g/L):称取 2.0 g 磷酸二氢铵,以水溶解稀释至 100 mL。

(9)混合酸:硝酸+高氯酸(9+1)。取 9 份硝酸与 1 份高氯酸混合。

(10)铅标准储备液:准确称取 1.000 g 金属铅(99.99%),分次加少量硝酸(1+1),加热溶解,总量不超过 37 mL,移入 1 000 mL 容量瓶,加水至刻度。混匀。此溶液每毫升含 1.0 mg 铅。

(11)铅标准使用液:每次吸取铅标准储备液 1.0 mL 于 100 mL 容量瓶中,加硝酸(0.5 mol/L)至刻度。如此经多次稀释成每毫升含 10.0 ng、20.0 ng、40.0 ng、60.0 ng、80.0 ng 铅的标准使用液。

### (三)仪器和设备

(1)原子吸收光谱仪,附石墨炉及铅空心阴极灯。

(2)马弗炉。

(3)天平:感量为 1 mg。

(4)干燥恒温箱。

(5)瓷坩埚。

(6)压力消解器、压力消解罐或压力溶弹。

(7)可调式电热板、可调式电炉。

**(四)分析步骤**

1.试样预处理

(1)在采样和制备过程中,应注意不使试样污染。

(2)粮食、豆类去杂物后,磨碎,过 20 目筛,储于塑料瓶中,保存备用。

(3)蔬菜、水果、鱼类、肉类及蛋类等水分含量高的鲜样,用食品加工机或匀浆机打成匀浆,储于塑料瓶中,保存备用。

2.试样消解(可根据实验室条件选用以下任何一种方法消解)

(1)压力消解罐消解法 称取 1~2 g 试样(精确到 0.001 g,干样、含脂肪高的试样<1 g,鲜样<2 g 或按压力消解罐使用说明书称取试样)于聚四氟乙烯内罐,加浓硝酸 2~4 mL 浸泡过夜。再加 30%过氧化氢 2~3 mL(总量不能超过罐容积的 1/3)。盖好内盖,旋紧不锈钢外套,放入恒温干燥箱,120~140℃保持 3~4 h,在箱内自然冷却至室温,用滴管将消化液洗入或过滤入(视消化后试样的盐分而定)10~25 mL 容量瓶中,用水少量多次洗涤罐,洗液合并于容量瓶中并定容至刻度,混匀备用;同时作试剂空白。

(2)干法灰化 称取 1~5 g 试样(精确到 0.001 g,根据铅含量而定)于瓷坩埚中,先小火在可调式电热板上炭化至无烟,移入马弗炉(500±25)℃灰化 6~8 h,冷却。若个别试样灰化不彻底,则加 1 mL 硝酸+高氯酸(9+1)的混合酸 在可调式电炉上小火加热,反复多次直到消化完全,放冷,用(0.5 mol/L)硝酸将灰分溶解,用滴管将试样消化液洗入或过滤入(视消化后试样的盐分而定)10~25 mL 容量瓶中,用水少量多次洗涤瓷坩埚,洗液合并于容量瓶中并定容至刻度,混匀备用;同时作试剂空白。

(3)过硫酸铵灰化法 称取 1~5 g 试样(精确到 0.001 g)于瓷坩埚中,加 2~4 mL 浓硝酸浸泡 1 h 以上,先小火炭化,冷却后加 2.00~3.00 g 过硫酸铵盖于上面,继续炭化至不冒烟,转入马弗炉,(500±25)℃恒温 2 h,再升至 800℃,保持 20 min,冷却,加 2~3 mL (1 mol/L)硝酸,用滴管将试样消化液洗入或过滤入(视消化后试样的盐分而定)10~25 mL 容量瓶中,用水少量多次洗涤瓷坩埚,洗液合并于容量瓶中并定容至刻度,混匀备用;同时作试剂空白。

(4)湿式消解法 称取试样 1~5 g(精确到 0.001 g)于锥形瓶或高脚烧杯中,放数粒玻璃珠,加 10 mL 混合酸,加盖浸泡过夜,加一小漏斗于电炉上消解,若变棕黑色，再加混合酸，直至冒白烟，消化液呈无色透明或略带黄色，放冷，用滴管将试样消化液洗入或过滤入(视消化后试样的盐分而定)10～25 mL 容量瓶中，用水少量多次洗涤锥形瓶或高脚烧杯，洗液合并于容量瓶中并定容至刻度，混匀备用；同时作试剂空白。

3.测定

(1)仪器条件　根据各自仪器性能调至最佳状态。参考条件为波长 283.3 nm，狭缝 0.2～1.0 nm，灯电流 5～7 mA，干燥温度 120℃，20 s；灰化温度 450℃，持续 15～20 s，原子化温度 1 700～2 300℃，持续 4～5 s，背景校正为氘灯或塞曼效应。

(2)标准曲线绘制　吸取上面配制的铅标准使用液 10.0 ng/mL(或 μg/L)、20.0 ng/mL(或 μg/L)、40.0 ng/mL(或 μg/L)、60.0 ng/mL(或 μg/L)、80.0 ng/mL(或 μg/L)各 10 μL，注入石墨炉，测得其吸光值并求得吸光值与浓度关系的一元线性回归方程。

(3)试样测定　分别吸取样液和试剂空白液各 10 μL，注入石墨炉，测得其吸光值，代入标准系列的一元线性回归方程中求得样液中铅含量。

(4)基体改进剂的使用　对有干扰试样，则注入适量的基体改进剂 20 g/L 磷酸二氢铵溶液(一般为 5 μL 或与试样同量)消除干扰。绘制铅标准曲线时也要加入与试样测定时等量的基体改进剂磷酸二氢铵溶液。

**(五)分析结果的表述**

试样中铅含量按下式进行计算：

$$X=\frac{(c_1-c_0)\times V\times 1\ 000}{m\times 1\ 000\times 1\ 000}$$

式中：$X$——试样中铅含量，单位为毫克每千克或毫克每升(mg/kg 或 mg/L)；

$c_1$——测定样液中铅含量，单位为纳克每毫升(ng/mL)；

$c_0$——空白液中铅含量，单位为纳克每毫升(ng/mL)；

$V$——试样消化液定量总体积，单位为毫升(mL)；

$m$——试样质量或体积，单位为克或毫升(g 或 mL)。

以重复性条件下获得的两次独立测定结果的算术平均值表示，结果保留两位有效数字。

**(六) 精密度**

在重复性条件下获得的两次独立测定结果的绝对差值不得超过算术平均值的 20%。

## 二、火焰原子吸收光谱法

### (一)火焰原子吸收光谱法原理

试样经处理后，铅离子在一定 pH 条件下与二乙基二硫代氨基甲酸钠(DDTC)形成络合物，经 4-甲基-2-戊酮萃取分离，导入原子吸收光谱仪中，火焰原子化后，吸收 283.3 nm 共振线，其吸收量与铅含量成正比，与标准系列比较定量。本方法适用于食品中铅的测定。

### (二)试剂和材料

(1)混合酸：硝酸-高氯酸(9+1)。

(2)硫酸铵溶液(300 g/L)：称取 30 g 硫酸铵[$(NH_4)_2SO_4$]，用水溶解并稀释至 100 mL。

(3)柠檬酸铵溶液(250 g/L)：称取 25 g 柠檬酸铵，用水溶解并稀释至 100 mL。

(4)溴百里酚蓝水溶液(1 g/L)。

(5)二乙基二硫代氨基甲酸钠(DDTC)溶液(50 g/L)：称取 5 g 二乙基二硫代氨基甲酸钠，用水溶解并加水至 100 mL。

(6)氨水(1+1)。

(7)4-甲基-2-戊酮(MIBK)。

(8)铅标准储备液：准确称取 1.000 g 金属铅(99.99%)，分次加少量硝酸(1+1)，加热溶解，总量不超过 37 mL，移入 1 000 mL 容量瓶，加水至刻度。混匀。此溶液每毫升含 1.0 mg 铅。

(9)铅标准使用液：每次吸取铅标准储备液 1.0 mL 于 100 mL 容量瓶中，加硝酸(0.5 mol/L)至刻度。如此经多次稀释成每毫升含 10.0 ng、20.0 ng、40.0 ng、60.0 ng、80.0 ng 铅的标准使用液。配制铅标准使用液为 10 μg/mL。

(10)盐酸(1+11)：取 10 mL 盐酸加入 110 mL 水中，混匀。

(11)磷酸溶液(1+10)：取 10 mL 磷酸加入 100 mL 水中，混匀。

### (三)仪器和设备

(1)原子吸收光谱仪火焰原子化器。

(2)天平：感量为 1 mg。

(3)马弗炉。

(4)干燥恒温箱。

(5)瓷坩埚。

(6)压力消解器、压力消解罐或压力溶弹。

(7)可调式电热板、可调式电炉。

**(四)分析步骤**

1. 试样处理

(1)饮品及酒类　取均匀试样 10～20 g(精确到 0.01 g)于烧杯中(酒类应先在水浴上蒸去酒精),于电热板上先蒸发至一定体积后,加入混合酸消化完全后,转移、定容于 50 mL 容量瓶中。

(2)包装材料　浸泡液可直接吸取测定。

(3)谷类　去除其中杂物及尘土,必要时除去外壳,碾碎,过 30 目筛,混匀。称取 5～10 g 试样(精确到 0.01 g),置于 50 mL 瓷坩埚中,小火炭化,然后移入马弗炉中,500℃以下灰化 16 h 后,取出坩埚,放冷后再加少量混合酸,小火加热,不使干涸,必要时再加少许混合酸,如此反复处理,直至残渣中无炭粒,待坩埚稍冷,加 10 mL (1+11)盐酸,溶解残渣并移入 50 mL 容量瓶中,再用水反复洗涤坩埚,洗液并入容量瓶中,并稀释至刻度,混匀备用。取与试样相同量的混合酸和盐酸(1+11),按同一操作方法作试剂空白试验。

(4)蔬菜、瓜果及豆类　取可食部分洗净晾干,充分切碎混匀。称取 10～20 g (精确到 0.01 g)。

于瓷坩埚中,加 1 mL 磷酸溶液(1+10),小火炭化,然后移入马弗炉中,500℃以下灰化 16 h 后,取出坩埚,放冷后再加少量混合酸,小火加热,不使干涸,必要时再加少许混合酸,如此反复处理,直至残渣中无炭粒,待坩埚稍冷,加 10 mL (1+11)盐酸,溶解残渣并移入 50 mL 容量瓶中,再用水反复洗涤坩埚,洗液并入容量瓶中,并稀释至刻度,混匀备用。取与试样相同量的混合酸和盐酸(1+11),按同一操作方法作试剂空白试验。

(5)禽、蛋、水产及乳制品　取可食部分充分混匀。称取 5～10 g(精确到 0.01 g)于瓷坩埚中,小火炭化,然后移入马弗炉中,500℃以下灰化 16 h 后,取出坩埚,放冷后再加少量混合酸(10.1),小火加热,不使干涸,必要时再加少许混合酸,如此反复处理,直至残渣中无炭粒,待坩埚稍冷,加 10 mL (1+11)盐酸,溶解残渣并移入 50 mL 容量瓶中,再用水反复洗涤坩埚,洗液并入容量瓶中,并稀释至刻度,混匀备用。取与试样相同量的混合酸和盐酸(1+11),按同一操作方法作试剂空白试验。

2. 萃取分离

视试样情况,吸取 25.0～50.0 mL 上述制备的样液及试剂空白液,分别置于 125 mL 分液漏斗中,补加水至 60 mL。加 2 mL (250 g/L)柠檬酸铵溶液,溴百里酚蓝水溶液 3～5 滴,用氨水调 pH 至溶液由黄变蓝,加硫酸铵溶液 10.0 mL,二乙基二硫代氨基甲酸钠(DDTC)溶液(50 g/L)10 mL,摇匀。放置 5 min 左右,加入 10.0 mL 4-甲基-2-戊酮(MIBK),剧烈振摇提取 1 min,静置分层后,弃去水层,将 MIBK 层放入 10 mL 带塞刻度管中,备用。分别吸取铅标准使用液 0.00 mL、0.25 mL、0.50 mL、1.00 mL、1.50 mL、2.00 mL(相当 0.0 μg、2.5 μg、5.0 μg、10.0 μg、15.0 μg、20.0 μg 铅)于 125 mL 分液漏斗中。与试样相同方法萃取。

3. 测定

(1)饮品、酒类及包装材料浸泡液可经萃取直接进样测定。

(2)萃取液进样,可适当减小乙炔气的流量。

(3)仪器参考条件:空心阴极灯电流 8 mA,共振线 283.3 nm,狭缝 0.4 nm,空气流量 8 L/min,燃烧器高度 6 mm。

**(五)分析结果的表述**

试样中铅含量按下式进行计算:

$$X=\frac{(c_1-c_0)\times V_1\times 1\ 000}{m\times \dfrac{V_3}{V_2}\times 1\ 000}$$

式中:$X$——试样中铅的含量,单位为毫克每千克或毫克每升(mg/kg 或 mg/L);

$c_1$——测定用试样中铅的含量,单位为微克每毫升(μg/mL);

$c_0$——试剂空白液中铅的含量,单位为微克每毫升(μg/mL);

$m$——试样质量或体积,单位为克或毫升(g 或 mL);

$V_1$——试样萃取液体积,单位为毫升(mL);

$V_2$——试样处理液的总体积,单位为毫升(mL);

$V_3$——测定用试样处理液的总体积,单位为毫升(mL)。

以重复性条件下获得的两次独立测定结果的算术平均值表示,结果保留两位有效数字。

**(六)精密度**

在重复性条件下获得的两次独立测定结果的绝对差值不得超过算术平均值的 20%。

## 第三节　原子荧光光谱分析技术

原子荧光光谱法是一种通过测量待测元素的原子蒸汽在辐射能激发下所产生

荧光的发射强度，来测定待测元素含量的一种发射光谱分析方法。

1964 年以后发展起来的分析方法，属发射光谱但所用仪器与原子吸收仪器相近。

特点：①检出限低、灵敏度高，Cd 10～12 g /cm$^3$，Zn 10～11 g /cm$^3$；20 种元素优于 AAS。②谱线简单、干扰小。③线性范围宽（可达 3～5 个数量级）。④易实现多元素同时测定（产生的荧光向各个方向发射）。

缺点：存在荧光猝灭效应、散射光干扰等问题。

## 一、基本原理

将试样溶液通过火焰原子化器或无火焰原子化器时，试样溶液中许多金属元素变为基态原子而成为原子蒸汽。当气态原子受到强特征辐射时，由基态跃迁到激发态，在 8～10 s 后，再由激发态跃迁回到基态，辐射出与吸收光波长相同或不同的荧光。各种元素的原子所发射荧光的波长各不相同（这是各种元素原子的特征），在原子浓度很低时（原子荧光法通常用于微量、痕量分析），所发射的荧光强度和单位体积原子蒸汽中该元素基态数目成正比，如将激发光强度和原子化条件保持一定，则可由荧光强度测出试样溶液中该元素的含量，这是原子荧光定量分析的依据。

特点：①吸收光波后再次发光；②激发光源停止后，荧光立即消失；③发射的荧光强度与照射光的强度有关；④不同元素的荧光波长不同；⑤浓度很低时，荧光强度与蒸气中该元素的密度成正比，定量依据（适用于微量或痕量分析）。

## 二、原子荧光光度计

1. 仪器类型（图 6-2）

单通道：每次分析一个元素；

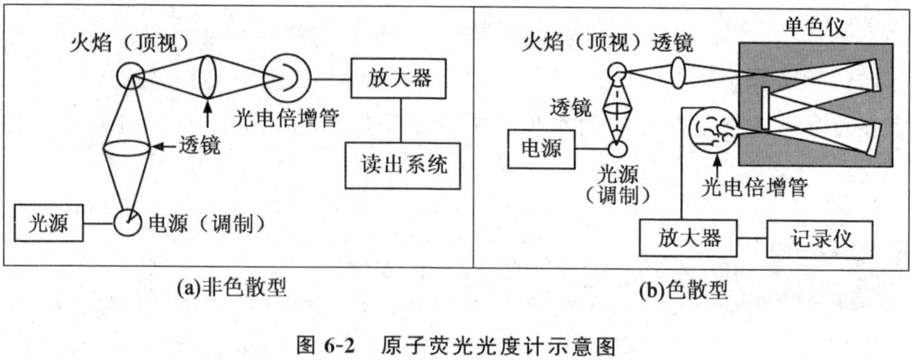


(a)非色散型　　(b)色散型

图 6-2　原子荧光光度计示意图

多通道：每次可分析多个元素；

色散型：带分光系统；

非色散型：采用滤光器分离分析线和邻近线；

特点：光源与检测器成一定角度；多道原子荧光仪，多个空心阴极灯同时照射，可同时分析多个元素（图 6-3）。

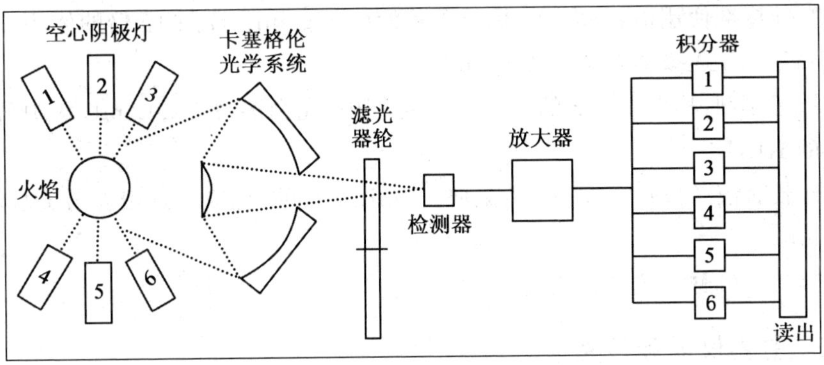


**图 6-3　原子荧光法同时分析多种元素的仪器示意图**

2. 主要部件

光源：高强度空心阴极灯、无极放电灯、可调频激光器。

可调频激光器：高光强、窄谱线。

原子化装置：与原子吸收法相同。

色散系统：光栅、滤光器。

检测系统。

# 实训 6-5　小麦中砷的测定（氢化物原子荧光光谱法）

## 一、检测原理

试样经酸热消化后，在酸性介质中，试样中的砷与硼氢化钠（$NaBH_4$）或硼氢化钾（$KBH_4$）反应生成挥发性砷的氢化物（$PbH_4$）。以氩气为载气，将氢化物导入电热石英原子化器中原子化，在特制砷空心阴极灯照射下，基态砷原子被激发至高能态；在去活化回到基态时，发射出特征波长的荧光，其荧光强度与砷含量成正比，根据标准系列进行定量。

## 二、试剂

(1)砷标准贮备液:准确称取 1.320 g 三氧化二砷,溶解于 25 mL 20%(W/V) KOH 溶液中,用 20%(V/V)硫酸稀释至 1 000 mL 容量瓶中,摇匀。此溶液浓度为 1 mg/mL。

(2)砷标准使用液:移取 As 标准贮备液(1 mg/mL)按照 10 倍的体积关系,用 5%(V/V)HCl 逐级稀释至 0.1 μg/mL。

(3)还原剂:称取 1.0 g 的 KOH,于烧杯中,完全溶解于 200 mL 水中后,加入 4.0 g 的 $KBH_4$。

(4)载流液[5%HCl(V/V)]:量取 50 mL 浓盐酸(优级纯),用去离子水定容至 1 000 mL。

(5)5%(硫脲+抗坏血酸)。

## 三、主要仪器和设备

(1)双道原子荧光光度计或同类仪器。

(2)计算机系统及编码铅空心阴极灯。

## 四、工作程序及操作技术和质量要求

| 工作程序 | 操作技术和质量要求 | 备注 |
|---|---|---|
| 样品前处理 | 将小麦粉碎成均匀试样,称取 3 g 小麦粉于已知恒重的坩埚中,先在电热板上以小火加热使试样充分炭化至无烟,然后置于马弗炉中,在(550±10)℃ 马弗炉中至完全灰化,在干燥器中冷却至室温,加入 5%HCl 10 mL 溶解,定量转移至 50 mL 容量瓶中,再加 5%(硫脲+抗坏血酸)10 mL,用 5%HCl 定容至刻度,摇匀。 | |
| 标准系列的制作 | 取 0.1 μg/mL 的砷标准使用液:0.0 mL,0.5 mL,1.0 mL,2.0 mL,4.0 mL,5.0 mL,于 50 mL 容量瓶中,加入 5%(硫脲+抗坏血酸)10 mL,用 5% HCl 定容至刻度,摇匀,即得标准系列。其浓度含量为含砷 0.0 μg/mL、1.0 μg/L、2.0 μg/L、4.0 μg/L、8.0 μg/L、10.0 μg/L。 | |

续表

| 工作程序 | 操作技术和质量要求 | |
|---|---|---|
| 测定 | 按照仪器工作要求设置常数，设定好仪器的最佳条件，逐步将炉温升至所需温度，稳定 10～20 min 后开始测量，连续用标准系列的零管进样，待读数稳定之后，转入标准系列的测量，绘制标准曲线，转入试样测量，分别测定试样空白和试样消化液，每测不同的试样前都应清洗进样器。先进入空白值测量状态，用试样空白消化液进样，让仪器取其均值作为扣除的空白值。随后即可依次测定试样溶液。 | |
| 结果计算 | 测定完毕后，选择“打印报告”即可将测定结果自动打印。 | |
| 报告 | 根据理化指标，判断测定结果，出具实验检测报告。 | |

**表 6-6　原子荧光分光光度计检测分析原始记录**

<table>
<tr><td colspan="2">样品名称</td><td colspan="2"></td><td>样品编号</td><td colspan="2"></td><td colspan="2">环境温度/℃</td><td></td></tr>
<tr><td colspan="2">执行标准或方法</td><td colspan="2"></td><td>检验项目</td><td colspan="2"></td><td colspan="2">相对湿度/%</td><td></td></tr>
<tr><td colspan="2">仪器名称、型号及编号</td><td colspan="3"></td><td colspan="2">检验结果</td><td colspan="3"></td></tr>
<tr><td colspan="2">波长/nm</td><td colspan="3"></td><td colspan="2">原子化方式</td><td colspan="3">火焰</td></tr>
<tr><td colspan="2">样品处理</td><td colspan="8">1. 直接进样　　2. 干灰化　　3. 湿消化</td></tr>
<tr><td rowspan="3">仪器工作条件</td><td rowspan="2">灯电流/nA</td><td rowspan="2">光电倍增管负高压</td><td rowspan="2">原子化器高度</td><td rowspan="2">1. 峰面积</td><td rowspan="2">还原剂</td><td rowspan="2">载流</td><td colspan="2">进样体积</td><td rowspan="2">原子化温度/℃</td></tr>
<tr><td>10 μL</td><td>20 μL</td></tr>
<tr><td></td><td></td><td></td><td>2. 峰高</td><td></td><td></td><td colspan="2"></td><td></td></tr>
<tr><td colspan="2" rowspan="3">标准曲线浓度及荧光值</td><td colspan="2">编号</td><td>1</td><td>2</td><td>3</td><td>4</td><td>5</td><td>6</td></tr>
<tr><td colspan="2">c/(μg/L 或 mg/L)</td><td></td><td></td><td></td><td></td><td></td><td></td></tr>
<tr><td colspan="2">荧光值</td><td></td><td></td><td></td><td></td><td></td><td></td></tr>
<tr><td colspan="4">称样量/(m/g)或 mL</td><td colspan="6"></td></tr>
<tr><td colspan="4">重复</td><td colspan="2">1</td><td colspan="2">2</td><td colspan="2"></td></tr>
<tr><td colspan="4">定容体积 V<br>(定容分取过程)/mL</td><td colspan="2"></td><td colspan="2"></td><td colspan="2"></td></tr>
</table>

续表 6-6

| | | | |
|---|---|---|---|
| 测定浓度 $c$ /(mg/L)或 μg/L | | | |
| 计算结果 /(mg/kg)或 mg/L | | | |
| 平均值 /(mg/kg)或 mg/L | | | |
| 测定差/% | | 允许差/% | |

计算：

| | | | | | |
|---|---|---|---|---|---|
| 检验员 | | 校核人 | | 审核人 | |
| 日 期 | | 日 期 | | 日 期 | |

【拓展学习】

## 食品中铅的测定(氢化物原子荧光光谱法)

### 一、原理

试样经酸热消化后，在酸性介质中，试样中的铅与硼氢化钠($NaBH_4$)或硼氢化钾($KBH_4$)反应生成挥发性铅的氢化物($PbH_4$)。以氩气为载气，将氢化物导入电热石英原子化器中原子化，在特制铅空心阴极灯照射下，基态铅原子被激发至高能态；在去活化回到基态时，发射出特征波长的荧光，其荧光强度与铅含量成正比，根据标准系列进行定量。

### 二、试剂和材料

(1)硝酸＋高氯酸混合酸(9＋1)：分别量取硝酸 900 mL，高氯酸 100 mL，混匀。

(2)盐酸(1＋1)：量取 250 mL 盐酸倒入 250 mL 水中，混匀。

(3)草酸溶液(10 g/L)：称取 1.0 g 草酸，加入溶解至 100 mL，混匀。

(4)铁氰化钾[$K_3Fe(CN)_6$]溶液(100 g/L)：称取 10.0 g 铁氰化钾，加水溶解并稀释至 100 mL，混匀。

(5)氢氧化钠溶液(2 g/L)：称取 2.0 g 氢氧化钠，溶于 1 L 水中，混匀。

(6)硼氢化钠($NaBH_4$)溶液(10 g/L)：称取 5.0 g 硼氢化钠溶于 500 mL 氢氧

化钠溶液(2 g/L)中,混匀,临用前配制。

(7)铅标准储备液(1.0 mg/mL)。

(8)铅标准使用液(1.0 μg/mL):精确吸取铅标准储备液,逐级稀释至1.0 μg/mL。

## 三、仪器和设备

(1)原子荧光光度计。

(2)铅空心阴极灯。

(3)电热板。

(4)天平:感量为1 mg。

## 四、分析步骤

### (一)试样消化

湿消解:称取固体试样0.2～2 g或液体试样2.00～10.00 g(或mL)(均精确到0.001 g),置于50～100 mL消化容器中(锥形瓶),然后加入硝酸+高氯酸混合酸5～10 mL摇匀浸泡,放置过夜。次日置于电热板上加热消解,至消化液呈淡黄色或无色(如消解过程色泽较深,稍冷补加少量硝酸,继续消解),稍冷加入20 mL水再继续加热赶酸,至消解液0.5～1.0 mL止,冷却后用少量水转入25 mL容量瓶中,并加入(1+1)盐酸0.5 mL,(10 g/L)草酸溶液0.5 mL,摇匀,再加入(100 g/L)铁氰化钾溶液1.00 mL,用水准确稀释定容至25 mL,摇匀,放置30 min后测定。同时做试剂空白。

### (二)标准系列制备

在25 mL容量瓶中,依次准确加入铅标准使用液0.00 mL、0.125 mL、0.25 mL、0.50 mL、0.75 mL、1.00 mL、1.25 mL(各相当于铅浓度0.0 ng/mL、5.0 ng/mL、10.0 ng/mL、20.0 ng/mL、30.0 ng/mL、40.0 ng/mL、50.0 ng/mL),用少量水稀释后,加入0.5 mL(1+1)盐酸和0.5 mL(10 g/L)草酸溶液摇匀,再加入(100 g/L)铁氰化钾溶液1.0 mL,用水稀释至该度,摇匀。放置30 min后待测。

### (三)测定

1.仪器参考条件

负高压:323 V;铅空心阴极灯灯电流:75 mA;原子化器:炉温750～800℃,炉高8 mm;氩气流速:载气800 mL/min;屏蔽气:1 000 mL/min;加还原剂时间:7.0 s;读数时间:15.0 s;延迟时间:0.0 s;测量方式:标准曲线法;读数方式:峰面积;进样体积:2.0 mL。

2.测量方式

设定好仪器的最佳条件,逐步将炉温升至所需温度,稳定 10～20 min 后开始测量:连续用标准系列的零管进样,待读数稳定之后,转入标准系列的测量,绘制标准曲线,转入试样测量,分别测定试样空白和试样消化液。

## 五、分析结果的表述

试样中铅含量按下式进行计算:

$$X=\frac{(c_1-c_0)\times V\times 1\ 000}{m\times 1\ 000\times 1\ 000}$$

试中:$X$——试样中铅含量,单位为毫克每千克或毫克每升(mg/kg 或 mg/L);

$c_1$——试样消化液测定浓度,单位为纳克每毫升(ng/mL);

$c_0$——试剂空白液测定浓度,单位为纳克每毫升(ng/mL);

$V$——试样消化液定量总体积,单位为毫升(mL);

$m$——试样质量或体积,单位为克或毫升(g 或 mL)。

以重复性条件下获得的两次独立测定结果的算术平均值表示,结果保留两位有效数字。

## 六、精密度

在重复性条件下获得的两次独立测定结果的绝对差值不得超过算术平均值的 10%。

# 第四节 气相色谱分析技术

## 一、气相色谱仪基本原理及构造

气相色谱法(简称 GC)是色谱法的一种。色谱法中有两个相,一个相是流动相,另一个相是固定相。气相色谱法是采用惰性气体为流动相(称为载气,常用载气为 $H_2$、He、$N_2$ 等)即载气载着“汽化”的试样,通过色谱柱中的固定相,使试样中各组分分离,并先后从柱中流出。记录图谱后,根据同一载气原有标准图谱来定性或定量的确定各组分物质或含量。

气相色谱仪基本构造：气相色谱仪主要由载气系统、进样系统、分离系统（色谱柱）、检测系统、记录系统、显示器及数据处理机（或兼有组分收集系统）等组成。使用时应按仪器的说明书进行操作。

气相色谱的分析流程：载气→恒温箱预热，分析样品→汽化室汽化→色谱柱分离→检测器检测→记录样品出峰时间和面积→计算结果。

具体分析过程：载气由高压钢瓶经减压阀降压后，经净化干燥管脱氧除水和其他有机杂质，然后经稳压阀、流量计，压力表，进入恒温箱。在恒温箱中先经过一个预热管，将载气预热到恒温箱温度，分析样品进样后在汽化室被汽化后，在流速保持一定的载气的带动下，进入填有固定相的色谱柱。在色谱柱中样品被分离成一个个单一组分（组分在两相之间反复进行分配），并以一定的先后次序从色谱柱中流出，进入检测器，转变成电信号。再经放大后，由记录器把图谱记录下来，根据各物质在图谱上出现的时间来定性，由色谱峰的峰高或峰面积来定量样品中各组分的含量。

## 二、气相色谱仪检测范围

该法主要适用于：样品在－196～450℃温度范围内，可以提供26～1 330 Pa蒸气压，都可以用气相色谱法进行组分分析。检测器不同检测的物质不同，通常有TCD、FID、ECD、FPD几种检测器。可检测的物质有：有机氯农药中的六氯苯、林丹、滴滴伊、滴滴涕、环氧七氯、光六氯、光七氯、氯丹、反氯丹、甲氧DDT等；有机磷农药中的乙酰甲胺磷、磷化铝、速灭磷、久效磷、敌敌畏、甲拌磷、甲基嘧啶、巴胺磷、二嗪磷、甲基对硫磷、克线磷、对硫磷、喹硫磷、乙硫磷、乐果、水胺硫磷、甲喹硫磷等。石油产品中的甲烷、乙烷、乙烯、丙烷、环丙烷、丙烯、乙炔、异丁烷、丙二烯、正丁烷、异丁烷、正戊烷等；香料中的苯甲醛、己酸乙酯、乙酸己酯、苯甲醇、水杨酸甲酯、橙花醇、肉桂醛、香草醛、姜油酮等。

特点是：具有高选择性，高分离效率，高灵敏度，可检测出$10^{-11}$～$10^{-13}$ g样品，方法分析速度快等优点，而且样品用量少，气样仅需1 mL，液体样品仅需1 μL的特点。

## 三、气相色谱仪的使用和维护

（1）打开气源，载气如He：0.7 MPa或$H_2$：0.2～0.3 MPa。

（2）打开计算机电源。

（3）在计算机桌面上打开气相分析快捷键，进入时实分析窗口。在此窗口需要设置载气、尾吹气种类，样品瓶，进样针大小。

(4)仪器参数的设定:先设柱温,再设进样口温度、柱流量及分流比,检测器温度、桥流、尾吹气流量。

(5)等仪器稳定后,依照提示进行检测。

(6)关机时必须等柱温50℃,检测器100℃以后,退出Real Time Analysis窗口,关闭计算机。

(7)关闭气源,载气($He/H_2$)。

(8)关闭GC电源开关。

## 实训6-6 白酒中甲醇和杂醇油测定(气相色谱法)

### 一、原理

利用不同醇类在氢火焰检测器中热裂解,并生成自由基,自由基又与其他分子碎片或原子相互碰撞产生离子,这种化学电离反应速度极快,自由基于离子寿命极短(一般以秒计),离子化率很长,但是电极收集到的这种极微弱的离子流能经放大后记录。根据样品峰高与标准峰高比较定量。

### 二、试剂

(1)甲醇:色谱纯。

(2)正丙醇:色谱纯。

(3)仲丁醇:色谱纯。

(4)异丁醇:色谱纯。

(5)正丁醇:色谱纯。

(6)异戊醇:色谱纯。

(7)乙酸乙酯:色谱纯。

(8)无甲醇、杂醇油乙醇:取0.5 μL进样,无杂峰出现。

(9)标准溶液:标准称取甲醇、正丙醇、仲丁醇、异丁醇、正丁醇、异戊醇各600 mg及乙酸乙酯800 mg,以少量水洗入100 mL容量瓶中,加水吸收至刻度,冰箱保存。

(10)标准使用液:吸取10.0 mL标准溶液于100 mL容量瓶中,加入一定量的无甲醇、杂醇油酒精,加水稀释至刻度,使酒精浓度为60%,贮存于冰箱备用。

## 三、仪器

GC2010气相色谱仪(具有氢火焰离子化检测器);
1 μL微量进样注射器。

## 四、测定方法

色谱条件:汽化室温度190℃,检测器温度180℃,柱温170℃;载气流速($N_2$):40 mL/min;氢气流速($H_2$):40 mL/min;空气流速:450 mL/min;
进样量:0.5 μL。

## 五、定性

以各组分保留时间定性,进标准使用液和样液各0.5 μL,分别测定保留时间,样品与标准样保留时间对照定性。

## 六、定量

进0.5 μL标准使用液,制得色谱图,分别记录各组分峰高。进0.5 μL试样,制得色谱图,分别记录峰高,与标准峰高比较,用峰高归一化计算。

## 七、计算(杂醇油以异丁醇、异戊醇总量计算)

$$c_i=\frac{H_i\times c_s\times V_s}{H_s\times V_i}\times 100$$

式中:$c_i$——样品中某组分含量(g/100 mL);
$c_s$——进样标准中某组分含量(g/100 mL);
$H_i$——样品中某组分峰高;
$H_s$——标准中某组分的峰高;
$V_i$——样品液进样量(μL);
$V_s$——标准样进样量(μL)。
甲醇用相同的公式计算。

# 实训6-7　黄瓜中百菌清残留量的测定(气相色谱法)

百菌清,化学名称为2,4,5,6-四氯间苯二腈,是一种高效非内吸性的广谱杀菌剂，已广泛用于防治黄瓜霜霉病、韭菜灰霉病、番茄疫病、芹菜斑枯病等60多种作物的霜霉病、白粉病、炭疽病、锈病等，兼有预防和治疗效果。

农用杀菌剂是指对病原菌起抑菌或杀菌作用，能防治农作物病害的药剂。虫害较易被人及时发现，而病害是多种多样的，且在病害潜伏期间较易被人忽视。当作物发生严重病害时，不仅造成产量的巨大损失，而且使收获物的质量变坏，种子退化。为了防治各种病害，使用了多种多样的杀菌剂。

杀菌剂按其渗入植物体内和传导到其他部位的性能，分为内吸性杀菌剂和非内吸性杀菌剂。内吸性杀菌剂具有内吸、传导的特点，对侵入作物体内或种子胚乳的病害防治效果较好。但它易诱发抗性菌株，成本较高，对藻菌纲的真菌防治效果不佳。非内吸性杀菌剂不能或极少能被作物吸收或传导，一般对作物有保护作用或兼具疗效。这类杀菌剂不易产生抗性，价格较低廉。

## 一、范围

本方法适用于对百菌清农药的黄瓜的残留量的测定。本方法在黄瓜上的检出限为$0.12\times10^{-11}$ g，检出浓度为0.048 mg/kg。

## 二、测定原理

试样中的百菌清经提取、净化后用具有电子捕获检测器的气相色谱仪测定，与标准比较定量。百菌清含有电负性较强的氯离子，采用电子捕获检测器定量测定，计算出百菌清的含量。

## 三、仪器设备

(1)气相色谱仪：具有电子捕获检测器(ECD)。

(2)旋转蒸发器。

(3)组织捣碎机。

(4)色谱柱：1 cm(内径)×20 cm。

(5)分液漏斗：250 mL。

(6)圆底烧瓶：150 mL。

## 四、试剂与配制

(1)弗罗里硅土(60～80目)。

(2)无水硫酸钠、丙酮、丁酮、环己烷、磷酸即为分析纯。

(3)百菌清标准溶液：精密称取百菌清标准品，用环己烷配成标准贮备液，存放于冰箱中。

(4)百菌清标准使用液：将贮备液：稀释到 0.1 μg/mL，存放在冰箱中备用。

## 五、操作步骤

1. 提取

称取黄瓜 25 g(精确至 0.001 g)匀浆，置于 250 mL 锥形瓶中，加 60 mL 丙酮及 50%磷酸 2 mL，充分振摇 2 min，过滤，用 20 mL 丙酮洗涤锥形瓶 2 次，滤液全部移入 250 mL 分液漏斗中，并加入 20 g/L 硫酸钠溶液 100 mL，摇匀后用环己烷 60 mL 提取 3 次，静置分层后，提取液经无水硫酸钠漏斗干燥，减压浓缩至 5 mL 待净化。

2. 净化

将色谱柱底部放少许脱脂棉，依次装入 2 g 无水硫酸钠、7 g 弗罗里硅土、2 g 无水硫酸钠，敲实并成一平面。然后用 15 mL 环已烷预淋色谱柱，弃去预淋液。将浓缩的试样提取液倒入柱中，用 100 mL 环已烷一丁酮(20＋1)混合液分四次淋洗，收集全部淋洗液，浓缩后定容，进行气相色谱分析。

3. 色谱条件

色谱柱为长 1.5 m，内径 3 mm 玻璃柱，填装涂有 1.5% OV-17＋2.5% OV-210 的 Chrcomosorb WHP(50～100 目)；进样口温度 260℃；色谱柱温度 195℃；检器温度 255℃；载气为高纯氮(99.99%)，流速 30 μL/min；进样量 10 μL。

4. 测定

根据仪器灵敏度将标准使用液 1～10 μL 注入气相色谱仪中，测得不同浓度百菌清标准溶液的峰高，同时取试样溶液 2～5 μL 注入气相色谱仪中，测得的峰高和标准溶液的峰高相比，计算相应的含量。

## 六、测定结果的计算与检验报告的填写

用计算机按专用软件计算各种农药残量，也可按下式分别计算：

$$c_1=(h_1\times c_2\times Q_1\times V)/(h_2\times m\times Q_2)$$

式中：$c_1$——试样中百菌清含量(mg/kg)；

$h_1$——试样溶液峰高(mm)；

$c_2$——标准溶液浓度(μg/mL)；

$Q_1$——标准溶液进样量(μL)；

$V$——试样的浓缩定容体积(mL)；

$h_2$——标准溶液峰高(mm);

$m$——试样称样量(g);

$Q_2$——试样溶液的进样量($\mu$L)。

计算结果保留两位有效数字。

## 七、精密度

在重复性条件下获得的两次独立测定结果的绝对差值不得超过算术平均值的10%。

## 八、色谱图(图6-4)

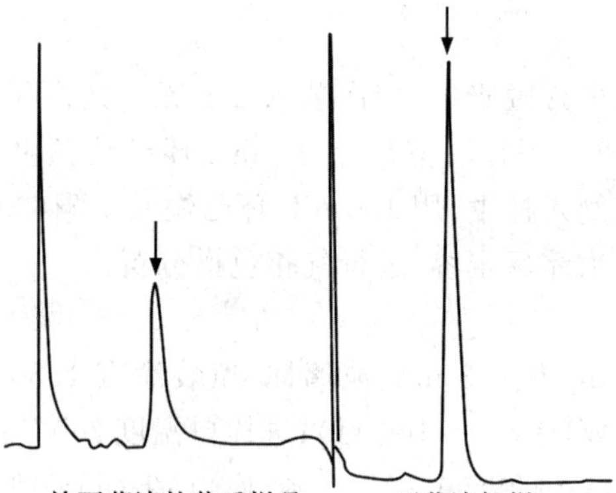

施百菌清的黄瓜样品　　百菌清标样

图6-4 色谱图

表6-7 气相色谱仪检测分析原始记录

<table>
<tr><td colspan="2">样品编号</td><td colspan="2"></td><td colspan="2">仪器型号</td><td colspan="2"></td></tr>
<tr><td colspan="2">样品名称</td><td colspan="2"></td><td colspan="2">仪器编号</td><td colspan="2"></td></tr>
<tr><td colspan="2">检验项目</td><td colspan="2"></td><td colspan="2">环境温度/℃</td><td colspan="2"></td></tr>
<tr><td colspan="2">执行标准或方法</td><td colspan="2"></td><td colspan="2">相对湿度/%</td><td colspan="2"></td></tr>
<tr><td colspan="3">气体流量</td><td colspan="2">加热温度</td><td colspan="2">色谱柱</td><td></td></tr>
<tr><td>载气</td><td>氢气</td><td>空气</td><td>柱箱</td><td>进样器</td><td>检测器</td><td>检测器类型</td><td></td></tr>
<tr><td></td><td></td><td></td><td></td><td></td><td></td><td>定量方法</td><td></td></tr>
</table>

续表 6-7

<table>
<tr><td rowspan="2">标样</td><td>标样纯度 $P$</td><td colspan="2">标样量 $m_0$</td><td colspan="2">标样与内标峰面积比 $A_0$</td></tr>
<tr><td></td><td colspan="2"></td><td colspan="2"></td></tr>
<tr><td rowspan="7">样品</td><td>重复</td><td colspan="2"></td><td colspan="2"></td></tr>
<tr><td>取样量($m$/g)或 mL</td><td colspan="2"></td><td colspan="2"></td></tr>
<tr><td>峰面积 $A$</td><td colspan="2"></td><td colspan="2"></td></tr>
<tr><td>测试结果</td><td colspan="2"></td><td colspan="2"></td></tr>
<tr><td>平均值</td><td colspan="2"></td><td colspan="2"></td></tr>
<tr><td>测定差/%</td><td></td><td colspan="2">允许差/%</td><td></td></tr>
<tr><td colspan="5">计算公式：</td></tr>
<tr><td>备注</td><td colspan="5"></td></tr>
<tr><td>检验员</td><td></td><td>校核人</td><td></td><td>审核人</td><td></td></tr>
<tr><td>日期</td><td></td><td>日期</td><td></td><td>日期</td><td></td></tr>
</table>

## 第五节　高效液相色谱分析技术

### 一、概述

高效液相色谱法是继气相色谱之后，20 世纪 70 年代初期发展起来的一种以液体做流动相的新色谱技术。是在气相色谱和经典色谱的基础上发展起来的。现代液相色谱和经典液相色谱没有本质的区别。不同点仅仅是现代液相色谱比经典液相色谱有较高的效率和实现了自动化操作。经典的液相色谱法，流动相在常压下输送，所用的固定相柱效低，分析周期长。而现代液相色谱法引用了气相色谱的理论，流动相改为高压输送（最高输送压力可达 $4.9\times10^7$ Pa）；色谱柱是以特殊的方法用小粒径的填料填充而成，从而使柱效大大高于经典液相色谱（每米塔板数可达几万或几十万）；同时柱后连有高灵敏度的检测器，对流出物进行连续检测。因此，高效液相色谱具有分析速度快、分离效能高、自动化等特点。所以人们称它为高压、高速、高效或现代液相色谱法。

## 二、液相色谱分离原理及分类

和气相色谱一样，液相色谱分离系统也由两相——固定相和流动相组成。液相色谱的固定相可以是吸附剂、化学键合固定相（或在惰性载体表面涂上一层液膜）、离子交换树脂或多孔性凝胶；流动相是各种溶剂。被分离混合物由流动相液体推动进入色谱柱。根据各组分在固定相及流动相中的吸附能力、分配系数、离子交换作用或分子尺寸大小的差异进行分离。色谱分离的实质是样品分子（以下称溶质）与溶剂（即流动相或洗脱液）以及固定相分子间的作用，作用力的大小，决定色谱过程的保留行为。

根据分离机制不同，液相色谱可分为：液固吸附色谱、液液分配色谱、化合键合色谱、离子交换色谱以及分子排阻色谱等类型。

## 三、液相色谱与气相色谱的比较

液相色谱所用基本概念：保留值、塔板数、塔板高度、分离度、选择性等与气相色谱一致。液相色谱所用基本理论：塔板理论与速率方程也与气相色谱基本一致。但由于在液相色谱中以液体代替气相色谱中的气体作为流动相，而液体和气体的性质不相同；此外，液相色谱所用的仪器设备和操作条件也与气相色谱不同，所以，液相色谱与气相色谱有一定差别，主要有以下几个方面：

（1）应用范围不同。气相色谱仅能分析在操作温度下能汽化而不分解的物质。对高沸点化合物、非挥发性物质、热不稳定化合物、离子型化合物及高聚物的分离、分析较为困难。致使其应用受到一定程度的限制，据统计只有大约20%的有机物能用气相色谱分析；而液相色谱则不受样品挥发度和热稳定性的限制，它非常适合分子量较大、难汽化、不易挥发或对热敏感的物质、离子型化合物及高聚物的分离分析，占有机物的70%～80%。

（2）液相色谱能完成难度较高的分离工作。因为：①气相色谱的流动相载气是色谱惰性的，不参与分配平衡过程，与样品分子无亲和作用，样品分子只与固定相相互作用。而在液相色谱中流动相液体也与固定相争夺样品分子，为提高选择性增加了一个因素。也可选用不同比例的两种或两种以上的液体作流动相，增大分离的选择性。②液相色谱固定相类型多，如离子交换色谱和排阻色谱等，作为分析时选择余地大；而气相色谱并不可能的。③液相色谱通常在室温下操作，较低的温度，一般有利于色谱分离条件的选择。

（3）由于液体的扩散性比气体的小 $10^5$ 倍，因此，溶质在液相中的传质速率慢，柱外效应就显得特别重要；而在气相色谱中，柱外区域扩张可以忽略不计。

(4)液相色谱中制备样品简单,回收样品也比较容易,而且回收是定量的,适合于大量制备。但液相色谱尚缺乏通用的检测器,仪器比较复杂,价格昂贵。在实际应用中,这两种色谱技术是互相补充的。

综上所述,高效液相色谱法具有高柱效、高选择性、分析速度快、灵敏度高、重复性好、应用范围广等优点。该法已成为现代分析技术的重要手段之一,目前在化学、化工、医药、生化、环保、农业等科学领域获得广泛的应用。

## 四、高效液相色谱仪的构成

高效液相色谱仪由高压输液系统、进样系统、分离系统、检测系统、记录系统等五大部分组成。

分析前,选择适当的色谱柱和流动相,开泵,冲洗柱子,待柱子达到平衡而且基线平直后,用微量注射器把样品注入进样口,流动相把试样带入色谱柱进行分离,分离后的组分依次流入检测器的流通池,最后和洗脱液一起排入流出物收集器。当有样品组分流过流通池时,检测器把组分浓度转变成电信号,经过放大,用记录器记录下来就得到色谱图。色谱图是定性、定量和评价柱效高低的依据。

### (一)高压输液系统

高压输液系统由溶剂贮存器、高压泵、梯度洗脱装置和压力表等组成。

1. 溶剂贮存器

溶剂贮存器一般由玻璃、不锈钢或氟塑料制成,容量为 1～2 L,用来贮存足够数量、符合要求的流动相。

2. 高压输液泵

高压输液泵是高效液相色谱仪中关键部件之一,其功能是将溶剂贮存器中的流动相以高压形式连续不断地送入液路系统,使样品在色谱柱中完成分离过程。由于液相色谱仪所用色谱柱径较细,所填固定相粒度很小,因此,对流动相的阻力较大,为了使流动相能较快地流过色谱柱,就需要高压泵注入流动相。对泵的要求:输出压力高、流量范围大、流量恒定、无脉动,流量精度和重复性为 0.5%左右。此外,还应耐腐蚀,密封性好。

高压输液泵,按其性质可分为恒压泵和恒流泵两大类。

恒流泵是能给出恒定流量的泵,其流量与流动相黏度和柱渗透无关。

恒压泵是保持输出压力恒定,而流量随外界阻力变化而变化,如果系统阻力不发生变化,恒压泵就能提供恒定的流量。

3. 梯度洗脱装置

梯度洗脱就是在分离过程中使两种或两种以上不同极性的溶剂按一定程序连

续改变它们之间的比例，从而使流动相的强度、极性、pH 值或离子强度相应地变化，达到提高分离效果，缩短分析时间的目的。

梯度洗脱装置分为两类：一类是外梯度装置（又称低压梯度），流动相在常温常压下混合，用高压泵压至柱系统，仅需一台泵即可；另一类是内梯度装置（又称高压梯度），将两种溶剂分别用泵增压后，按电器部件设置的程序，注入梯度混合室混合，再输至柱系统。

梯度洗脱的实质是通过不断地变化流动相的强度，来调整混合样品中各组分的 $k$ 值，使所有谱带都以最佳平均 $k$ 值通过色谱柱。它在液相色谱中所起的作用相当于气相色谱中的程序升温，所不同的是，在梯度洗脱中溶质 $k$ 值的变化是通过溶质的极性、pH 值和离子强度来实现的，而不是借改变温度（温度程序）来达到。

### （二）进样系统

进样系统包括进样口、注射器和进样阀等，它的作用是把分析试样有效地送入色谱柱上进行分离。

### （三）分离系统

分离系统包括色谱柱、恒温器和连接管等部件。色谱柱一般用内部抛光的不锈钢制成。其内径为 2～6 mm，柱长为 10～50 cm，柱形多为直形，内部充满微粒固定相。柱温一般为室温或接近室温。

### （四）检测器

检测器是液相色谱仪的关键部件之一。对检测器的要求是：灵敏度高，重复性好、线性范围宽、死体积小以及对温度和流量的变化不敏感等。

在液相色谱中，有两种类型的检测器，一类是溶质性检测器，它仅对被分离组分的物理或物理化学特性有响应。属于此类检测器的有紫外、荧光、电化学检测器等。另一类是总体检测器，它对试样和洗脱液总的物理和化学性质响应。属于此类检测器有示差折光检测器等。

## 五、固定相和流动相

### （一）固定相

高效液相色谱固定相以承受高压能力来分类，可分为刚性固体和硬胶两大类。刚性固体以二氧化硅为基质，可承受 $7.0\times10^{8}\sim1.0\times10^{9}$ Pa 的高压，可制成直径、形状、孔隙度不同的颗粒。如果在二氧化硅表面键合各种官能团，可扩大应用范围，它是目前最广泛使用的一种固定相。硬胶主要用于离子交换和尺寸排阻色谱中，它由聚苯乙烯与二乙烯苯基交联而成。可承受压力上限为 $3.5\times10^{8}$ Pa。

固定相按孔隙深度分类，可分为表面多孔型和全多孔型固定相两类。表面多孔型固定相，它的基体是实心玻璃球，在玻璃球外面覆盖一层多孔活性材料，如硅胶、氧化硅、离子交换剂、分子筛、聚酰胺等。这类固定相的多孔层厚度小、孔浅，相对死体积小，出峰迅速、柱效亦高；颗粒较大，渗透性好，装柱容易，梯度淋洗时能迅速达到平衡，较适合做常规分析。由于多孔层厚度薄，最大允许量受到限制。全多孔型固定相由直径为 10 nm 的硅胶微粒凝聚而成。这类固定相由于颗粒很细（5～10 μm），孔仍然较浅，传质速率快，易实现高效、高速。特别适合复杂混合物分离及痕量分析。

**(二)流动相**

由于高效液相色谱中流动相是液体，它对组分有亲和力，并参与固定相对组分的竞争，因此，正确选择流动相直接影响组分的分离度。对流动相溶剂的要求是：①溶剂对于待测样品，必须具有合适的极性和良好的选择性。②溶剂与检测器匹配。对于紫外吸收检测器，应注意选用检测器波长比溶剂的紫外截止波长要长。所谓溶剂的紫外截止波长指当小于截止波长的辐射通过溶剂时，溶剂对此辐射产生强烈吸收，此时溶剂被看作是光学不透明的，它严重干扰组分的吸收测量。对于折光率检测器，要求选择与组分折光率有较大差别的溶剂作流动相，以达到最高灵敏度。③高纯度由于高效液相色谱灵敏度高，对流动相溶剂的纯度也要求高。不纯的溶剂会引起基线不稳，或产生“伪峰”。④化学稳定性好。⑤低黏度（黏度适中）。若使用高黏度溶剂，势必增高压力，不利于分离。常用的低黏度溶剂有丙酮、甲醇和乙腈等；但黏度过低的溶剂也不宜采用，例如戊烷和乙醚等，它们容易在色谱柱或检测器内形成气泡，影响分离液固色谱的固定相是固体吸附剂。吸附剂是一些多孔的固体颗粒物质，位于其表面的原子、离子或分子的性质是多少不同于在内部的原子、离子或分子的性质的。表层的键因缺乏覆盖层结构而受到扰动。因此，表层一般处于较高的能级，存在一些分散的具有表面活性的吸附中心。因此，液固色谱法是根据各组分在固定相上的吸附能力的差异进行分离，故也称为液固吸附色谱。

吸附剂吸附试样的能力，主要取决于吸附剂的比表面积和理化性质，试样的组成和结构以及洗脱液的性质等。组分与吸附剂的性质相似时，易被吸附，呈现高的保留值；当组分分子结构与吸附剂表面活性中心的刚性几何结构相适应时，易于吸附。从而使吸附色谱成为分离几何异构体的有效手段；不同的官能团具有不同的吸附能，因此，吸附色谱可按族分离化合物。吸附色谱对同系物没有选择性（即对分子量的选择性小），不能用该法分离分子量不同的化合物。

## 六、色谱法的分类

### (一)液固色谱法

液固色谱法的固定相采用的固体吸附剂按其性质可分为极性和非极性两种类型。极性吸附剂包括硅胶、氧化铝、氧化镁、硅酸镁、分子筛及聚酰胺等。非极性吸附剂最常见的是活性炭。极性吸附剂可进一步分为酸性吸附剂和碱性吸附剂。酸性吸附剂包括硅胶和硅酸镁等,碱性吸附剂有氧化铝、氧化镁和聚酰胺等。酸性吸附剂适于分离碱,如脂肪胺和芳香胺。碱性吸附剂则适于分离酸性溶质,如酚、羧和吡咯衍生物等。各种吸附剂中,最常用的吸附剂是硅胶,其次是氧化铝。在现代液相色谱中,硅胶不仅作为液固吸附色谱固定相,还可作为液液分配色谱的载体和键合相色谱填料的基体。

液固吸附色谱流动相必须符合下列要求:①能溶解样品,但不能与样品发生反应。②与固定相不互溶,也不发生不可逆反应。③黏度要尽可能小,这样才能有较高的渗透性和柱效。④应与所用检测器相匹配。例如利用紫外检测器时,溶剂要不吸收紫外光。⑤容易精制、纯化、毒性小,不易着火、价格尽量便宜等。在液固色谱中,选择流动相的基本原则是:极性大的试样用极性较强的流动相,极性小的则用低极性流动相。为了获得合适的溶剂极性,常采用两种、三种或更多种不同极性的溶剂混合起来使用,如果样品组分的分配比 $k$ 值范围很广则使用梯度洗脱。

### (二)液液色谱法

液液色谱法又称液液分配色谱。在液液色谱中,一个液相作为流动相,而另一个液相则涂渍在很细惰性载体或硅胶上作为固定相。流动相与固定相应互不相溶,两者之间应有一明显的分界面。分配色谱过程与两种互不相溶的液体在一个分液漏斗中进行的溶剂萃取相类似。以气液分配色谱法一样,这种分配平衡的总结果导致各组分的差速迁移,从而实现分离。分配系数($K$)或分配比($k$)小的组分,保留值小,先流出柱。然而与气相色谱法不同的是,流动相的种类对分配系数有较大的影响。

液液色谱的固定相由载体和固定液组成。常用的载体有下列几类:①表面多孔型载体(薄壳型微珠载体),由直径为 30～40 $\mu$m 的实心玻璃球和厚度为 1～2 $\mu$m 的多孔性外层所组成。②全多孔型载体,由硅胶、硅藻土等材料制成,直径 30～50 $\mu$m 的多孔型颗粒。③全多孔型微粒载体,由纳米级的硅胶微粒堆积而成,又称堆积硅珠。这种载体粒度为 5～10 $\mu$m。由于颗粒小,所以柱效高,是目前使用最广泛的一种载体。

由于液相色谱中，流动相参与选择作用，流动相极性的微小变化，都会使组分的保留值出现较大的差异。因此，液相色谱中，只需几种不同极性的固定液即可。如 $\beta,\beta'$-氧二丙腈（ODPN）、聚乙二醇（PEG）、十八烷（ODS）和角鲨烷固定液等。

液液色谱的流动相，除一般要求外，还要求流动相对固定相的溶解度尽可能小，因此固定液和流动相的性质往往处于两个极端，例如当选择固定液是极性物质时，所选用的流动相通常是极性很小的溶剂或非极性溶剂。以极性物质作为固定相，非极性溶剂作流动相的液液色谱，称为正相分配色谱，适合于分离极性化合物；反之，如选用非极性物质为固定相，而极性溶剂为流动相的液液色谱称为反相分配色谱，这种色谱方法适合于分离芳烃、稠环芳烃及烷烃等化合物。离子交换色谱以离子交换树脂为固定相，树脂上具有固定离子基团及可交换的离子基团。当流动相带着组分电离生成的离子通过固定相时，组分离子与树脂上可交换的离子基团进行可逆交换，根据组分离子对树脂亲和力不同而得到分离。

**（三）离子交换色谱法**

离子交换色谱常用的固定相为离子交换树脂。目前常用的离子交换树脂分为3种形式：一是常见的纯离子交换树脂；第二种是玻璃珠等硬芯子表面涂一层树脂薄层构成的表面层离子交换树脂；第三种为大孔径网络型树脂。

典型的离子交换树脂是由苯乙烯和二乙烯苯交联共聚而成。其中，二乙烯苯起到交联和加牢整个结构的作用，其含量决定了树脂交联度的大小。交联度一般控制在4%～16%范围内，高度交联的树脂较硬而且脆，但选择性较好。在基体网状结构上引入各种不同酸碱基团作为可交换的离子基团。按结合的基团不同，离子交换树脂可分为阳离子交换树脂和阴离子交换树脂。阳离子交换树脂上具有与阳离子交换的基团。阳离子交换树脂又可分为强酸性和弱酸性树脂。强酸性阳离子交换树脂所带的基团为—$SO_3^-H^+$，其中—$SO_3^-$ 和有机聚合物牢固结合形成固定部分，$H^+$是可流动的能为其他阳离子所交换的离子，阴离子交换树脂具有与样品中阴离子交换的基团。阴离子交换树脂也可分为强碱性和弱碱性树脂。

离子交换树脂的流动相最常使用水缓冲溶液，有时也使用有机溶剂如甲醇或乙醇同水缓冲溶液混合使用，以提高特殊的选择性，并改善样品的溶解度。

**（四）排阻色谱法**

排阻色谱法也称空间排阻色谱或凝胶渗透色谱法，是一种根据试样分子的尺寸进行分离的色谱技术。排阻色谱的色谱柱的填料是凝胶，它是一种表面惰性，含有许多不同尺寸的孔穴或立体网状物质。凝胶的孔穴仅允许直径小于孔开度的组分分子进入，这些孔对于流动相分子来说是相当大的，以致流动相分子可以自由地扩散出入。对不同大小的组分分子，可分别渗入到凝胶孔内的不同深度，大个的组分分子可以渗入到凝胶的大孔内，但进不了小孔甚至于完全被排斥。小个的组分分子，大孔小孔都可以渗入，甚至进入很深，一时不易洗脱出来。因此，大的组分分子在色谱柱中停留时间较短，很快被洗脱出来，它的洗脱体积很小，小的组分分子在色谱柱中停留时间较长，洗脱体积较大，直到所有孔内的最小分子到达柱出口，完成按分子大小而分离的洗脱过程。尺寸排阻色谱被广泛应用于大分子的分级，即用来分析大分子物质相对分子质量的分布。

排阻色谱的固定相一般可分为软性、半刚性和刚性凝胶3类。所谓凝胶，指含有大量液体（一般是水）的柔软而富有弹性的物质，它是一种经过交联而具有立体网状结构的多聚体。①软性凝胶：如葡聚糖凝胶、琼脂糖凝胶都具有较小的交联结构，其微孔能吸入大量的溶剂，并能溶涨到它干体的许多倍。它们适用于水溶性作流动相，一般用于小分子质量物质的分析，不适宜在高效液相色谱中。②半刚性凝胶：如高交联度的聚苯乙烯。常以有机溶剂作流动相。③刚性凝胶：如多孔硅胶、多孔玻璃等，它们既可用水溶性溶剂，又可用有机溶剂作流动相，可在较高压强和较高流速下操作。

# 实训 6-8　原料乳中三聚氰胺的测定（高效液相色谱法）

## 一、范围

本方法规定了原料乳、乳制品以及含乳制品中三聚氰胺测定方法，即高效液相色谱法（HPLC）。

本方法适用于原料乳、乳制品以及含乳制品中三聚氰胺的定量测定。

本方法高效液相色谱法的定量限为 2 mg/kg。

## 二、高效液相色谱法（HPLC）原理

试样用三氯乙酸溶液-乙腈提取，经阳离子交换固相萃取柱净化后，用高效液相色谱测定，外标法定量。

## 三、试剂与材料

除非另有说明，所有试剂均为分析纯，水为GB/T 6682规定的一级水。

(1)甲醇：色谱纯。

(2)乙腈:色谱纯。

(3)氨水:含量为25%～28%。

(4)三氯乙酸。

(5)柠檬酸。

(6)辛烷磺酸钠:色谱纯。

(7)甲醇水溶液:准确量取50 mL甲醇和50 mL水,混匀后备用。

(8)三氯乙酸溶液(1%):准确称取10 g三氯乙酸于1 L容量瓶中,用水溶解并定容至刻度,混匀后备用。

(9)氨化甲醇溶液(5%):准确量取5 mL氨水和95 mL甲醇,混匀后备用。

(10)离子对试剂缓冲液:准确称取2.10 g柠檬酸和2.16 g辛烷磺酸钠,加入约980 mL水溶解,调节pH至3.0后,定容至1 L备用。

(11)三聚氰胺标准品:CAS 108-78-01,纯度大于99.0%。

(12)三聚氰胺标准储备液:准确称取100 mg(精确到0.1 mg)三聚氰胺标准品于100 mL容量瓶中,用甲醇水溶液溶解并定容至刻度,配制成浓度为1 mg/mL的标准储备液,于4℃避光保存。

(13)阳离子交换固相萃取柱:混合型阳离子交换固相萃取柱,基质为苯磺酸化的聚苯乙烯-二乙烯基苯高聚物,60 mg,3 mL,或相当者。使用前依次用3 mL甲醇、5 mL水活化。

(14)定性滤纸。

(15)海沙:化学纯,粒度0.65～0.85 mm,二氧化硅($SiO_2$)含量为99%。

(16)微孔滤膜:0.2 μm,有机相。

(17)氮气:纯度≥99.999%。

## 四、仪器和设备

(1)高效液相色谱(HPLC)仪:配有紫外检测器或二极管阵列检测器。

(2)分析天平:感量为0.000 1 g和0.01 g。

(3)离心机:转速不低于4 000 r/min。

(4)超声波水浴。

(5)固相萃取装置。

(6)氮气吹干仪。

(7)涡旋混合器。

(8)具塞塑料离心管:50 mL。

(9)研钵。

## 五、样品处理

1. 提取

液态奶、奶粉、酸奶、冰淇淋和奶糖等称取 2 g(精确至 0.01 g)试样于 50 mL 具塞塑料离心管中,加入 15 mL 三氯乙酸溶液和 5 mL 乙腈,超声提取 10 min,再振荡提取 10 min 后,以不低于 4 000 r/min 离心 10 min。上清液经三氯乙酸溶液润湿的滤纸过滤后,用三氯乙酸溶液定容至 25 mL,移取 5 mL 滤液,加入 5 mL 水混匀后做待净化液。

2. 净化

将上述待净化液转移至固相萃取柱中。依次用 3 mL 水和 3 mL 甲醇洗涤,抽至近干后,用 6 mL 氨化甲醇溶液洗脱。整个固相萃取过程流速不超过 1 mL/min。洗脱液于 50℃下用氮气吹干,残留物(相当于 0.4 g 样品)用 1 mL 流动相定容,涡旋混合 1 min,过微孔滤膜后,供 HPLC 测定。

## 六、高效液相色谱测定

1. HPLC 参考条件

(1)色谱柱:C8 柱,250 mm×4.6 mm×5 μm,或相当者;C18 柱,250 mm×4.6 mm×5 μm,或相当者。

(2)流动相:C8 柱,离子对试剂缓冲液-乙腈(85+15,体积比),混匀;C18 柱,离子对试剂缓冲液-乙腈(90+10,体积比),混匀。

(3)流速:1.0 mL/min。

(4)柱温:40℃。

(5)波长:240 nm。

(6)进样量:20 μL。

2. 标准曲线的绘制

用流动相将三聚氰胺标准储备液逐级稀释得到的浓度为 0.8、2、20、40、80 μg/mL 的标准工作液,

浓度由低到高进样检测,以峰面积-浓度作图,得到标准曲线回归方程。基质匹配加标三聚氰胺的样品 HPLC 色谱图见图 6-5。

3. 定量测定

待测样液中三聚氰胺的响应值应在标准曲线线性范围内,超过线性范围则应稀释后再进样分析。

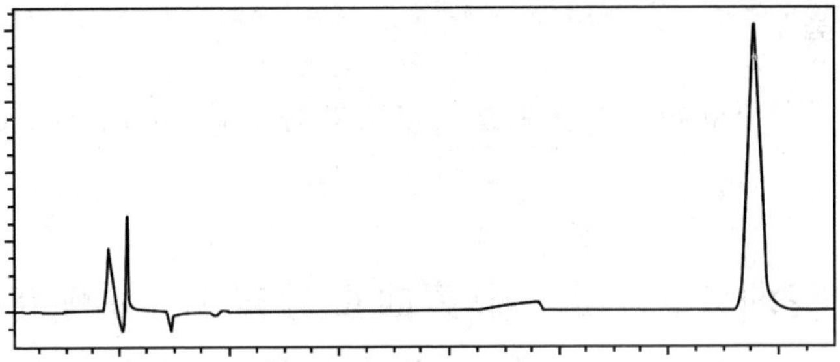

**图 6-5　基质匹配加标三聚氰胺的样品 HPLC 色谱图**

（检测波长 240 nm，保留时间 13.6 min，$C_8$ 色谱柱）

4. 结果计算

试样中三聚氰胺的含量由色谱数据处理软件或按下式计算获得：

$$X=\frac{A\times c\times V\times 1\ 000}{A_s\times m\times 1\ 000}\times f$$

式中：$X$——试样中三聚氰胺的含量，单位为毫克每千克(mg/kg)；

$A$——样液中三聚氰胺的峰面积；

$c$——标准溶液中三聚氰胺的浓度，单位为微克每毫升(μg/mL)；

$V$——样液最终定容体积，单位为毫升(mL)；

$A_s$——标准溶液中三聚氰胺的峰面积；

$m$——试样的质量，单位为克(g)；

$f$——稀释倍数。

## 七、空白实验

除不称取样品外，均按上述测定条件和步骤进行。

## 八、方法定量限

本方法的定量限为 2 mg/kg。

## 九、回收率

在添加浓度 2～10 mg/kg 浓度范围内，回收率在 80%～110%之间，相对标准偏差小于 10%。

## 十、允许差

在重复性条件下获得的两次独立测定结果的绝对差值不得超过算术平均值的10%。

# 实训6-9 玉米中黄曲霉毒素$B_1$的测定（免疫亲和净化高效液相色谱法）

## 一、范围

本检测方法参考GB/T 18979—2003食品中黄曲霉毒素的测定免疫亲和层析净化高效液相色谱法。适用于玉米、花生及其制品（花生酱、花生仁、花生米）大米、小麦、植物油脂、酱油、食醋等食品中黄曲霉毒素的测定。

样品中黄曲霉毒素$B_1$的检出限为1 μg/kg。

## 二、原理

试样经过甲醇-水提取，提取液经过滤、稀释后，滤液经过含有黄曲霉毒素特异抗体的免疫亲和层析净化，此抗体对黄曲霉毒素$B_1$、$B_2$、$G_1$、$G_2$具有专一性，黄曲霉毒素交联在层析介质中的抗体上。用水或吐温-20/PBS将免疫亲和柱上杂质除去，以甲醇通过免疫亲和层析柱洗脱，洗脱液通过带荧光检测器的高效液相色谱仪柱后碘溶液衍生测定黄曲霉毒素$B_1$的含量。

## 三、工作中需要的主要仪器和设备

实验室常规仪器、设备及下列各项。

(1)高速均质器：18 000～22 000 r/min。

(2)黄曲霉毒素免疫亲和柱。

(3)玻璃纤维滤纸：直径11 cm，孔径1.5 μm。

(4)玻璃注射器：10 mL，20 mL。

(5)玻璃试管：直径12 mm，长75 mm，无荧光特性。

(6)高效液相色谱仪：具有360 nm激发波长和大于420 nm发射波长的荧光检测器。

(7)空气压力泵。

(8)微量注射器:100 μL。

(9)色谱柱:$C_{18}$柱(柱长 150 mm,内径 4.6 mm,填料直径 5 μm)。

## 四、试剂的准备

除非另有规定,仅使用分析纯试剂、重蒸馏水。

(1)甲醇($CH_2OH$):色谱纯。

(2)甲醇-水(7+3):取 70 mL 甲醇加 30 mL 水。

(3)甲醇-水(8+2):取 80 mL 甲醇加 20 mL 水。

(4)甲醇-水(45+55):取 45 mL 甲醇加 55 mL 水。

(5)苯:色谱纯。

(6)乙腈:色谱纯。

(7)苯-乙腈(98+2):取 2 mL 乙腈加 98 mL 苯。

(8)氯化钠(NaCl)。

(9)磷酸氢二钠($Na_2HP_4$)。

(10)磷酸二氢钾($KH_2PO_4$)。

(11)氯化钾(KCl)。

(12)PBS 缓冲溶液:称取 8.0 g 氯化钠,1.2 g 磷酸氢二钠,0.2 g 磷酸二氢钾,0.2 g 氯化钾,用 990 mL 纯水溶解,然后用浓盐酸调节 pH 值至 7.0,最后用纯水稀释至 1 000 mL。

(13)吐温-20/PBS 溶液(0.100):取 1 mL 吐温-20,加入 PBS 缓冲溶液并定容至 1 000 mL。

(14)pH 7.0 磷酸盐缓冲溶液:取 25.0 mL 0.2 mol/L 的磷酸二氢钾溶液与 29.1 mL 0.1 mol/L 的氢氧化钠溶液混匀后,稀释到 100 mL。

(15)黄曲霉毒素标准品(黄曲霉毒素 $B_1$、$B_2$、$G_1$、$G_2$):纯度≥99%。

(16)黄曲霉毒素标准储备溶液:用苯-乙腈(98+2)溶液分别配制 0.100 mg/mL 的黄曲霉毒素 $B_1$、$B_2$、$G_1$、$G_2$ 标准储备液,保存于 4℃备用。

(17)黄曲霉毒素混合标准工作液:准确移取适量的黄曲霉毒素 $B_1$、$B_2$、$G_1$、$G_2$ 标准储备液,用苯-乙腈(98+2)溶液稀释成混合标准工作液。

(18)柱后衍生溶液(0.05%碘溶液):称取 0.1 g 碘,溶解于 20 mL 甲醇后,加纯水定容至 200 mL,以 0.45 μm 的尼龙滤膜过滤,4℃避光保存。

## 五、分析步骤

| 检测流程 | 操作步骤和要求 | 备注 |
| --- | --- | --- |
| 1. 提取 | 准确称取经过磨细（粒度小于 2 mm）的玉米试样 25.0 g 于 250 mL 具塞锥形瓶中，加入 5.0 g 氯化钠及甲醇-水（7＋3）至 125.0 mL($V_1$)，以均质器高速搅拌提取 2 min。定量滤纸过滤，准确移取 15.0 mL($V_2$)滤液并加入 30.0 mL($V_3$)水稀释，用玻璃纤维滤纸过滤 1～2 次，至滤液澄清，备用。 | 同时做空白试验：用水代替试样，按“1～3 ”步骤做空白试验。黄曲霉毒素 $B_1$ 的空白含量值用 $c_0$ 表示。 |
| 2. 净化 | 将免疫亲和柱连接于 20.0 mL 玻璃注射器下。准确移取 15.0 mL ($V_4$)样品提取液注入玻璃注射器中，将空气压力泵与玻璃注射器连接，调节压力使溶液以约 6 mL/min 流速缓慢通过免疫亲和柱，直至 2～3 mL 空气通过柱体。以 10 mL 水淋洗柱子两次，弃去全部流出液，并使 2～3 mL 空气通过柱体。准确加入 1.0 mL(V)色谱级甲醇洗脱，流速为 1～2 mL/min，收集全部洗脱液于玻璃试管中，供检测用。 | |
| 3. 测定 | (1)高效液相色谱条件<br>流动相：甲醇-水(45＋55)<br>流速：8 mL/min<br>柱后衍生化系统<br>衍生溶液：0.05％碘溶液<br>衍生溶液流速：0.2 mL/min<br>反应管温度：70℃<br>反应时间：1 min<br>(2)定量<br>①黄曲霉毒素标准溶液高效液相色谱图<br>用进样器吸取 100pL 黄曲霉毒素混合标准工作液注入高效液相色谱仪，在上述色谱条件下测定标准溶液的响应值（峰高或峰面积），得到黄曲霉毒素 $B_1$、$B_2$、$G_1$、$G_2$ 标准溶液高效液相色谱图。参考谱图见图 6-6。<br>②试样溶液的测定<br>取样品洗脱液 1.0 mL 加入重蒸馏水定容至 2.0 mL，用进样器吸取 100 pL 注入高效液相色谱仪，在上述色谱条件下测定试样的响应值（峰高或峰面积）。经过与黄曲霉毒素标准溶液谱图比较响应值得到试样中黄曲霉毒素 $B_1$ 的浓度 $c$。 | |

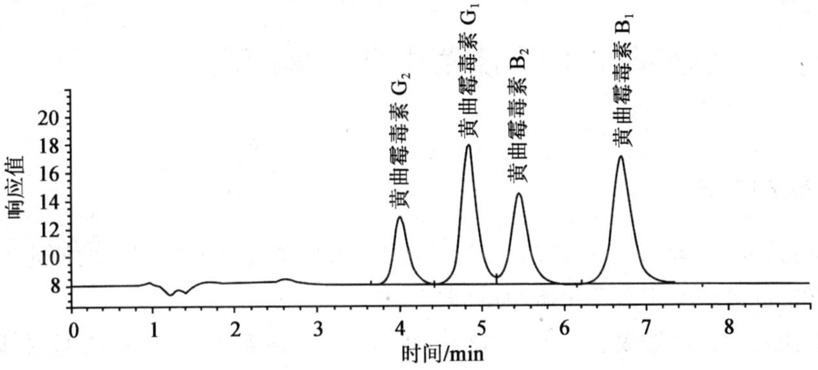


图 6-6　黄曲霉毒素 $B_1$、$B_2$、$G_1$、$G_2$ 的标准谱图

## 六、结果计算

样品中黄曲霉毒素 $B_1$ 的含量($X_1$)以微克每千克表示，按下式计算：

$$X=\frac{(c_1-c_0)\times V}{W}$$

其中：

$$W=\frac{m}{V_1}\times\frac{V_2}{(V_2+V_3)}\times V_4$$

式中：$X_1$——样品中黄曲霉毒素 $B_1$ 的含量，单位为微克每千克(μg/kg)；

$c_1$——试样中黄曲霉毒素 $B_1$ 的含量，单位为微克每升(μg/L)；

$c_0$——空白试验黄曲霉毒素 $B_1$ 的含量，单位为微克每升(μg/L)；

$V$——最终甲醇洗脱液体积，单位为毫升(mL)；

$W$——最终净化洗脱液所含的试样质量，单位为克(g)；

$m$——试样称取的质量的数值，单位为克(g)；

$V_1$——样品提取液总体积，单位为毫升(mL)；

$V_2$——稀释用样品滤液体积，单位为毫升(mL)；

$V_3$——稀释液体积，单位为毫升(mL)；

$V_4$——通过亲和柱的样品提取液体积，单位为毫升(mL)；

计算结果表示到小数点后 2 位。

# 实训 6-10 蔬菜中吡虫啉的测定

## 一、检测方法

本检测方法参考 NY/T 1275—2007《蔬菜、水果中吡虫啉残留量的测定》。采用高效液相色谱法测定蔬菜中吡虫啉残留量。

本方法适用于蔬菜、水果中吡虫啉残留量的测定。本方法检出限为 0.01 mg/kg。

## 二、原理

样品中吡虫啉用甲醇提取，提取液经氯化钠水溶液盐析，C18 固相萃取（SPE）小柱净化，高效液相色谱仪紫外检测器（UV）检测，根据保留时间定性，外标法定量。

## 三、试剂

除非另有说明，在分析中仅使用确认的分析纯试剂和 GB/T 6682 中规定的至少二级的水。

（1）甲醇。

（2）甲醇：色谱纯。

（3）二氯甲烷。

（4）乙腈。

（5）石油醚：沸程 60～94℃。

（6）乙酸乙酯。

（7）盐酸溶液[6 mol/L]：用浓盐酸对水稀释而成。

（8）氯化钠水溶液[5%]：称取 5 g 氯化钠，加 100 mL 水溶解。

（9）吡虫啉标准溶液：100 mg/ L。

（10）标准工作液：使用时用甲醇稀释成质量浓度 0.05～1.0 mg/L。

（11）无水硫酸钠，200℃灼烧 2 h，冷却后置于干燥器中备用。

## 四、仪器设备

(1)高效液相色谱仪带紫外检测器。

(2)组织捣碎机。

(3)高速匀浆机:1 000～10 000 r/min。

(4)旋转蒸发器。

(5)C18 固相萃取(SPE)小柱(500 mg,6 mL)。

## 五、分析步骤

1.试样制备

蔬菜、水果样品取可食部分切碎、混匀,组织捣碎机捣碎制成匀浆,放入低温冰箱(－16～－20℃)内贮藏备用。

2.试样中吡虫啉的提取

称取 20 g 试样,精确到 0.01 g,放入 250 mL 平底锥形瓶,用 100 mL 甲醇浸泡 30 min 后在高速匀浆机匀浆提取,提取时间为 2～3 min,用布氏漏斗抽滤,滤液倒入 500 mL 分液漏斗,残渣倒回平底锥形瓶,再加 80 mL 甲醇,继续在高速匀浆机匀浆提取 1～2min,用以上布氏漏斗过滤,滤液并入分液漏斗,加入 100 mL 氯化钠水溶液、50 mL 石油醚振摇,静止分层,下层水相放入另一分液漏斗,石油醚液用 50 mL 氯化钠水溶液,反萃取一次,弃去石油醚,合并水溶液。在水溶液中加入 0.5 mL 盐酸溶液,摇匀,再分别加入 40 mL,20 mL 和 20 mL 二氯甲烷分三次萃取,二氯甲烷液用无水硫酸钠脱水,过滤到 250 rnL 平底烧瓶中。滤液在 40℃下减压浓缩至 1～2 mL,再用氮气吹干。

3.提取液的净化

取 C18 固相萃取(SPE)小柱,用 10 mL 甲醇预淋,用吸耳球排出柱中溶剂,用 10 mL 去离子水淋洗,再用吸耳球排出柱中水分。上述浓缩试样用 10 mL 石油醚＋乙酸乙酯(8.5＋1.5)分 3 次移入小柱,弃去淋洗液。再用石油醚＋乙酸乙酯(3＋7)淋洗,收集 10 mL,50℃下减压浓缩至 1～2 mL 用氮气吹干,再用甲醇定容 10 mL,待测。

4.测定

(1)液相色谱条件

①色谱柱:C18 不锈钢柱,ODS 4.6 mm ×250 mm ×5 μm。

②流动相:乙腈＋水(40＋60),流速 1.0 mL/min。

③吸收波长:270 nm。

④柱温:在 20～40℃范围内保持柱温恒定。

(2)液相色谱测定　分别吸取 20 μL 标准溶液和试料溶液,注入液相色谱仪,以保留时间定性,根据试样峰面积,确定吡虫啉相近的标准工作液质量浓度,使响应值在仪器的检测线性范围内,用外标法定量。

(3)空白试验　除不加试料外,均按上述步骤进行。

## 六、结果计算

试料中吡虫啉含量用质量分数 ω 计,单位以毫克每千克(mg/kg)表示,按下式计算:

$$\omega=\frac{A_1\times V_1\times V_3\times \rho}{A_2\times V_2\times V_4\times m}$$

式中:$\omega$——蔬菜、水果中吡虫啉(质量分数计)含量,单位为毫克每千克(mg/kg);

$\rho$——标准溶液中吡虫啉质量浓度,单位为毫克每升(mg/L);

$A_1$——试样中组分的峰面积或峰高,积分单位;

$A_2$——标准样中组分的峰面积或峰高,积分单位;

$V_1$——试样中提取的总体积,单位为毫升(mL);

$V_2$——净化用提取液的总体积,单位为毫升(mL);

$V_3$——浓缩后甲醇定容体积,单位为毫升(mL);

$V_4$——进样体积,单位为毫升(mL);

$m$——试样的质量,单位为克(g)。

计算结果保留两位有效数字,含量超过(10 mg/kg)时保留 3 位有效数字。

## 七、精密度

在重复性条件下获得的两次独立测定结果的绝对差值不应超过算术平均值的 10%。

## 八、色谱图

标准溶液色谱图见图 6-7。

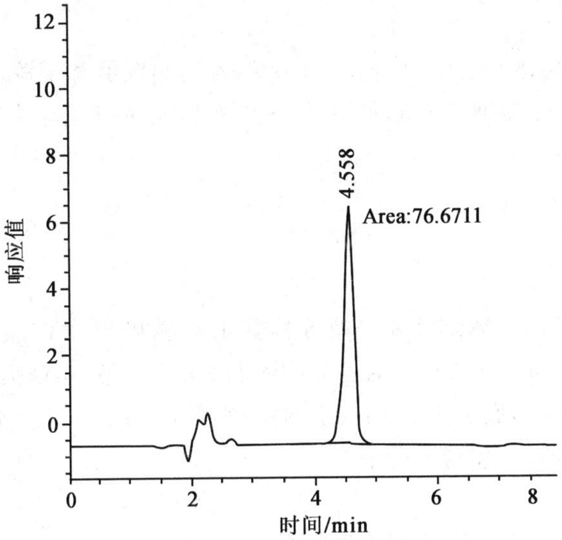


图 6-7 吡虫啉标准溶液(1.0 mg/L)色谱图

【拓展知识】

# 原料乳中三聚氰胺的测定(液相色谱-质谱/质谱法(LC-MS/MS))

## 一、原理

试样用三氯乙酸溶液提取,经阳离子交换固相萃取柱净化后,用液相色谱-质谱/质谱法测定和确证,外标法定量。

## 二、试剂与材料

除非另有说明,所有试剂均为分析纯,水为 GB/T 6682 规定的一级水。

(1)乙酸。

(2)乙酸铵。

(3)乙酸铵溶液(10 mmol/L):准确称取 0.772 g 乙酸铵于 1 L 容量瓶中,用水溶解并定容至刻度,混匀后备用。

其余试剂与材料与实训 6-8 原料乳中三聚氰胺的测定(高效液相色谱法)的相同。

## 三、仪器和设备

(1)液相色谱-质谱/质谱(LC-MS/MS)仪:配有电喷雾离子源(ESI)。

其余仪器设备与实训 6-8 原料乳中三聚氰胺的测定(高效液相色谱法)的相同。

## 四、样品处理

1. 提取

液态奶、奶粉、酸奶、冰淇淋和奶糖等称取 1 g(精确至 0.01 g)试样于 50 mL 具塞塑料离心管中,加入 8 mL 三氯乙酸溶液和 2 mL 乙腈,超声提取 10 min,再振荡提取 10 min 后,以不低于 4 000 r/min 的转速离心 10 min。上清液经三氯乙酸溶液润湿的滤纸过滤后,做待净化液。

2. 净化

将上述的待净化液转移至固相萃取柱中。依次用 3 mL 水和 3 mL 甲醇洗涤,抽至近干后,用 6 mL 氨化甲醇溶液洗脱。整个固相萃取过程流速不超过 1 mL/min。洗脱液于 50℃下用氮气吹干,残留物(相当于 1 g 试样)用 1 mL 流动相定容,涡旋混合 1 min,过微孔滤膜后,供 LC-MS/MS 测定。

## 五、液相色谱-质谱/质谱测定

1. LC 参考条件

(1)色谱柱:强阳离子交换与反相 C18 混合填料,混合比例(1:4),150 mm×2.0 mm×5 μm,或相当者。

(2)流动相:等体积的乙酸铵溶液和乙腈充分混合,用乙酸调节至 pH=3.0 后备用。

(3)进样量:10 μL。

(4)柱温:40℃。

(5)流速:0.2 mL/min。

2. MS/MS 参考条件

(1)电离方式:电喷雾电离,正离子。

(2)离子喷雾电压:4 kV。

(3)雾化气:氮气,40 psi。

(4)干燥气:氮气,流速 10 L/min,温度 350℃。

(5)碰撞气:氮气。

(6)分辨率:Q1(单位)Q3(单位)。

(7)扫描模式:多反应监测(MRM),母离子 m/z 127,定量子离子 m/z 85,定性子离子 m/z 68。

(8)停留时间:0.3 s。

(9)裂解电压:100 V。

(10)碰撞能量:m/z 127>85 为 20 V,m/z 127>68 为 35 V。

3. 标准曲线的绘制

取空白样品按照样品处理的步骤处理。用所得的样品溶液将三聚氰胺标准储备液,逐级稀释得到的浓度为 0.01、0.05、0.1、0.2、0.5 μg/mL 的标准工作液,浓度由低到高进样检测,以定量子离子峰面积-浓度作图,得到标准曲线回归方程。基质匹配加标三聚氰胺的样品 LC-MS/MS 多反应监测质量色谱图参见图 6-8。

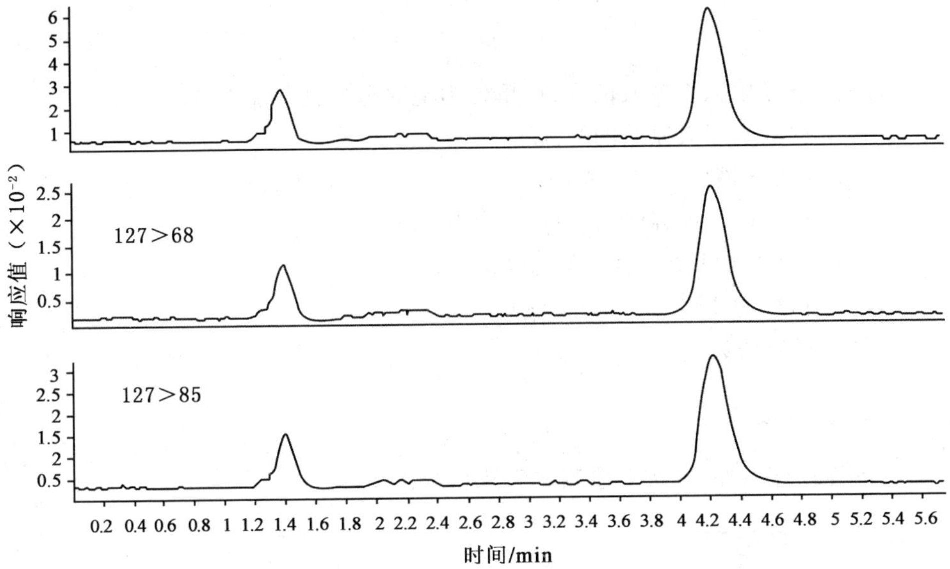


**图 6-8　基质匹配加标三聚氰胺的样品 LC-MS/MS 多反应监测质量色谱图**

(保留时间 4.2 min,定性离子 m/z 127>85 和 m/z 127>68)

4. 定量测定

待测样液中三聚氰胺的响应值应在标准曲线线性范围内,超过线性范围则应稀释后再进样分析。

5. 定性判定

按照上述条件测定试样和标准工作溶液，如果试样中的质量色谱峰保留时间与标准工作溶液一致(变化范围在±2.5%之内)；样品中目标化合物的两个子离子的相对丰度与浓度相当标准溶液的相对丰度一致，相对丰度偏差不超过表6-8的规定，则可判断样品中存在三聚氰胺。

**表6-8 定性离子相对丰度的最大允许偏差**

| 相对离子丰度 | >50% | >20%~50% | >10%~20% | ≤10% |
|---|---|---|---|---|
| 允许的相对偏差 | ±20% | ±25% | ±30% | ±50% |

6. 结果计算

试样中三聚氰胺的含量由色谱数据处理软件或按下式计算获得：

$$X=\frac{A\times c\times V\times 1\ 000}{A_s\times m\times 1\ 000}\times f$$

式中：$X$——试样中三聚氰胺的含量，单位为毫克每千克(mg/kg)；

$A$——样液中三聚氰胺的峰面积；

$c$——标准溶液中三聚氰胺的浓度，单位为微克每毫升(μg/mL)；

$V$——样液最终定容体积，单位为毫升(mL)；

$A_s$——标准溶液中三聚氰胺的峰面积；

$m$——试样的质量，单位为克(g)；

$f$——稀释倍数。

## 六、空白实验

除不称取样品外，均按上述测定条件和步骤进行。

## 七、方法定量限

本方法的定量限为0.01 mg/kg。

## 八、回收率

在添加浓度0.01~0.5 mg/kg浓度范围内，回收率在80%~110%之间，相对标准偏差小于10%。

## 九、允许差

在重复性条件下获得的两次独立测定结果的绝对差值不得超过算术平均值的15％。

**表6-9　高效液相色谱仪(HPLC)检测分析原始记录**

| | | | | | | |
|---|---|---|---|---|---|---|
| 样品名称 | | 样品编号 | | 检验项目 | | |
| 执行标准或方法 | | 环境温度/℃ | | 相对湿度/％ | | |
| 仪器型号及编号 | | 荧光/紫外检测器 | 激发波长/nm | | | |
| | | | 发射波长/nm | | | |
| 色谱柱 | | 二级管阵列检测器 | 波长/nm | | | |
| 柱温/℃ | | 柱压/MPa | | | | |
| 进样量/μL | | 流速/(mL/min) | | 计算方法 | | |
| 流动相 | | | | | | |
| 名称 | 称样量/g | 定容/mL | 稀释倍数 | 浓度/(μg/mL) | 峰面积(uv. sec)<br>峰高(uv) | 含量/(mg/kg) |
| 样品Ⅰ | | | | | | |
| 样品Ⅱ | | | | | | |
| 标样 | | | | | | |
| 温室结果/(mg/kg) | | 测定差/％ | | 允许差/％ | | |
| 计算： | | | | | | |
| 备注 | | | | | | |
| 检验员 | | 校核人 | | 审核人 | | |
| 日期 | | 日期 | | 日期 | | |

【作业】

1.果蔬产品中铅残留的检测原子荧光光谱分析法中试样消解的方法有哪些?过程如何?

2.使用石墨炉原子吸收光谱法检测果蔬产品中铅的残留分哪几步进行?注意什么问题?

3.果蔬产品中铅检测——氢化物原子荧光光度法的检测原理及在测定中注意的事项是什么?

4.农药残留检测有哪些方法?各方法有什么特点?

5.用农业行标方法检测有机磷农药有哪些操作步骤?如何操作?

# 第七章 微生物检验技术

## 第一节 微生物检验基础知识

### 一、食品微生物检验的意义

微生物检验为农产品质量安全监测必不可少的重要组成部分。

(1)微生物含量是衡量食品卫生质量的重要指标之一,也是判定被检食品能否食用的科学依据之一。

(2)通过微生物检验,可以判断食品加工环境及食品卫生环境,能够对食品被细菌污染的程度作出正确的评价,为各项卫生管理工作提供科学依据,提供传染病和人类、动物和食物中毒的防治措施。

(3)食品微生物检验贯彻"预防为主"的卫生方针,可以有效地防止或者减少食物中毒人畜共患病的发生,保障人民的身体健康;同时,它对提高产品质量,避免经济损失,保证出口等方面具有政治上和经济上的重要意义。

### 二、食品微生物检验的范围

食品微生物检验的范围包括以下几点:

(1)生产环境的检验,包括车间用水、空气、地面、墙壁等的检验。

(2)原辅料检验,包括食用动物、谷物、添加剂等一切原辅材料的检验。

(3)食品加工、储藏、销售诸环节的检验,包括食品从业人员的卫生状况检验、加工工具、运输车辆、包装材料的检验等。

(4)食品的检验,重要的是对出厂食品、可疑食品及食物中毒食品的检验。

### 三、食品微生物检验的指标

我国卫生部颁布的农产品微生物指标有菌落总数、大肠菌群和致病菌 3 项。

通过检验细菌菌落总数、大肠菌群来判断食品被微生物污染的程度,从而间接判断有无传播肠道传染病的危险,并通过对常见致病病菌的检验,控制病原微生物的扩散传播,另外,还有霉菌及其毒素和其他指标。

# 第二节 微生物检验技术

## 一、菌落总数的测定(参考 GB 4789.2—2010)

本方法适用于食品中菌落总数的测定。

### (一)菌落总数

菌落总数是指食品检样经过处理,在一定条件下(如培养基、培养温度和培养时间等)培养后,所得每克(mL)检样中形成的微生物菌落总数。

菌落总数主要作为判定食品被污染程度的标志,也可以应用这一方法观察细菌在食品中繁殖的动态,以便对被检样品进行卫生学评价时提供依据。

表 7-1 是部分食品标准对菌落总数的限量。

**表 7-1 部分食品标准对菌落总数的限量**

| 农产品名称 | 菌落总数/(cfu/g 或 cfu/mL) |
|---|---|
| 蜂蜜(绿色食品) | ≤1 000 |
| 蜂王浆(绿色食品) | ≤200 |
| 葡萄酒(绿色食品) | ≤50 |
| 生鲜牛乳(无公害食品) | ≤500 000 |
| 浓缩果蔬汁 | ≤1 000 |

### (二)设备和材料

除微生物实验室常规灭菌及培养设备外,其他设备和材料如下。

(1)冰箱:2~5℃。

(2)恒温培养箱:(36±1)℃。

(3)恒温水浴锅:(46±1)℃。

(4)均质器或灭菌乳钵。

(5)天平:感量为 0.1 g。

(6)菌落计数器。

(7)放大镜:4×。

(8)无菌吸管:1 mL(具 0.01 mL,刻度)、10 mL(具 0.1 mL 刻度)或微量移液器及吸头。

(9)无菌锥形瓶:容量 250 mL、500 mL。

(10)无菌玻璃珠:直径约 5 mm。

(11)无菌培养皿:直径 90 mm。

(12)pH 计或 pH 比色管或精密 pH 试纸。

(13)灭菌刀、剪子、镊子等。

### (三)培养基和试剂

(1)平板计数琼脂培养基:见附录 A 中 A.1。

(2)磷酸盐缓冲液:见附录 A 中 A.2。

(3)无菌生理盐水:见附录 A 中 A.3。

(4)75%乙醇。

### (四)检验程序

菌落总数的检验程序见图 7-1。

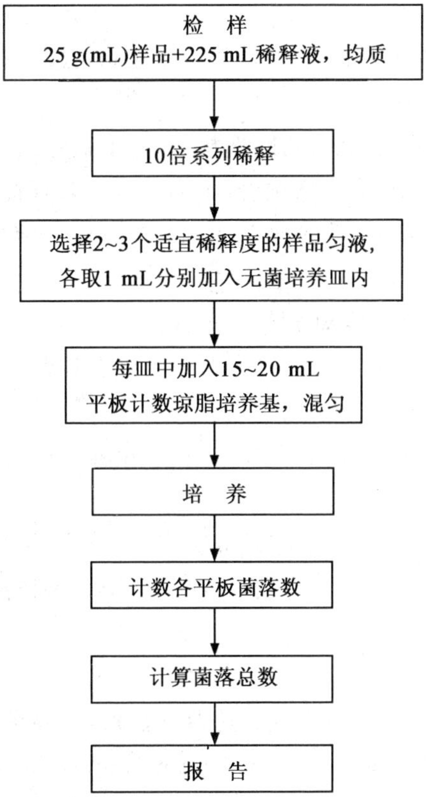


图 7-1　菌落总数的检验程序

### (五)操作步骤

1.样品的稀释

(1)固体和半固体样品:称取 25 g 样品置盛有 225 mL 磷酸盐缓冲液或生理盐水的无菌均质杯内,8 000～10 000 r/min 均质 1～2 min,或放入盛有 225 mL 稀释液的无菌均质袋中,用拍击式均质器拍打 1～2 min 制成 1∶10 的样品匀液。

(2)液体样品:以无菌吸管吸取 25 mL 样品置盛有 225 mL 磷酸盐缓冲液或生理盐水的无菌锥形瓶(瓶内预置适当数量的无菌玻璃珠)中,充分混匀,制成 1∶10 的样品匀液。

(3)用 1 mL 无菌吸管或微量移液器吸取 1∶10 样品匀液 1 mL 沿管壁缓慢注于盛有 9 mL 稀释液的无菌试管中(注意吸管或吸头尖端不要触及稀释液面),振摇试管或换用 1 支无菌吸管反复吹打使其混合均匀,制成 1∶100 的样品匀液。

(4)按上面操作程序,制备 10 倍系列稀释样品匀液。每递增稀释一次,换用 1 次 1 mL 无菌吸管或吸头。

(5)根据对样品污染状况的估计,选择 2～3 个适宜稀释度的样品匀液(液体样品可包括原液),在进行 10 倍递增稀释时,吸取 1 mL 样品匀液于无菌平皿内,每个稀释度做两个平皿。同时,分别吸取 1 mL 空白稀释液加入两个无菌平皿内作空白对照。

(6)及时将 15～20 mL 冷却至 46℃平板计数琼脂培养基(可放置于(46±1)℃恒温水浴箱中保温)倾注平皿,并转动平皿使其混合均匀。

2.培养

(1)待琼脂凝固后,将平板翻转,(36±1)℃培养(48±2) h。水产品(30±1)℃培养(72±3) h。

(2)如果样品中可能含有在琼脂培养基表面弥漫生长的菌落时,可在凝固后的琼脂表面覆盖一薄层琼脂培养基(约 4 mL),凝固后翻转平板,按上面条件进行培养。

3.菌落计数

可用肉眼观察,必要时用放大镜或菌落计数器,记录稀释倍数和相应的菌落数量。菌落计数以菌落形成单位(colony-forming units,cfu)表示。

(1)选取菌落数在 30～300 cfu 之间、无蔓延菌落生长的平板计数菌落总数。低于 30 cfu 的平板记录具体菌落数,大于 300 cfu 的可记录为多不可计。每个稀释度的菌落数应采用两个平板的平均数。

(2)其中一个平板有较大片状菌落生长时，则不宜采用，而应以无片状菌落生长的平板作为该稀释度的菌落数；若片状菌落不到平板的一半，而其余一半中菌落分布又很均匀，即可计算半个平板后乘以2，代表一个平板菌落数。

(3)当平板上出现菌落间无明显界线的链状生长时，则将每条单链作为一个菌落计数。

**(六)结果与报告**

1. 菌落总数的计算方法

(1)若只有一个稀释度平板上的菌落数在适宜计数范围内，计算两个平板菌落数的平均值，再将平均值乘以相应稀释倍数，作为每克(mL)样品中菌落总数结果。

(2)若有两个连续稀释度的平板菌落数在适宜计数范围内时，按下式计算：

$$N=\frac{\sum C}{(n_1+0.1n_2)d}$$

式中：$N$——样品中菌落数；

$\sum C$——平板(含适宜范围菌落数的平板)菌落数之和；

$n_1$——第一稀释度(低稀释倍数)平板个数；

$n_2$——第二稀释度(高稀释倍数)平板个数；

$d$——稀释因子(第一稀释度)。

示例：

| 稀释度 | 1∶100(第一稀释度) | 1∶1 000(第二稀释度) |
|---|---|---|
| 菌落数/cfu | 232,244 | 33,35 |

$$N=\frac{\sum C}{(n_1+0.1n_2)d}=\frac{232+244+33+35}{(2+0.1\times2)\times10^{-2}}=\frac{544}{2.2\times10^{-2}}=24\ 727$$

上述数据数字修约后，表示为25 000或$2.5\times10^4$。

(3)若所有稀释度的平板上菌落数均大于300 cfu，则对稀释度最高的平板进行计数，其他平板可记录为多不可计，结果按平均菌落数乘以最高稀释倍数计算。

(4)若所有稀释度的平板菌落数均小于30 cfu，则应按稀释度最低的平均菌落数乘以稀释倍数计算。

(5)若所有稀释度(包括液体样品原液)平板均无菌落生长,则以小于1乘以最低稀释倍数计算。

(6)若所有稀释度的平板菌落数均不在30～300 cfu之间,其中一部分小于30 cfu或大于300 cfu时,则以最接近30 cfu或300 cfu的平均菌落数乘以稀释倍数计算。

2.菌落总数的报告(表7-2)

(1)菌落数小于100 cfu时,按"四舍五入"原则修约,以整数报告。

(2)菌落数大于或等于100 cfu时,第3位数字采用"四舍五入"原则修约后,取前2位数字,后面用0代替位数;也可用10的指数形式来表示,按"四舍五入"原则修约后,采用2位有效数字。

(3)若所有平板上为蔓延菌落而无法计数,则报告菌落蔓延。

(4)若空白对照上有菌落生长,则此次检测结果无效。

(5)称重取样以cfu/g为单位报告,体积取样以cfu/mL为单位报告。

**表7-2 落数报告方式示例**

| 例次 | 稀释液及菌落数 | | | 菌落总数/[cfu/g(mL)] | 报告方式/[cfu/g(mL)] |
|---|---|---|---|---|---|
| | $10^{-1}$ | $10^{-2}$ | $10^{-3}$ | | |
| 1 | 多不可计 | 164 | 20 | 16 400 | 16 000或$1.6\times10^4$ |
| 2 | 多不可计 | 292,298 | 44,48 | 31 000 | 31 000或$3.1\times10^4$ |
| 3 | 多不可计 | 多不可计,273 | 58,62 | 32 750 | 33 000或$3.3\times10^4$ |
| 4 | 多不可计 | 多不可计 | 313 | 313 000 | 310 000或$3.1\times10^5$ |
| 5 | 27 | 11 | 5 | 270 | 270或$2.7\times10^2$ |
| 6 | 0 | 0 | 0 | $<1\times10$ | $<10$ |
| 7 | 多不可计 | 305 | 12 | 30 500 | 31 000或$3.1\times10^4$ |

## 二、大肠菌群的测定(参考GB 4789.3—2010大肠菌群MPN计数法)

### (一)适用范围

本测定方法适用于食品中大肠菌群的计数。

## (二)原理

大肠菌群是指在一定培养条件下能发酵乳糖、产酸(培养基原来的颜色是红色的,如果产酸会变成黄色)产气的需氧和兼性厌氧革兰氏阴性无芽孢杆菌。该菌主要来源于人畜粪便,故以此作为粪便污染指标来评价食品的卫生质量,推断食品中有否污染肠道致病菌的可能。

食品中大肠菌群数系以 1 mL(g)检样内大肠菌群最可能数(MPN)表示(表 7-3)。

**表 7-3 部分农产品标准对大肠菌群的限量**

| 农产品名称 | 大肠菌群/(MPN /g 或 MPN/mL) |
|---|---|
| 蜂蜜(绿色食品) | ≤0.30 |
| 蜂王浆(绿色食品) | ≤0.30 |
| 葡萄酒(绿色食品) | ≤0.03 |
| 乳粉 | ≤1 |
| 浓缩果蔬汁 | ≤0.30 |

## (三)设备和材料

除微生物实验室常规灭菌及培养设备外,其他设备和材料如下:

(1)恒温培养箱:(36±10)℃。

(2)冰箱:2~5℃。

(3)恒温水浴箱:(46±1)℃。

(4)天平:感量 0.1 g。

(5)均质器。

(6)振荡器。

(7)无菌吸管:1 mL(具 0.01 mL 刻度)、10 mL(具 0.1 mL 刻度)或微量移液器及吸头。

(8)无菌锥形瓶:容量 500 mL。

(9)无菌培养皿:直径 90 mm。

(10)pH 计或 pH 比色管或精密 pH 试纸。

(11)菌落计数器。

## (四)培养基和试剂

(1)月桂基硫酸盐胰蛋白胨(LST)肉汤:见附录B中B.1。

(2)煌绿乳糖胆盐(BGLB)肉汤:见附录B中B.2。

(3)结晶紫中性红胆盐琼脂(VRBA):见附录B中B.3。

(4)磷酸盐缓冲液:见附录B中B.4。

(5)无菌生理盐水:见附录B中B.5。

(6)无菌1 mol/L NaOH:见附录B中B.6。

(7)无菌1 mol/L HCl:见附录B中B.7。

## (五)检验程序

大肠菌群MPN计数的检验程序见图7-2。

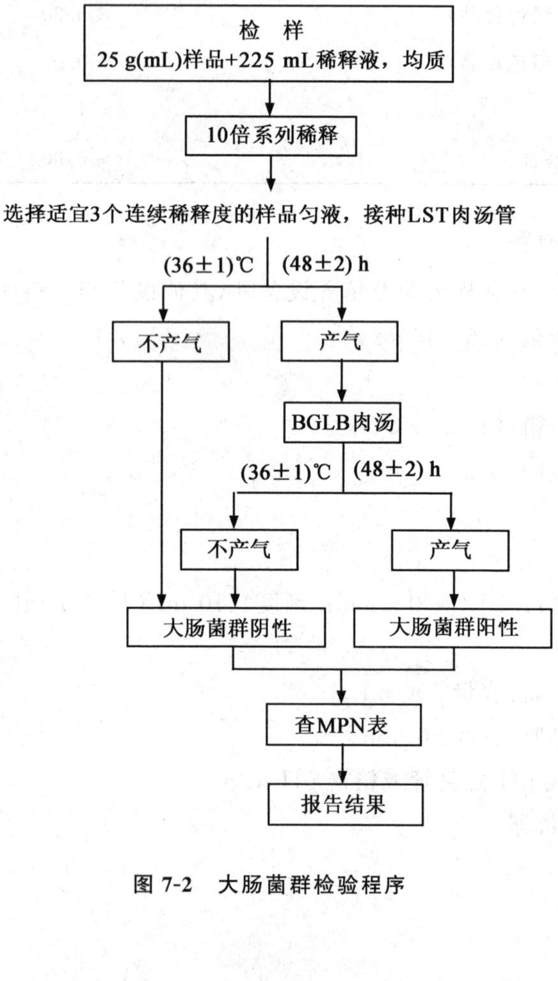


图7-2 大肠菌群检验程序

### (六)操作步骤

1. 样品的稀释

(1)固体和半固体样品：称取 25 g 样品，放入盛有 225 mL 磷酸盐缓冲液或生理盐水的无菌均质杯内，8 000～10 000 r/min 均质 1～2 min，或放入盛有 225 mL 磷酸盐缓冲液或生理盐水的无菌均质袋中，用拍击式均质器拍打 1～2 min 制成 1∶10 的样品匀液。

(2)液体样品：以无菌吸管吸取 25 mL 样品置盛有 225 mL 磷酸盐缓冲液或生理盐水的无菌锥形瓶(瓶内预置适当数量的无菌玻璃珠)中，充分混匀，制成 1∶10 的样品匀液。

(3)样品匀液的 pH 值应在 6.5～7.5 之间，必要时分别用 1 mol/L NaOH 或 1 mol/L HCl 调节。

(4)用 1 mL 无菌吸管或微量移液器吸取 1∶10 样品匀液 1 mL 沿管壁缓缓注入 9 mL 磷酸盐缓冲液或生理盐水的无菌试管中(注意吸管或吸头尖端不要触及稀释液面)，振摇试管或换用 1 支 1 mL 无菌吸管反复吹打，使其混合均匀，制成 1∶100 的样品匀液。

(5)根据对样品污染状况的估计，按上述操作，依次制成 10 倍递增系列稀释样品匀液。每递增稀释 1 次，换用 1 支 1 mL 无菌吸管或吸头。从制备样品匀液至样品接种完毕，全过程不得超过 15 min。

2. 初发酵试验

每个样品，选择 3 个适宜的连续稀释度的样品匀液(液体样品可以选择原液)，每个稀释度接种 3 管月桂基硫酸盐胰蛋白胨(CLST)肉汤，每管接种 1 mL(如接种量超过 1 mL，则用双料 LST 肉汤)，(36±10)℃培养(24±2) h，观察管内是否有气泡产生，(24±2) h 产气者进行复发酵试验，如未产气则继续培养至(48±2) h，产气者进行复发酵试验。未产气者为大肠菌群阴性。

3. 复发酵试验

用接种环从产气的 LST 肉汤管中分别取培养物 1 环，移种于煌绿乳糖胆盐肉汤(BGLB)管中，(36±1)℃培养(48±2) h，观察产气情况。产气者，计为大肠菌群阳性管。

4. 大肠菌群最可能数(MPN)的报告

按复发酵试验确证的大肠菌群 LST 阳性管数，检索 MPN 表(表 7-4)，报告每克(毫升)样品中大肠菌群的 MPN 值。

**表 7-4 大肠菌群最可能数(MPN)检索表**

| 阳性管数 | | | MPN | 95%可信限 | | 阳性管数 | | | MPN | 95%可信限 | |
|---|---|---|---|---|---|---|---|---|---|---|---|
| 0.10 | 0.01 | 0.001 | | 下限 | 上限 | 0.10 | 0.01 | 0.001 | | 下限 | 上限 |
| 0 | 0 | 0 | <3.0 | — | 9.5 | 2 | 2 | 0 | 21 | 4.5 | 42 |
| 0 | 0 | 1 | 3.0 | 0.15 | 9.6 | 2 | 2 | 1 | 28 | 8.7 | 94 |
| 0 | 1 | 0 | 3.0 | 0.15 | 11 | 2 | 2 | 2 | 35 | 8.7 | 94 |
| 0 | 1 | 1 | 6.1 | 1.2 | 18 | 2 | 3 | 0 | 29 | 8.7 | 94 |
| 0 | 2 | 0 | 6.2 | 1.2 | 18 | 2 | 3 | 1 | 36 | 8.7 | 94 |
| 0 | 3 | 0 | 9.4 | 3.6 | 38 | 3 | 0 | 0 | 23 | 4.6 | 94 |
| 1 | 0 | 0 | 3.6 | 0.17 | 18 | 3 | 0 | 1 | 38 | 8.7 | 110 |
| 1 | 0 | 1 | 7.2 | 1.3 | 18 | 3 | 0 | 2 | 64 | 17 | 180 |
| 1 | 0 | 2 | 11 | 3.6 | 38 | 3 | 1 | 0 | 43 | 9 | 180 |
| 1 | 1 | 0 | 7.4 | 1.3 | 20 | 3 | 1 | 1 | 75 | 17 | 200 |
| 1 | 1 | 1 | 11 | 3.6 | 38 | 3 | 1 | 2 | 120 | 37 | 420 |
| 1 | 2 | 0 | 11 | 3.6 | 42 | 3 | 1 | 3 | 160 | 40 | 420 |
| 1 | 2 | 1 | 15 | 4.5 | 42 | 3 | 2 | 0 | 93 | 18 | 420 |
| 1 | 3 | 0 | 16 | 4.5 | 42 | 3 | 2 | 1 | 150 | 37 | 420 |
| 2 | 0 | 0 | 9.2 | 1.4 | 38 | 3 | 2 | 2 | 210 | 40 | 430 |
| 2 | 0 | 1 | 14 | 3.6 | 42 | 3 | 2 | 3 | 290 | 90 | 1 000 |
| 2 | 0 | 2 | 20 | 4.5 | 42 | 3 | 3 | 0 | 240 | 42 | 1 000 |
| 2 | 1 | 0 | 15 | 3.7 | 42 | 3 | 3 | 1 | 460 | 90 | 2 000 |
| 2 | 1 | 1 | 20 | 4.5 | 42 | 3 | 3 | 2 | 1 100 | 180 | 4 100 |
| 2 | 1 | 2 | 27 | 8.7 | 94 | 3 | 3 | 3 | >1 100 | 420 | — |

注:1. 本表采用 3 个稀释度[0.1 g(mL)、0.01 g(mL)和 0.001 g(mL)],每个稀释度接种 3 管。

2. 表内所列检样量如改用 1 g (mL)、0.1 g(mL)和 0.01 g(mL)时,表内数字应相应降低 10 倍;如改用 0.01 g(mL)、0.001 g(mL)、0.0 001 g(mL)时,则表内数字应相应增高 10 倍,其余类推。

# 实训 7-1 无公害生鲜牛乳菌落总数的测定

【实训目标】

1. 理解测定菌落总数原理和方法;

2. 学会测定菌落总数的操作技能；

3. 学会菌落计数，能正确报告检测结果。

## 一、原理

牛奶检样经过处理，在一定条件下（如培养基、培养温度和培养时间等）培养后，所得每毫升检样中形成的微生物菌落总数，单位为 cfu/mL。

对照无公害生鲜牛乳的菌落总数限量标准，对检验样品进行卫生评定。

NY 5045—2008 无公害食品 生鲜牛乳规定：菌落总数（cfu/mL）≤500 000。

## 二、设备和材料

除微生物实验室常规灭菌及培养设备外，其他设备和材料如下：

(1)冰箱：2～5℃。

(2)恒温培养箱：(36±1)℃。

(3)恒温水浴锅：(46±1)℃。

(4)无菌吸管：1 mL（具 0.01 mL，刻度）、10 mL（具 0.1 mL 刻度）或微量移液器及吸头。

(5)无菌锥形瓶：容量 250 mL、500 mL。

(6)无菌玻璃珠：直径约 5 mm。

(7)无菌培养皿：直径 90 mm。

(8)pH 计或 pH 比色管或精密 pH 试纸。

(9)放大镜 4×。

(10)菌落计数器。

(11)灭菌刀、剪子、镊子等。

(12)生鲜牛乳。

## 三、培养基和试剂

(1)平板计数琼脂培养基：见附录 A 中 A.1。

(2)磷酸盐缓冲液：见附录 A 中 A.2。

(3)无菌生理盐水：见附录 A 中 A.3。

(4)75%乙醇。

## 四、检验程序

生鲜牛乳中菌落总数的检验程序见图 7-1。

## 五、操作步骤

1. 生乳的采样

(1)样品应充分搅拌混匀,混匀后应立即取样,用无菌采样工具分别从相同批次(此处特指单体的贮奶罐或贮奶车)中采集 $n$ 个样品,采样量应满足菌落总数检验的要求。

(2)具有分隔区域的贮奶装置,应根据每个分隔区域内贮奶量的不同,按比例从中采集一定量经混合均匀的代表性样品,将上述奶样混合均匀采样。

2. 检样的处理

将检样摇匀,以无菌操作开启包装。塑料或纸盒(袋)装,用 75%酒精棉球消毒盒盖或袋口,用灭菌剪刀切;玻璃瓶装,以无菌操作去掉瓶口的纸罩或瓶盖,瓶口经火焰消毒。用灭菌吸管吸取 25 mL 检样,放入装有 225 mL 灭菌生理盐水的锥形瓶内,振摇均匀。

3. 样品的稀释

制备 10 倍系列稀释样品匀液。

4. 培养

(36±1)℃培养(48±2) h。

5. 菌落计数

同"菌落总数的测定部分(五)3"。

具体操作如图 7-3 牛乳中菌落总数的测定操作步骤。

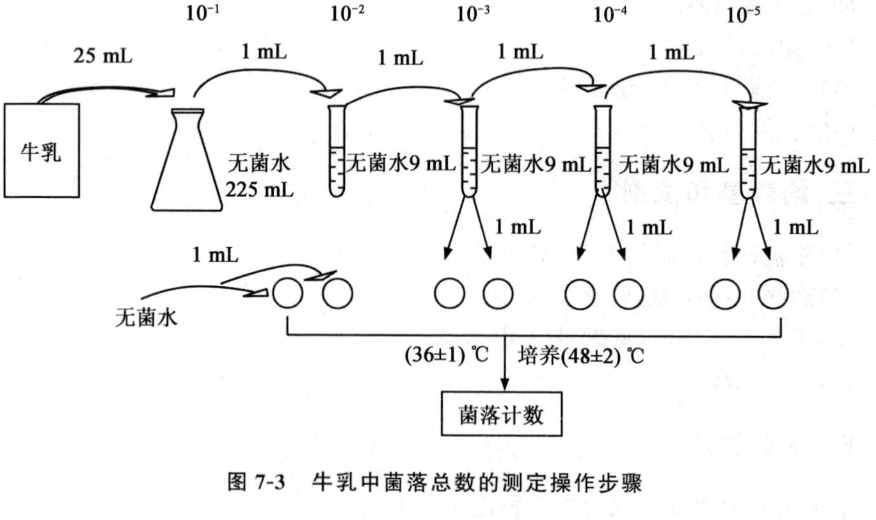


图 7-3　牛乳中菌落总数的测定操作步骤

## 六、结果与报告

牛乳中菌落总数的计算方法及菌落总数的报告方式同“菌落总数的测定部分(五)3”。

牛乳菌落总数检验原始记录见表7-5。

# 实训7-2　生鲜乳中大肠菌群的测定(MPN计数法)

【实训目标】

1.理解测定大肠菌群的原理和方法；

2.学会测定大肠菌群的操作技能

## 一、原理

同前“大肠菌群的测定中(二)”。

## 二、设备和材料

同前“大肠菌群的测定中(三)”。

## 三、培养基和试剂

(1)磷酸盐缓冲液：见附录B中B.4。

(2)无菌生理盐水：见附录B中B.5。

(3)75%乙醇。

## 四、检验程序

生鲜牛乳中大肠菌群的检验程序见图7-2。

## 五、操作步骤

1.样品的稀释

制备10倍系列稀释样品匀液。

2. 初发酵试验

接种,(36±1)℃培养(48±2) h。(24±2) h产气者进行复发酵试验,如未产气则继续培养至(48±2) h,产气者进行复发酵试验。未产气者为大肠菌群阴性。

3. 复发酵试验

同前"大肠菌群的测定中(六)3"。

4. 大肠菌群最可能数(MPN)的报告

同前"大肠菌群的测定中(六)4"。

具体操作步骤见图 7-4。

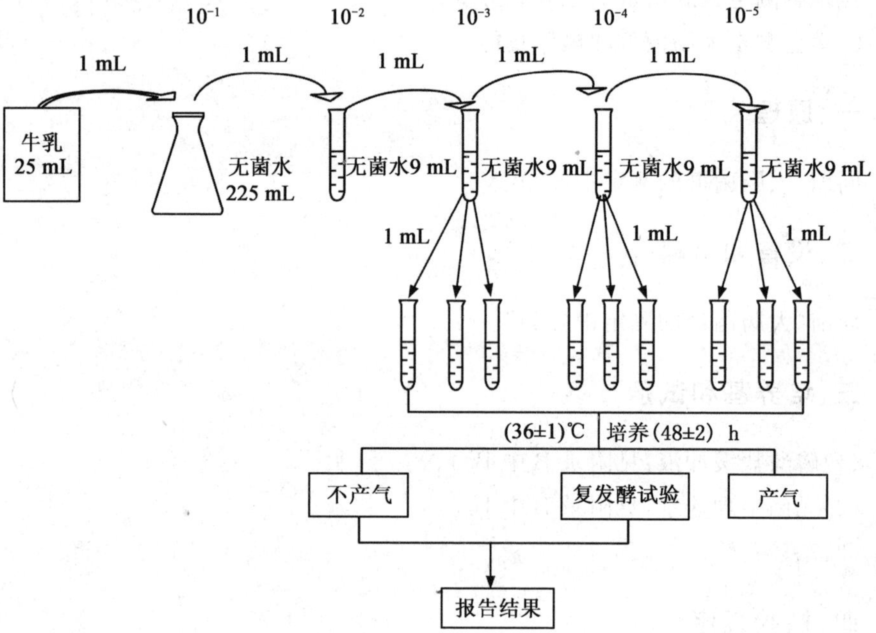


图 7-4 生鲜乳中大肠菌群的测定操作步骤

大肠菌群总数检验原始记录见表 7-6。

**表 7-5　检验原始记录(菌落总数)**

样品名称：________　检验性质：________　检验方法：________

仪器名称及编号：________　分析日期：________　室温：____℃　湿度：____%

培养时间：____年____月____日____时至____月____日____时　培养箱温度：____℃　培养基：________

| 样品编号 | 执行标准 | 标准要求/(cfu/mL) | 试验数据/(cfu/mL) | | | | 结果/(cfu/mL) | 结论 |
|---|---|---|---|---|---|---|---|---|
| | | | | | | 空白 | | |
| | | | | | | | | |
| | | | | | | | | |
| | | | | | | | | |
| | | | | | | | | |
| | | | | | | | | |
| | | | | | | | | |
| | | | | | | | | |
| | | | | | | | | |
| 测定步骤： | | | | 计算公式： | | | 备注： | |

检验：________　核验：________　共____页　第____页

**表 7-6　检验原始记录(大肠菌群)**

样品名称:________　检验性质:________　检验方法:________

仪器名称及编号:________　分析日期:________　室温:____℃　湿度:____%

培养时间:____年____月____日____时至____月____日____时　培养箱温度:____℃　培养基:________

| 样品编号 | 执行标准 | 标准要求/(MPN/mL) | 试验数据(阳性管数) | | | | 查 MPN 检索表/(MPN/mL) | 结论 |
|---|---|---|---|---|---|---|---|---|
| | | | | | | | | |
| | | | 初发酵试验 | | | | | |
| | | | 复发酵试验 | | | | | |
| | | | 初发酵试验 | | | | | |
| | | | 复发酵试验 | | | | | |
| | | | 初发酵试验 | | | | | |
| | | | 复发酵试验 | | | | | |
| | | | 初发酵试验 | | | | | |
| | | | 复发酵试验 | | | | | |
| | | | 复发酵试验 | | | | | |
| | | | 复发酵试验 | | | | | |
| 备注 | | | | | | | | |

检验:________　核验:________　共____页　第____页

# 附录 A (规范性附录)培养基和试剂

A.1 平板计数琼脂(plate count agar,PCA)培养基

A.1.1 成分

| | |
|---|---|
| 胰蛋白胨 | 5.0 g |
| 酵母浸膏 | 2.5 g |
| 葡萄糖 | 1.0 g |
| 琼脂 | 15.0 g |
| 蒸馏水 | 1 000 mL |

pH (7.0±0.2)

A.1.2 制法

将上述成分加于蒸馏水中,煮沸溶解,调节 pH。分装试管或锥形瓶,121℃高压灭菌 15 min。

A.2 磷酸盐缓冲液

A.2.1 成分

| | |
|---|---|
| 磷酸二氢钾($K_2H_2PO_4$) | 34.0 g |
| 蒸馏水 | 500 mL |

pH 7.2

A.2.2 制法

贮存液:称取 34.0 g 的磷酸二氢钾溶于 500 mL 蒸馏水中,用大约 175 mL 的 1 mol/L 氢氧化钠溶液调节 pH,用蒸馏水稀释至 1 000 mL 后贮存于冰箱。

稀释液:取贮存液 1.25 mL 用蒸馏水稀释至 1 000 mL,分装于适宜容器中,121℃高压灭菌 15 min。

A.3 无菌生理盐水

A.3.1 成分

| | |
|---|---|
| 氯化钠 | 8.5 g |
| 蒸馏水 | 1 000 mL |

A.3.2 制法

称取 8.5 g 氯化钠溶于 1 000 mL 蒸馏水中,121℃高压灭菌 15 min。

## 附录 B 培养基和试剂(规范性附录)

B.1 月桂基硫酸盐胰蛋白胨(LST)肉汤

B.1.1 成分

| | |
|---|---|
| 胰蛋白胨或胰酪胨 | 20.0 g |
| 氯化钠 | 5.0 g |
| 乳糖 | 5.0 g |
| 磷酸氢二钾($K_2HPO_4$) | 2.75 g |
| 磷酸二氢钾($KH_2PO_4$) | 2.75 g |
| 月桂基硫酸钠 | 0.1 g |
| 蒸馏水 | 1 000 mL |

pH (6.8±0.2)

B.1.2 制法

将上述成分溶解于蒸馏水中,调节 pH。分装到有玻璃小倒管的试管中,每管 10 mL。121℃高压灭菌 15 min。

B.2 煌绿乳糖胆盐(BGLB)肉汤

B.2.1 成分

| | |
|---|---|
| 蛋白胨 | 10.0 g |
| 乳糖 | 10.0 g |
| 牛胆粉(oxgall 或 oxbile)溶液 | 200 mL |
| 0.1%煌绿水溶液 | 13.3 mL |
| 蒸馏水 | 800 mL |

pH (7.2±0.1)

B.2.2 制法

将蛋白胨、乳糖溶于约 500 mL 蒸馏水中,加入牛胆粉溶液 200 mL(将 20.0 g 脱水牛胆粉溶于 200 mL 蒸馏水中,调节 pH 至 7.0～7.5),用蒸馏水稀释到 975 mL,调节 pH,再加入 0.1%煌绿水溶液 13.3 mL,用蒸馏水补足到 1 000 mL,用棉花过滤后,分装到有玻璃小倒管的试管中,每管 10 mL。121℃高压灭菌 15 min。

B.3 结晶紫中性红胆盐琼脂(VRBA)

B.3.1 成分

| | |
|---|---|
| 蛋白胨 | 7.0 g |
| 酵母膏 | 3.0 g |

| | |
|---|---|
| 乳糖 | 10.0 g |
| 氯化钠 | 5.0 g |
| 胆盐或3号胆盐 | 1.5 g |
| 中性红 | 0.03 g |
| 结晶紫 | 0.002 g |
| 琼脂 | 15～18 g |
| 蒸馏水 | 1 000 mL |

pH (7.4±0.1)

B.3.2　制法

将上述成分溶于蒸馏水中，静置几分钟，充分搅拌，调节 pH。煮沸 2 min，将培养基冷却至 45～50℃倾注平板。使用前临时制备，不得超过 3 h。

B.4　磷酸盐缓冲液

B.4.1　成分

| | |
|---|---|
| 磷酸二氢钾($KH_2PO_4$) | 34.0 g |
| 蒸馏水 | 500 mL |

pH 7.2

B.4.2　制法

贮存液：称取 34.0 g 的磷酸二氢钾溶于 500 mL 蒸馏水中，用大约 175 mL 的 1 mol/L 氢氧化钠溶液调节 pH，用蒸馏水稀释至 1 000 mL 后贮存于冰箱。

稀释液：取贮存液 1.25 mL，用蒸馏水稀释至 1 000 mL，分装于适宜容器中，121℃高压灭菌 15 min。

B.5　无菌生理盐水

B.5.1　成分

| | |
|---|---|
| 氯化钠 | 8.5 g |
| 蒸馏水 | 1 000 mL |

B.5.2　制法

称取 8.5 g 氯化钠溶于 1 000 mL 蒸馏水中，121℃高压灭菌 15 min。

B.6　1 mol/L NaOH

B.6.1　成分

| | |
|---|---|
| NaOH | 40.0 g |
| 蒸馏水 | 1 000 mL |

B.6.2　制法

称取 40 g 氢氧化钠溶于 1 000 mL 蒸馏水中，121℃高压灭菌 15 min。

B.7 1 mol/L HCl

B.7.1 成分

| | |
|---|---|
| HCl | 90 mL |
| 蒸馏水 | 1 000 mL |

B.7.2 制法

移取浓盐酸 90 mL,用蒸馏水稀释至 1 000 mL,121℃高压灭菌 15 min。

【知识延伸】

查阅最新相关标准,了解番茄酱的各项质量指标,学习商业无菌检验的方法、技术要求。

【作业】

1. 食品微生物检验的指标有哪些?

2. 测定食品中菌落总数有什么重要意义?

3. 查阅资料,制订番茄酱中菌落总数检测方案。

# 第八章　番茄酱检测技术

## 第一节　番茄酱检验基础知识

### 一、岗位检验任务概述

番茄酱制品具有较高的营养价值，其中番茄的番茄红素有利尿及抑制细菌生长的功效，是优良的抗氧化剂，能清除人体内的自由基，抗癌效果是$\beta$-胡萝卜素的2倍，医学研究发现，番茄红素对于一些类型的癌有预防效果，对乳癌、肺癌、子宫内膜癌具有抑制作用，亦可对抗肺癌和结肠癌；番茄酱中除了番茄红素外还有维生素B群、膳食纤维、矿物质、蛋白质及天然果胶等，和新鲜番茄相比较，番茄酱里的营养成分更容易被人体吸收，但是番茄酱在生产、加工、储存等过程中也会有微生物及有害物质污染，会给消费者带来危害，因此要做好番茄酱的质量检测，把好番茄原料质量关，特别是霉菌的控制检验，检验工作者必须熟悉国家质量标准，掌握感官检验、理化、微生物检验技能，具有履行岗位职责的能力，严把质量关。

### 二、番茄酱检验工作程序

把样品取回后，降到室温，开袋后先做感官检测，然后再做理化检验项目，保温10 d后做商业无菌检测。

### 三、番茄酱检验的依据

GB 11671—2003 果蔬罐头卫生

GB/T 14215—2008 番茄酱罐头

GB/T 4789.15—2010 食品卫生微生物学检验 霉菌和酵母计数

GB/T 10788—2006 罐头食品中可溶性固形物含量的测定 折光计法

GB/T 12456—2008 食品中总酸的测定方法

GB/T 10786—2006 罐头食品的pH测定

SN/T 1036—2002 出口番茄酱检验规程行业标准

# 第二节 番茄原料检验技术实训

## 实训 8-1 番茄原料可溶性固形物含量检测

### 一、仪器

数显浓度仪。

### 二、分析步骤

1. 样品的制备

随机抽取番茄样品，使样品具有代表性。将每个番茄样品用水果刀切成 4 份，任选其中 2 份放入植物捣碎机，将样品充分捣碎搅拌，倒入 2 L 的烧杯中。

2. 测定（数显浓度仪检测方法）

取一勺混合均匀的样品，用脱脂棉或尼龙布挤汁并弃去前 3 滴，挤汁到浓度仪棱镜表面，保证棱镜完全充满，无气泡产生。按样品测试键读数并记录。将仪器和捣碎机清洗干净，擦干。

### 三、测定次数与分析结果的表示

(1)如果 2 次测量值之差小于 0.2%，只需测量 2 次，并将 2 次测量值的算术平均值作为分析结果。

(2)如果 2 次测量值之差在 0.2%～0.5%之间，则需测量 3 次，并将 3 次测量值的算术平均值作为分析结果。

(3)如果 2 次测量值之差大于 0.5%，则应测量 4 次，放弃 2 个相差最大的值，将 2 个相近值的算术平均值作为分析结果。

## 实训 8-2 番茄原料红素的检测

### 一、原理

番茄酱经甲醇多次少量脱水并除去其中的黄色素，再用甲苯多次少量提取番茄红素，用分光光度法测定提取液的吸光度，根据标准曲线计算番茄红素含量。

## 二、仪器

分光光度计：波长精度 360～600 nm(±3 nm)。

## 三、试剂

(1)甲醇：分析纯。

(2)甲苯：分析纯。

## 四、分析步骤

(1)样品的制备。将同一批新鲜番茄擦拭干净后，采用四分法取样，将样品用植物搅碎机完全打碎后，充分混匀。

(2)采用番茄酱产品番茄红素标准曲线(同实训 8-6 番茄酱理化检测任务五中第五项，番茄红素标准曲线绘制)。

(3)试样中番茄红素的提取。

①称取破碎均匀番茄原料(无籽)样品 1.0～1.5 g，准确至 0.01 g，于 50 mL 烧杯中。

②在盛有试样的小烧杯中加入少量甲醇，立即用玻璃棒充分搅拌抽提番茄原料中的黄色素。将抽提液移入带滤纸的玻璃漏斗中过滤。烧杯里剩余的残渣再加入少量甲醇，重复上述操作，直至滤液无色，弃去滤液。

③用少量甲苯分多次按以上步骤提取番茄红素，直至滤液无色为止，滤液移入 50 mL 棕色容量瓶中，用甲苯定容，摇匀，即为番茄红素的提取液。

(4)将上述滤液移入 1 cm 比色皿中，在 485 nm 波长下，用甲苯作空白溶液，用分光光度计测定吸光度。

## 五、番茄红素提取液中番茄红素浓度的计算

根据提取液的吸光值，从标准曲线中查得番茄红素提取液中的番茄红素浓度。

## 六、分析结果计算

$$X=\frac{5\times N}{W}$$

式中：

$X$——试样中番茄红素的含量(mg/100 g)；

$N$——色素提取液中番茄红素的浓度($\mu g/mL$)；

$W$——试样质量(g)。

### 七、注意事项

同一被测样品测定 2 次；同一样品的 2 次测定值之差应小于 2 mg/100 g。

## 实训 8-3 番茄原料 pH 的检测

### 一、仪器

pH 计：刻度为 0.1 pH 单位或更小。如果仪器没有温度校正系统，只适用于在(20±2)℃进行测量、玻璃电极、甘汞电极。

### 二、分析步骤

1. 试样的制备

将随机取样的番茄原料打碎搅拌均匀后盛在塑料样品杯中，将样品控制在 20～25℃，样品的量应足够浸没电极。

2. pH 计的校正

同番茄酱 pH 值的测定中酸度计的校准。

3. 测定和读数

将电极插入被测试样中，并将 pH 计的温度校正器调节到被测试样的温度。如果仪器没有温度校正系统，被测试样的温度应调到(20±2)℃的范围之内。采用所用 pH 计的步骤进行测定。当读数稳定后直接读出 pH，精确到 0.01 pH 单位。

### 三、分析结果的表示

取两次测定的算术平均值作为测定结果，报告精确到 0.05 pH 单位。

## 实训 8-4 番茄原料总酸的测定

### 一、原理

番茄原料中的有机酸，用氢氧化钠标准溶液滴定，以酸度计测定终点，用消耗的氢氧化钠标准溶液的体积计算总酸的含量。

## 二、仪器

酸度计(刻度为 0.1 pH 单位)、玻璃电极和甘汞电极。

## 三、试剂

所有试剂均为分析纯,水为蒸馏水或同等纯度的水(以下简称水)。

(1)pH 6.86 缓冲溶液,pH 4.00 缓冲溶液。

(2)0.1 mol/L 氢氧化钠标准滴定溶液:按 GB/T 601《化学试剂 标准滴定溶液的制备》。

## 四、分析步骤

1. 试液的制备

称取约 20 g 打碎均匀的番茄原料,精确到 0.000 1 g,置于 250 mL 三角瓶中,加 40~60 mL 蒸馏水,放置约 10 min,充分摇匀后待测;

2. 测定步骤

(1)将酸度计电源接通,用 pH 6.86 缓冲溶液,pH 4.00 缓冲溶液校正酸度计。

(2)将制备好的样品,用 0.1 mol/L 氢氧化钠标准滴定溶液滴定,用酸度计测量(将 pH 计的温度校正器调到被测液的温度),直至 pH =(8.1±0.1)结束滴定。记录所消耗的 0.1 mol/L 氢氧化钠标准滴定溶液的毫升数($V_1$)。

(3)做空白试验。用水代替试液做空白试验,记录消耗氢氧化钠标准滴定溶液的毫升数($V_2$)。

## 五、计算公式

样品中的酸度:

$$X=\frac{c(V_1-V_2)\times K}{m}\times 100$$

式中:$X$—— 每百克样品中酸的克数(g/100 g);

$c$——NaOH 标准溶液的浓度(mol/L);

$V_1$——滴定样液时所耗 NaOH 标准滴定溶液的体积(mL);

$V_2$——空白试验时消耗 NaOH 标准溶液的体积(mL);

$m$——试样质量(g 或 mL);

$K$——酸的换算系数,无水柠檬酸 0.064。

总酸=酸度/干物质×100(干物质为可溶性固形物含量)

## 六、注意事项

同一被测样品须测定 2 次;同一样品的 2 次测定值之差不应超过其算术平均值的 2%。

# 第三节 番茄酱检测技术实训

## 实训 8-5 番茄酱感官检验

### 一、原理

番茄酱的感官检验主要是根据"国家标准中制定的番茄酱感官要求"对番茄酱的气味、滋味、组织形态和色泽等方面进行评定。

### 二、国家标准

**表 8-1 番茄酱感官要求**

| 项目 | 优级品 | 一级品 | 合格品 |
|---|---|---|---|
| 色泽 | 同一包装中酱体呈一致的深红色或红色。允许酱体表面有轻微褐色 | 同一包装中酱体呈一致的红色或橙红色。允许酱体表面有轻微褐色 | 同一包装中酱体呈橙红色或橙黄色。允许酱体表面有褐色 |
| 滋味、气味 | 具有番茄酱罐头应有的滋味及气味,无异味 | 具有番茄酱罐头较好的滋味及气味,无异味 | 具有番茄酱罐头尚好的滋味及气味,无异味 |
| 组织形态 | 酱体细腻均匀,黏稠适度 | 酱体较细腻均匀,黏稠较适度 | 酱体尚细腻均匀,允许有少量析水 |

### 三、仪器及试剂

开罐刀、白瓷盘、匙。

## 四、操作步骤及方法

(1)组织和形态检验:在室温(15～20℃)下开罐后,用匙取番茄酱(约 20 g),置于干燥的白瓷盘上,在 1 min 内观察酱体有无流散和汁液分泌现象。

(2)色泽检验:将酱体全部倒入白瓷盘中,随即观察其色泽是否符合标准。

(3)滋味和气味检验:先嗅其香味,再品尝其滋味。

用勺子将样品搅拌均匀,使之具有代表性。立即俯下身闻其气味是否有产品应有的气味,再用舌舔少许,滋味是否有苦涩味、焦煳味或润滑油脂味。如为半成品,可直接嗅闻、品尝。

(4)用不锈钢勺不断翻动样品,检测其是否有缺陷存在。准备 15 cm×15 cm 玻璃板一块,同样大小白瓷板一块,取 10 g 左右酱于白瓷板上,将玻璃板压在白瓷板上,两手握紧两边,用大拇指移动玻璃板,使其在白瓷板上做上下、左右移动,最后使样品均匀铺满整个瓷板,移至光亮处。

观察瓷板上的样品是否有粗大皮渣和籽实,是否有较多的黑斑,黑斑直径是否超过生产的产品的筛网孔径,按照番茄酱不合格品分类质量标准进行判定。

(5)所有的用具清洗擦干净。

(6)半成品、成品感官正常检验每小时检测一次。如有异常须要加大抽检频率。

## 五、数据记录及结果评定

对照番茄酱的感官标准,对检验样品进行感官评定并记录。

**表 8-2　番茄酱感官检验原始记录**

| 项　目 | | 番茄酱感官特征 | 结论 |
|---|---|---|---|
| 色泽 | | | |
| 滋味、气味 | | | |
| 组织形态 | | | |
| 杂质缺陷 | | | |
| 黑斑数量 | 大 | | |
| | 中 | | |
| | 小 | | |
| 备注 | | | |

## 六、说明

1. 参加品尝人员必须具有正常的味觉和嗅觉，可事先对其进行资格评定。

2. 感官鉴定时间不得超过 2 h。

3. 原始记录填写及结果反馈：在检验进行的同时认真填写检验原始记录、反馈单。

# 实训 8-6　番茄酱理化指标的检验

## 任务一　番茄酱可溶性固形物含量的测定

### 一、原理

利用手持式折光仪测定果蔬中的总可溶性固形物含量，可大致表示果蔬的含糖量。

光线从一种介质进入另一种介质时会产生折射现象，且入射角正弦之比恒为定值，此比值称为折光率。果蔬汁液中可溶性固形物含量与折光率在一定条件下（同一温度、压力）成正比例，故测定果蔬汁液的折光率，可求出果蔬汁液的浓度（含糖量的多少）。

常用仪器是手持式折光仪，也称糖镜、手持式糖度计。

通过测定果蔬可溶性固形物含量（含糖量），可了解果蔬的品质，大约估计果实的成熟度。

### 二、试剂与仪器

番茄酱、蒸馏水、烧杯、卷纸、滴管、手持式折光仪。

### 三、操作步骤

1. 样品制备

将番茄酱样品充分混匀，用 4 层纱布挤出滤液，弃去最初几滴。收集滤液供测定用。

2. 校正

打开手持式折光仪保护盖，用干净的纱布或卷纸小心擦干棱镜玻璃面。在棱镜玻璃面上滴2滴蒸馏水，盖上保护盖。于水平状态，从接目镜处观察，检查视野中明暗交界线是否处在刻度的零线上。若与零线不重合，则旋动刻度调节螺旋，使分界线面刚好落在零线上。

3. 测定固形物含量

打开保护盖，用纱布或擦镜纸将水擦干，然后如上法在棱镜玻璃面上滴2滴果蔬汁，进行观测，读取视野中明暗交界线上的刻度，即为果蔬汁中可溶性固形物含量(%)(糖的大致含量)。

4. 原始记录填写及结果反馈

在检验进行的同时认真填写原始检验记录、反馈单。并及时通知车间负责人签字确认。

**表8-3 可溶性固形物检测原始记录**

检测日期：______年____月____日

样品名称：____________ 规格：____________ 样品状态：____________

仪器名称：________________ 仪器编号：________________

检测依据：________________________________

检测数据

| 样品编号 | 样品批次 | 可溶性固形物含量/% | | | |
|---|---|---|---|---|---|
| | | 读数1 | 读数2 | 读数3 | 平均值 |
| | | | | | |
| 标准值GB 14215—2008 | | 低浓度12.5%～22%(不包含22%)<br>中浓度22%～28%(不包含28%)<br>高浓度28%～36%(不包含36%)<br>特高浓度不低于36% | | | |
| 备注： | | | | | |

检测人： 校核人：

# 任务二 番茄酱黏度测定

## 一、仪器、器皿

不锈钢黏度仪、电子天平、数显浓度仪、搅拌器、秒表、直把刮刀、500 mL塑料烧杯。

## 二、样品检验步骤

(1)检测时要保持黏度计的完全干燥、洁净，把它放在稳固的水平面上并调整至水平，也可利用水平仪在水平槽内调水平。

(2)仪器调整完毕，按下闸板。

(3)取适量的酱，逐渐加入蒸馏水；充分搅拌均匀，直到无气泡(加水时，不要直接倒入，应顺着杯壁慢慢加入，在搅拌时，搅拌器具应延着杯壁搅动)。

(4)调浓度至12.5%、20%(或根据客户要求)(酱温及仪器温度均控制在20℃左右检测)。

(5)用浓度为12.5%、20%样品填满样品槽内，用刮刀刮去多余的样品。

(6)一只手按下闸板开关，另一只手同时按下秒表。

(7)记录30 s样品流过的距离(以流体舌尖处为准)，即为所测番茄酱样品黏度值(cm/30 s)。

## 三、注意事项

(1)测试前，黏度仪一定调至水平状态。

(2)样品槽内的样品不能多也不能少。

(3)打开闸门的过程应在最短的时间内进行，并且防止在打开闸门时黏度仪振动过大。

(4)样品检测黏度值不正常时要重新检验。

(5)测试完毕后，应立即用自来水将样品冲洗干净，并将黏度仪擦拭干净、干燥为止。

(6)仪器要轻拿轻放，用完后平放在干燥的台面上。

(7)在检验进行的同时认真填写原始检验记录、反馈单。

**表8-4 番茄酱黏度检测原始记录**

检测日期：______年____月____日

样品名称：__________ 规格：__________ 样品状态：__________

仪器名称：__________ 仪器编号：__________

检测依据：______________________________

检测数据

| 样品编号 | 样品批次 | 黏度值/(cm/30 s) | | |
|---|---|---|---|---|
| | | 读数1 | 读数2 | 平均值 |
| | | | | |
| 标准值(SN/T 1036—2002) | | ≤15 | | |
| 结论 | | | | |

检测人： 校核人：

# 任务三　番茄酱 pH 的测定

## 一、仪器

pH 酸度计

## 二、试剂

1. 酸度计标准缓冲溶液的配制

(1)pH=1.68 草酸钾标准缓冲溶液：称取在(54±5)℃下烘干 3～4 h 的优级纯草酸钾 3.177 5 g，溶于无 $CO_2$ 的蒸馏水中，转移到 250 mL 容量瓶中，于 25℃下用无 $CO_2$ 的蒸馏水定容至刻线。

(2)pH=4.00 邻苯二甲酸氢钾标准缓冲溶液：称取在(115±5)℃下烘干 2 h 的邻苯二甲酸氢钾(AR)2.58 g，置于烧杯中，用少量无 $CO_2$ 的蒸馏水溶解，转移到 250 mL 容量瓶中，用无 $CO_2$ 的蒸馏水定容至刻线。

(3)pH=6.86 的邻苯二甲酸氢钾和磷酸氢二钠溶液：称取在(115±5)℃下烘干 2 h 的邻苯二甲酸氢钾(AR)0.85 g 和磷酸氢二钠 0.88 g 置于小烧杯中，用少量无 $CO_2$ 的蒸馏水溶解，转移到 250 mL 容量瓶中，用无 $CO_2$ 的蒸馏水定容至刻线。

(4)pH=9.22 硼砂溶液：称取优级纯硼砂 0.95 g(注意：不能烘)，溶于无 $CO_2$ 的蒸馏水中，转移到 250 mL 容量瓶中，于 25℃下用无 $CO_2$ 的蒸馏水定容至刻线。

注意：缓冲溶液配制时所用蒸馏水均需预煮沸 20 min，以除去水中 $CO_2$，冷却后使用。

2. 3 mol/L KCl 饱和溶液

在药物天平上称取 223 g 分析纯 KCl，溶于 1 000 mL 去离子水即成。

## 三、酸度计的校准

(1)用 pH=6.86 的标准缓冲溶液和 pH=4.00 的标准缓冲溶液对酸度计进行标定(此时被测溶液温度为 20℃。根据温度不同，pH 标准缓冲溶液数值不同)。

(2)用洁净滤纸吸取附于符合电极表面的水，插入 pH=6.86 的标准缓冲溶液中，置选择开关于“温度设置位”，调节“温度补偿”电位器，使显示温度与溶液温度一致。

(3)置选择开关于“pH 位”,调节“定位”电位器,使显示值与 pH=6.86 缓冲溶液在该温度下的 pH 一致。

(4)用蒸馏水清洗电极,滤纸吸干水分,插入 pH=4.00 标准缓冲溶液中,调节“斜率”电位器,使显示值与 pH=4.00 缓冲溶液在该温度下的 pH 一致。

(5)反复进行上述操作,使显示值同时符合两标液的 pH 值。

## 四、样品 pH 值的测定

将番茄酱样品按照 1∶1 用蒸馏水(pH=6.5～7.5)稀释,温度控制在 20～25℃,盛在样品杯中,稀释过程中应尽量避免引入气泡,样品的量应足够浸没电极。

## 五、注意事项

(1)如客户有特殊要求,在客户要求的稀释浓度下测量。

(2)测量完毕,用蒸馏水将符合电极上的酱体冲洗干净、擦干,浸在 3 mol/L KCl 饱和溶液或蒸馏水中。

(3)复合电极若长时间不用,应浸在 3 mol/L KCl 饱和溶液中并盖上保护罩。

**表 8-5 番茄酱 pH 检测原始记录**

检测日期:______年____月____日

样品名称:________________ 规格:________________ 样品状态:______________

仪器名称:________________________ 仪器编号:________________________

检测依据:______________________________________________________________

检 测 数 据

| 样品编号 | 样品批次 | 取样量/g | 加水量/g | pH 测定结果 |
|---|---|---|---|---|
| | | | | |
| pH 标准值(GB 10786) | | / | / | ≤4.6 |

备注:

检测人: 校核人:

# 任务四　番茄酱总酸的测定(滴定法)

## 一、原理

酱中的有机酸,用氢氧化钠标准溶液滴定,以酸度计测定终点,用消耗的氢氧化钠标准溶液的体积计算总酸的含量。

## 二、仪器

(1)酸度计(pH 计):刻度为 0.1 pH 单位。

(2)玻璃电极和甘汞电极。

## 三、试剂

1. pH＝4.00 缓冲溶液

称取预先在(115±5)℃下烘干 2 h 的邻苯二甲酸氢钾(AR)2.58 g,置于烧杯中,用少量无 $CO_2$ 蒸馏水溶解后定容至 250 mL。

配制 pH＝6.86 缓冲溶液:称取预先在(115±5)℃下烘干 2 h 的磷酸二氢钾 0.85 g 和磷酸氢二钠 0.88 g 置于小烧杯中,用少量无 $CO_2$ 蒸馏水溶解后定容至 250 mL。

2. 0.1 mol/L 氢氧化钠标准滴定溶液

用小烧杯在粗天平上称取分析纯固体 NaOH 4 g,加蒸馏水约 100 mL,使 NaOH 全部溶解,将溶液倾入一洁净的 1 000 mL 容量瓶中,用蒸馏水稀释至 1 000 mL,用橡皮塞塞住瓶口,充分摇匀。

标定:将优级纯邻苯二甲酸氢钾于(115±5)℃烘箱中烘约 1 h 至恒重。放于干燥器中冷却 25 min 称取 0.3～0.4 g(精确至 0.000 1 g)于 250 mL 锥形瓶中加入 100 mL 新煮沸过的冷蒸馏水溶解,加 2 滴酚酞指示剂,用以上配制好的 NaOH 溶液滴定至溶液呈粉红色,30 s 不褪色,同时做空白试验。

计算 NaOH 标准溶液的物质的量浓度:

$$c(\text{NaOH})=\frac{m}{(V_1-V_2)\times 0.2042}$$

式中:$c$—— NaOH 标准溶液的物质的量浓度;

$m$——邻苯二甲酸氢钾质量;

$V_1$——滴定时所耗 NaOH 标准液毫升数(mL);

$V_2$——空白试验 NaOH 溶液用量(mL)。

## 四、分析步骤

1. 试样的制备

准确称取约 2 g 番茄酱样品,精确至 0.000 1 g,置于 250 mL 烧杯中,加 50 mL 蒸馏水,充分搅拌均匀待测。

2. 酸度计的校正

将酸度计电源接通,用 pH 4.0 及 pH 6.86 的缓冲溶液校正酸度计。

3. 滴定

将制备好的样品,用 0.1 mol/L 氢氧化钠标准滴定溶液滴定,用酸度计测量(将 pH 计的温度校正器调到被测液的温度),直至 pH = (8.1±0.1)结束滴定。记录所消耗的 0.1 mol/L 氢氧化钠标准滴定溶液的毫升数($V_1$)。

4. 做空白试验

用水代替试液做空白试验,记录消耗氢氧化钠标准滴定溶液的毫升数($V_2$)。

## 五、计算

1. 样品中的酸度

$$X=\frac{c(V_1-V_2)\times K}{m}\times 100$$

式中:$X$——每百克样品中酸的克数(g/100 g);

$c$——NaOH 标准溶液的浓度(mol/L);

$V_1$——滴定样液时所耗 NaOH 标准滴定溶液的体积(mL);

$V_2$——空白试验时消耗 NaOH 标准溶液的体积(mL);

$m$——试样质量(g 或 mL);

$K$——酸的换算系数:无水柠檬酸 0.064。

2. 番茄酱总酸的计算

总酸=酸度/干物质×100(干物质为可溶性固形物含量)

## 六、注意事项

同一被测样品应测定 2 次;同一样品,2 次测定结果之差,不得超过 2 次测定平均值的 2%。

**表 8.6　番茄酱总酸检测原始记录**

检测日期：______年____月____日

样品名称：________________　规格：________________　样品状态：______________

仪器名称：________________________　仪器编号：________________________

NaOH 溶液浓度：__________________ mol/L　有效期：__________________

检测依据：__________________________________________________________

检 测 数 据

| 样品质量/g | 样品稀释液总体积/mL | 滴定时吸取样液体积/mL | NaOH 初读数/mL | NaOH 终读数/mL | 样品消耗体积 V/mL | 空白体积 V′/mL | 总酸/% | 总酸平均值/% |
|---|---|---|---|---|---|---|---|---|
| | | | | | | | | |
| | | | | | | | | |

总酸＝酸度/干物质×100

总酸标准值≤8%

注：滴定的初始体积均为“0”mL。

检测人：　　　　　　　　　　　　　　　　　　　　校核人：

## 任务五　番茄酱红素含量的测定(可见分光光度法)

### 一、原理

番茄酱经甲醇多次少量脱水并除去其中的黄色素，再用甲苯多次少量提取番茄红素，用分光光度法测定提取液的吸光度，根据标准曲线计算番茄红素含量。

### 二、仪器、器皿

电子分析天平，分光光度计(波长范围 360～600 nm)，1 mL、2 mL 吸管，1 cm 比色皿，50 mL 小烧杯，50 mL 棕色容量瓶，玻璃棒，三角漏斗，擦镜纸，滤纸。

### 三、试剂

甲醇(AR)、甲苯(AR)、无水乙醇(AR)、苏丹 1 色素(精制品)。

## 四、样品检验步骤

（1）称取番茄酱 0.1～0.2 g 精确至 0.000 2 g 于 50 mL 小烧杯中，在盛有试样的小烧杯中加入少量甲醇，立即用玻璃棒充分搅拌，抽提番茄酱中的黄色素，将抽提液移入带滤纸的玻璃漏斗中过滤，烧杯里剩余的残渣再加入少量甲醇，重复上述操作，直至滤液无色，弃去滤液。

（2）用少量甲苯分数次按以上步骤提取番茄红素直至滤液无色为止，滤液接入 50 mL 棕色容量瓶中，用甲苯定容摇匀，即为番茄红素提取液。

（3）将上述提取液移入 1 cm 比色皿中，在分光光度计中寻找最大吸收波长（本步骤只适用于最大吸收波长的选取）。

（4）在番茄红素提取液最大吸收波长（约 485 nm）下，以甲苯为空白溶液，用分光光度计测定吸光度，从标准曲线中计算番茄红素提取液中番茄红素的浓度。

## 五、标准曲线的绘制

（1）称取 0.025 g 苏丹 1 色素，精确到 0.000 1 g，用少量无水乙醇溶解。定量移入 50 mL 棕色容量瓶中，并用无水乙醇稀释至刻度、摇匀。

（2）精确吸取上述标准溶液 0.26 mL、0.52 mL、0.78 mL、1.04 mL、1.30 mL 分别注入一组 50 mL 棕色容量瓶中，用无水乙醇稀释至刻度摇匀后即相当于 0.5 μg/mL、1.0 μg/mL、1.5 μg/mL、2.0 μg/mL、2.5 μg/mL 番茄红素的标准溶液，然后依次注入 1 cm 比色皿（比色皿用无水乙醇冲洗然后用被测液同化），以番茄红素提取液进行比色寻找最大波长（约 485 nm），在此波长下用无水乙醇为空白溶液，分别测定吸光度，以测得的吸光度为纵坐标，苏丹 1 色素标准溶液所相当番茄红素浓度为横坐标绘制计算标准曲线。

（3）从标准曲线中计算番茄红素提取液中番茄红素的浓度。每次改变波长时，都要用空白溶液重新调节吸光度的零点。

（4）计算标准曲线：

$$Y=a+bX$$

式中：$Y$—— 吸光度；

$X$——比色液的浓度；

$a=y_{均}-bx_{均}$；$b=S_{(xy)}/S_{(xx)}$。

$$相关系数\ r = S_{(xy)}/[S_{(xx)}S_{(yy)}]^{1/2}$$

式中：$x_{均}=\sum x_i/n$；$y_{均}=\sum y_i/n$；$S_{(xy)}=\sum(x_i-x_{均})(y_i-y_{均})$；$S_{(xx)}=\sum(x_i-x_{均})^2$；$S_{(yy)}=\sum(y_i-y_{均})^2$。

## 六、结果计算

$$番茄红素的含量(mg/100\ g)=5\times X/m$$

式中：$X$——色素提取液中番茄红素的浓度，μg/mL；

$m$——试样质量，g。

## 七、注意事项

同一被测样品测定两次；同一样品的两次测定值之差应小于 2 mg/100 g。

**表 8-7　番茄酱红素检测原始记录**

<table>
<tr><td>产品批次/规格</td><td colspan="2"></td><td>班次</td><td></td><td>生产日期</td><td colspan="2"></td></tr>
<tr><td>分析方法</td><td colspan="2">分光光度法</td><td colspan="2">波长：　nm</td><td>参比溶液</td><td colspan="2">甲苯</td></tr>
<tr><td>仪器名称</td><td colspan="2">分光光度计</td><td colspan="2">比色皿：　cm</td><td>空白吸光值</td><td colspan="2"></td></tr>
<tr><td colspan="8">标准曲线方程：$Y=a+bX$，其中：$a=$　　$b=$　　$r=$</td></tr>
<tr><td rowspan="2">环境温度/℃</td><td rowspan="2"></td><td rowspan="2" colspan="2">称样重量/g</td><td>1.</td><td rowspan="2" colspan="2">吸光度 $A$</td><td>1.</td></tr>
<tr><td>2.</td><td>2.</td></tr>
<tr><td colspan="8">红色素含量(mg/100 g)平均值：</td></tr>
<tr><td colspan="8">计算公式及数据处理(根据标准曲线计算红素的含量)：<br>番茄红素的含量(mg/100 g)＝5×$X/m$</td></tr>
</table>

注：红素标准值(mg/100 g)：低浓度≥13，中浓度≥18，高浓度≥22，特高浓度≥30。

检测人：　　　　核校人：

# 实训 8-7　番茄酱卫生指标的检测（番茄酱中霉菌的测定）

## 一、仪器、器皿

显微镜、电子天平、数显浓度仪、圆头玻璃棒、郝氏计测玻片、盖玻片（25 个视野）、50 mL 小烧杯、100 mL 量筒。

## 二、检验步骤

（1）用 50 mL 小烧杯在天平上称取产品 10 g 稀释至 7.9%～8.8%：36%～38%冷破酱加蒸馏水约 35 mL 稀释；28%～30%热破酱加蒸馏水约 25 mL 稀释。

（2）用玻璃棒搅拌均匀，直到无气泡。

（3）使用前检查数显浓度仪棱镜表面是否干净，如不干净，倒适量蒸馏水用脱脂棉擦洗干净，直到无水迹、干燥为止。

（4）用干净的数显浓度仪测试稀释后的样品浓度。

（5）倒适量稀释后的样品于尼龙纱布上裹紧，用大拇指和食指挤压出汁，弃去前 2 滴，挤出 2～3 滴于下折射棱镜表面上，要无气泡，然后将上面的进光棱镜盖上。

（6）旋转聚光照明部件的转臂和聚光镜筒使上面的进光棱镜的进光表面（测液体样品）或固体样品前面的进光表面（测固体样品）得到均匀样品。

（7）通过目镜观察视野，同时旋转手轮，使明暗分界线落在交叉视场中。

（8）旋转目镜方缺口里的色散校正手轮，同时调节聚光镜位置，使视野中明暗两部分具有良好的反差和明暗分界线具有最小的色散。

（9）测定浓度必须在 7.9%～8.8%。如不在范围内继续加酱或水于 50 mL 小烧杯中，再搅拌均匀，直到浓度在规定范围内方可检测。

（10）用脱脂棉将棱镜上下表面的样品擦去，再用蒸馏水冲洗，最后用脱脂棉擦干净，浓度检测完毕。

（11）取稀释好的样品进行霉菌检验

①检查霉菌记数板是否洁净。

②用玻璃棒将稀释至 7.9%～8.8%的样品充分搅拌均匀后，滴 1 滴涂于载玻片中央平面计测室上，不能滴过多，也不能滴过少，必须充满计测室，要均匀充满无

气泡为止盖上盖玻片(从充分混合的样品中取出一部分均匀分散到计测室中是极其重要的,否则,放盖片时不溶性物质包括霉菌会集中在计数板的中部)如分布不均匀、或无牛顿环、或有液体被带过浅槽,此样片需冲洗掉重新制片。

③打开显微镜电源,旋转光调节钮,调节光强,按箭头的方向旋转光调节钮,增加光强,按反方向旋转低光强。

④将制好的样品仔细放在显微镜的物镜下,轻轻拨动夹片器(以免损坏载玻片边缘)将其固定住。旋转上部的垂直控制钮沿前后方向移动样品制片,旋转下部的控制钮侧向移动样品的制片。边观察边移动样品到需要的位置。

⑤旋转物镜转换至于10倍的物镜下,使其视野直径为1.382 mm对准样品的视野。旋转显微镜的粗调,使样品尽可能接近物镜。通过目镜镜头观察样品,慢慢旋转粗调使载物台下降,粗聚焦以后,旋转微调精确聚焦。

⑥调节两个观察筒的距离,从而可以观察到一个单一的显微镜像,根据视间距进行调节。

⑦调节屈光度用右眼通过右边目镜镜头观察,并旋转粗调钮和/或细调钮使样品聚焦。用左眼通过左边目镜镜头观察,只旋转屈光度调节环使样品聚焦。

⑧如果整个观察视场中亮度不够,可轻微降低聚光镜提高亮度。旋转聚光镜上下移动钮将聚光镜移到最高位置。

⑨调节粗调钮,使载物台上下移动,对样品粗对焦,调节微调钮,使载物台上下移动,对样品精确对焦。

⑩观察25个视野,每个样品至少观察2个样片。两次的霉菌数相差不超过2个时,所观测到的霉菌阳性视野即为两次检测之和的百分数(进行百分比换算)。当观察两次霉菌数数量超过2个,就要制4个样片,观察4次,霉菌计数即为4次观测之和。

(12)阳性视野的判定

①霉菌菌丝的特征:平行壁;有隔膜;菌丝内呈粒状;有分枝;菌丝的顶部呈钝圆形;菌丝体不折光,无折光现象。

②判定你所看到的视野为阳性视野的方法

a. 一个菌丝的长度超过视野直径的1/6记为一个阳性视野。

b. 单个菌丝加上分枝菌丝总长度超过视野直径的1/6记为一个阳性视野。

c. 两个霉菌菌丝的总长度超过视野直径的1/6记为一个阳性视野。

d. 3个霉菌菌丝的总长度(超过3个菌丝的总长度不算)超过视野直径的1/6记为一个阳性视野。

e. 一丛霉菌菌丝的总长度超过视野直径的1/6记为一个阳性视野。

(13)计算:根据对所有视野的观察结果,计算阳性视野所占比例,并以百分数(%)填写记录。

## 三、计算公式

样品阳性视野=阳性视野数/观察视野数×100%

表 8-8 霉菌指标 %

| 项 目 | 合格品 | 不合格品 |
|---|---|---|
| 霉菌(视野) | 酱体≤50<br>果汁≤10 | 酱体>50<br>果汁>10 |

## 四、注意事项

一般每个检样至少观察50个视野,最好同一检样两人进行观测。

# 第二节 番茄酱不合格品分类原则与等级标准

不合格品共分为6类,自一类至六类,不合格程度由轻到重。

1. 一类不合格品

关键不合格项目为:外包装。

指工厂经过对不合格的外包装整改后可以转变为合格酱的不合格品。仅限于成品外包装不合格(鉴重、贴标、打包等),产品内在品质合格。

2. 二类不合格品

关键不合格项目为:可溶性固形物、霉菌。

分为可溶性固形物、霉菌、或两项并存的不合格品,并有可能同时含一类不合格品。

(1)可溶性固形物不合格:可溶性固形物低于工艺要求或客户要求。

(2)霉菌不合格:霉菌在50%~70%之间、霉菌>70%。

3. 三类不合格品

关键不合格项目为:皮籽、微煳味。

分为皮籽、微煳味、或两项并存的不合格品,并有可能同时含一、二类不合格品。

(1)皮籽:正常生产工艺生产非皮籽酱,筛网尺寸一般是<1.0 mm,皮籽的尺寸与数量超出规定标准判定为不合格。在感官压板检验中(按10 g酱计算):最后一道筛网的尺寸<1.0 mm时,不允许有整籽存在,但允许有少量碎籽或小碎片或皮存在,否则为不合格皮籽酱。

(2)生产皮籽酱,筛网尺寸一般是≥1.0 mm,皮籽的尺寸与数量超出规定标准判定为不合格。在感官压板检验中(按10 g酱计算):

最后一道筛网的尺寸1.0~1.5 mm时,不允许有整籽存在,但允许最多有10个碎籽和皮存在,否则为不合格皮籽酱;

最后一道筛网的尺寸≥1.5 mm时,允许有≤1.5 mm的籽、碎皮存在,否则为不合格皮籽酱。

(3)按公司提供的客户标准判定。

4.四类不合格品

关键不合格项目为:轻中度黑斑或糊斑、一般杂质缺陷(白色异物、棉线、头发等)。

分为轻中度黑斑、一般杂质(棉线、头发等),或两项并存的不合格品,并有可能同时含一、二、三类不合格品。

(1)轻中度黑斑或煳斑:在感官压板检验中(按10 g酱计算):

最后一道筛网的尺寸<1.0 mm时,直径0.5~1.0 mm的小黑斑6~12个,直径1.0~1.5 mm的中黑斑1~3个,直径≥1.5 mm的大黑斑不能存在,黑斑总数6~15个,为轻中度黑斑。低于该标准为正常值,高于该标准为重度黑斑。

最后一道筛网的尺寸1.0~1.5 mm时,直径0.5~1.0 mm的小黑斑7~15个,直径1.0~1.5 mm的中黑斑2~4个,直径≥1.5 mm的大黑斑1~3个,黑斑总数7~22个,为轻中度黑斑。低于该标准为正常值,高于该标准为重度黑斑。

最后一道筛网的尺寸>1.5 mm时,直径0.5~1.0 mm的小黑斑10~20个,直径1.0~1.5 mm的中黑斑5~7个,直径≥1.5 mm的大黑斑2~4个,黑斑总数14~31个,为轻中度黑斑。低于该标准为正常值,高于该标准为重度黑斑。

(2)一般杂质缺陷(白色异物、棉线、头发等):对产品进行白色异物检验时,发现酱体中存在白色异物、棉线、头发等不危害到食品安全的一般杂质时,即判定产品存在着一般杂质缺陷。

5.五类不合格品

关键不合格项目为:重度黑斑、色差低、红色素低。

分为重度黑斑、色差、红色素,或三项之间相互存在的不合格品,并有可能同时含以上类不合格品。

**表 8-9 番茄酱成品原始检验记录汇总表**

<table>
<tr><td>生产日期</td><td colspan="3"></td><td colspan="2">批次</td><td colspan="3"></td><td>班次</td><td colspan="2"></td><td colspan="6">生产线</td></tr>
<tr><td rowspan="3">取样时间</td><td rowspan="3">灌装桶号</td><td rowspan="3">灌装头</td><td colspan="7">感观指标</td><td rowspan="3">可溶性固型物/%</td><td rowspan="3">黏度/(cm/30 s)</td><td rowspan="3">霉菌/%</td><td rowspan="3">pH 值</td><td rowspan="3">总酸/%</td><td rowspan="3">红素/(mg/100 g)</td><td rowspan="3">检验员(签名)</td><td rowspan="3">备注</td></tr>
<tr><td rowspan="2">气滋味</td><td rowspan="2">组织形态</td><td rowspan="2">色泽</td><td colspan="3">黑斑数量</td><td rowspan="2">缺陷</td></tr>
<tr><td>大</td><td>中</td><td>小</td></tr>
<tr><td></td><td></td><td></td><td></td><td></td><td></td><td></td><td></td><td></td><td></td><td></td><td></td><td></td><td></td><td></td><td></td><td></td><td></td></tr>
<tr><td></td><td></td><td></td><td></td><td></td><td></td><td></td><td></td><td></td><td></td><td></td><td></td><td></td><td></td><td></td><td></td><td></td><td></td></tr>
<tr><td></td><td></td><td></td><td></td><td></td><td></td><td></td><td></td><td></td><td></td><td></td><td></td><td></td><td></td><td></td><td></td><td></td><td></td></tr>
<tr><td></td><td></td><td></td><td></td><td></td><td></td><td></td><td></td><td></td><td></td><td></td><td></td><td></td><td></td><td></td><td></td><td></td><td></td></tr>
<tr><td></td><td></td><td></td><td></td><td></td><td></td><td></td><td></td><td></td><td></td><td></td><td></td><td></td><td></td><td></td><td></td><td></td><td></td></tr>
<tr><td></td><td></td><td></td><td></td><td></td><td></td><td></td><td></td><td></td><td></td><td></td><td></td><td></td><td></td><td></td><td></td><td></td><td></td></tr>
<tr><td></td><td></td><td></td><td></td><td></td><td></td><td></td><td></td><td></td><td></td><td></td><td></td><td></td><td></td><td></td><td></td><td></td><td></td></tr>
<tr><td></td><td></td><td></td><td></td><td></td><td></td><td></td><td></td><td></td><td></td><td></td><td></td><td></td><td></td><td></td><td></td><td></td><td></td></tr>
<tr><td></td><td></td><td></td><td></td><td></td><td></td><td></td><td></td><td></td><td></td><td></td><td></td><td></td><td></td><td></td><td></td><td></td><td></td></tr>
<tr><td></td><td></td><td></td><td></td><td></td><td></td><td></td><td></td><td></td><td></td><td></td><td></td><td></td><td></td><td></td><td></td><td></td><td></td></tr>
<tr><td></td><td></td><td></td><td></td><td></td><td></td><td></td><td></td><td></td><td></td><td></td><td></td><td></td><td></td><td></td><td></td><td></td><td></td></tr>
<tr><td>备注</td><td colspan="17"></td></tr>
</table>

填制人：　　　　　　　　审核人　　　　　　　　填制日期：　　年　　月　　日

(1)重度黑斑:即有大煳斑、煳渣;

(2)色差低:色差值≤1.8;

(3)红色素:红色素值低于 SN/T 1036—2002 规定的不同浓度规格的红色素限值。

6.六类不合格品

指以上 5 类不合格品以外,综合品质太差,无法在市场正常销售的不合格品。

(1)袋口密封不严剔除酱;

(2)烂袋酱;

(3)胀袋酱,已有严重酸败味;

(4)排出酱,清洗设备时排出的余酱;

(5)严重的煳锅酱,较重煳味;

(6)有害杂质,如碎玻璃、铁屑、昆虫等危害食品安全的杂质;

(7)报废酱。

# 第九章　蔬菜检测技术

## 第一节　蔬菜检验基础

### 一、岗位检验任务概述

1. 蔬菜农药残留检验

由于农药工业和现代农业的迅速发展，农药的品种、数量越来越多，施用量越来越大，农药残留问题已成为影响农产品质量的主要因素，搞好农药残留的预防与控制工作，是提高农产品质量安全水平，保障食品安全和人体健康，增强农产品市场竞争能力，实现农业和农村经济可持续发展的重要措施。

进入 21 世纪后，由于一些发达国家对农产品中农药残留量提出了更为严格的要求，农药残留问题不仅成为我国农产品出口的重要障碍，也突出地成为消费者普遍关注的蔬菜安全问题的重要内容。近年来，农药残留问题再度受到农业部及有关部门的高度重视，全国各省和许多地、市、县都建立了农药残留的检测机构，全国农药残留的监督检测体系基本形成。在对农药残留高度关注的同时，国家也采取了对高毒农药的限制使用措施，同时鼓励对新的高效低毒农药品种的开发研究措施，因此近年来农药新品种、新剂型不断出现，同时对检验方法和技术也有了新的和更高的要求。面对新的形势，我国急需培养大批掌握农药残留检验技术的专门人才，以便对蔬菜中的有害有毒物质迅速进行鉴别，采取针对性的防治措施。

2. 蔬菜硝酸盐、亚硝酸盐等有害成分的检验

蔬菜中亚硝酸盐的测定是蔬菜卫生检验的必测项目之一。自然界中硝酸盐和亚硝酸盐广泛分布于水体、土壤、空气和植物中，特别是当前蔬菜生产中大量使用含有硝酸盐的化肥，增加了植物中硝酸盐的蓄积，并且有许多蔬菜能从土壤中富集更多的硝酸盐，如菠菜、芹菜、大白菜、韭菜和莴苣等（表 9-1）。

蔬菜易富集硝酸盐，硝酸盐会转化为亚硝酸盐，蔬菜在腐烂时最易形成亚硝酸盐。对于硝酸盐和亚硝酸盐的作用，人类的认识还在不断地深入。蔬菜残留的亚

**表 9-1　某些日常蔬菜中硝酸盐的平均含量**　mg/kg

| 蔬菜名称 | 叶部 | 茎部 | 蔬菜名称 | 叶部 | 茎部 |
|---|---|---|---|---|---|
| 芹菜 | 3 912 | 3 921 | 小松菜 | 1 209 | 572 |
| 菠菜 | 2 335 | 3 593 | 蒿子菜 | 354 | 2 835 |
| 荷兰芹 | 1 218 | 1 843 | 卷心菜 | 180 | |
| 白菜 | 2 259 | 3 504 | 茄子 | 275 | |

硝酸盐在人体内会产生不利作用，一方面亚硝酸盐可降低血液的载氧能力，导致高铁血红蛋白血症；另一方面，亚硝酸盐还可与人体内的二级胺类（仲胺、叔胺等）反应，在胃腔中形成强力致癌物——亚硝胺，从而诱发消化系统癌变。同时硝酸盐可在人体内被硝酸还原酶还原为亚硝酸盐而发挥其不利作用。所以，硝酸盐和亚硝酸盐是人们普遍公认的致癌物质，对人类健康危害极大，受到人们极度关注。

GB 19338—2003 中规定了蔬菜中硝酸盐的限量要求，见表 9-2。

**表 9-2　蔬菜中硝酸盐限量卫生指标**　mg/kg 鲜重

| 蔬菜类别 | 硝酸盐（以 $NO_3^-$ 计） |
|---|---|
| 茄果类、瓜类、豆类 | ≤440 |
| 茎菜类 | ≤1 200 |
| 根菜类 | ≤2 500 |
| 叶菜类 | ≤3 000 |

蔬菜是提供人们膳食纤维、维生素和矿物元素的主要来源。了解影响硝酸盐在蔬菜中积累的因素，采取有效措施控制蔬菜中硝酸盐含量，对发展无公害蔬菜生产和提高人民的生活质量与健康水平有着重要的意义。

3. 蔬菜总灰分的检验

灰分是某些蔬菜重要的质量控制指标。不同的蔬菜，因产地、加工方法及测定条件不同，各种灰分的组成和含量也不相同。如果灰分含量超过了正常范围，说明蔬菜在加工、储运过程中受到污染，因此测定灰分可以判断蔬菜受污染的程度。此外，灰分还可以评价蔬菜的品质。

4. 重金属残留的检测

蔬菜中主要有害有毒元素是指汞、铅、镉、砷等。这些元素一旦进入人体或在人体内的含量超过一定范围，就会对人体正常组织及生理活动带来危害。因此，对于蔬菜中这类主要有害有毒元素，应加以防范和限制，达到国家的安全食用标准。

5.评价蔬菜营养价值

蔬菜中富含维生素有利于延长寿命，缺乏则容易导致代谢失常、机能紊乱。维生素是维持人体正常生命活动所必需的一类天然有机化合物。其种类很多，目前已确认的有30多种，其中被认为对维持人体健康和促进发育至关重要的有20余种，作为辅酶参与调节代谢过程，缺乏任何一种维生素都会导致相应的疾病。它们在人体中不能合成，需要经常从食物中摄取。

蔬菜中各种维生素的含量主要取决于蔬菜的品种，许多维生素对光、热、氧、pH值敏感，因而加工条件不合理或储存不当都会造成维生素的损失。

测定蔬菜中维生素的含量，在评价蔬菜的营养价值，开发和利用富含维生素的蔬菜资源，指导人们合理调整膳食结构，防止维生素缺乏，研究维生素在蔬菜加工、储存等过程中的稳定性，指导人们制定合理的工艺条件及储存条件、最大限度地保留各种维生素，防止因摄入过多而引起维生素中毒等方面具有十分重要的意义和作用。

## 二、蔬菜检验的依据

GB/T 8855—2008 新鲜水果和蔬菜 取样方法

GB/T 5009.4—2010 食品中灰分的测定

GB/T 5009.12—2010 食品中铅的测定

GB/T 5009.33—2010 食品中亚硝酸盐与硝酸盐的测定

GB/T 5009.199—2003 蔬菜中有机磷和氨基甲酸酯类农药残留量的快速检测

GB 6195—1986 水果、蔬菜维生素C含量测定法(2,6-二氯靛酚滴定法)

# 实训9-1 新鲜蔬菜样品的采集

## 一、实训任务要求

(1)拟采集样品。采集大白菜、菠菜、卷心菜、马铃薯、洋葱、萝卜、甜椒、茄子、黄瓜、番茄。

拟采集样品可根据实际情况自行选择。

(2)制订采样方案。查阅资料，根据采样目的和任务认真制定采样方案，使采样工作能够按计划有步骤地进行。采样方案应包括检测目的和任务、抽样对象、抽样时间和地点、抽样单元(或抽样组批)、抽样量、抽样方法、样品运输方式、样品贮存方式等。

(3)准备好采样工具。采样之前,应充分准备好采样工具、包装容器及文具等物质。

应根据所采样品性质的不同,准备适于检验样品要求的器具。如塑料密封采样瓶、保鲜袋、带封口条的塑料包装袋、布袋、麻袋、网袋、聚乙烯塑料袋等。

抽样器具应清洁、干燥、无异味、无污染、不渗漏,不会对样本造成污染。

文具包括样本标签、抽样单、样品登记表、封条、文具夹、铅笔等。

(4)根据采样方案实施蔬菜样品的采集。

(5)对采集的新鲜蔬菜样品进行制备并保存,供后续检测用。

## 二、新鲜蔬菜样品的采集

### (一)适用范围

本方法适用于新鲜水果和蔬菜的取样。在某些情况下可根据签订的合同规定的取样方法执行。

### (二)取样的术语

(1)合同货物　以指定合同或货运清单为准发送或接收的货物数量。可以由一批或多批货物组成。

(2)批量货物　数量确定,品质均匀一致(同一品种或种类,成熟度相同,包装一致等)的货物。属于合同货物中的某一批。

(3)抽检货物　从批量货物中的不同位置和不同层次随机抽取的少量货物。多个抽检货物取样量应大致相同。

(4)混合样品　将多个抽检货物混合后得到的样品。如果条件适宜,可以从一个特定的批量货物中抽取抽检货物混合获得。

(5)缩分样品　混合样品经缩分而获得对该批量货物具有代表性的样品。

(6)实验室样品　送往实验室分析或其他测试的、从混合样品或缩分样品中获得的一定量的能够代表批量货物的样品。

### (三)取样的一般要求

(1)取样应由贸易双方协商一致后进行,或者由政府检测机构派出的人员进行。在取样之前应对被检货物进行确认。

(2)应保证取样工具和容器洁净、干燥、无异味,取样过程中不应受雨水、灰尘等环境污染。

(3)对采集的样品不论进行现场常规鉴定还是送实验室做品质鉴定，一般要求随机取样。在某些特殊情况下，例如，为了查明混入的其他品种或任一类型的混杂，允许进行选择取样。取样之前要明确取样的目的，即搞清样品鉴定性质。

(4)采集的货物样品，应能充分地代表该批量货物的全部特征。从样品中剔除损坏的部分(箱、袋)，损坏和未损坏部分的样品分别采集。

(5)取样完成后，要随即填写取样报告。

**(四)取样方法**

1. 批量货物的取样准备

批量货物取样，要求及时，每批货物要单独取样。如果由于运输过程中发生损坏，其损坏部分(盒子、袋子等)必须隔离，并从完整部分进行单独取样。如果认为货物不均匀，除贸易双方另行磋商外，应当把正常部分单独分出来，并从每一批中取样鉴定。

2. 抽检货物的取样准备

抽检货物要从批量货物的不同位置进行随机取样。

(1)包装产品　对有包装的产品(木箱、纸箱、袋装等)，按照表9-3进行随机取样。

**表 9-3　抽检货物的取样件数**

| 批量货物中同类货物件数 | 抽检货物的取样件数 |
|---|---|
| ≤100 | 5 |
| 101～300 | 7 |
| 301～500 | 9 |
| 501～1 000 | 10 |
| >1 000 | 15(最低限度) |

(2)散装产品　与货物的总量相适应，每批货物至少采取5个抽检货物。在蔬菜或水果个体较大的情况下(大于2 kg/个)，抽检货物至少由5个个体组成。抽检货物的取样量按表9-4取样。

表 9-4　抽检货物的取样量

| 批量货物的质量(kg)或件数 | 抽检货物总质量(kg)或总件数 |
| --- | --- |
| ≤200 | 10 |
| 201～500 | 20 |
| 501～1 000 | 30 |
| 1 001～5 000 | 60 |
| >5 000 | 100(最低限度) |

3. 混合样品或缩分样品的制备

混合样品的制备:混合样品必须集合所有抽检货样品,尽可能将样品混合均匀。

缩分样品的制备:缩分样品通过缩分混合样品获得。

对混合货样或缩分样品,应当现场检测。为了避免受检样品的性状发生某种变化,取样之后应当尽快完成检验工作。

4. 实验室样品的数量

实验室样品的数量应按照合同要求,或按检验项目所需样品量内 3 倍取样。其中一份作检验,一份作复验,一份作备查。其最低取样量参见表 9-5。

表 9-5　实验室样品取样量

| 产品名称 | 取样量 |
| --- | --- |
| 小型水果、核桃、毛豆、豌豆以及以下各项未列蔬菜 | 1 kg |
| 大蒜、茄子、甜菜、黄瓜、结球甘蓝、卷心菜、块根类蔬菜、洋葱、甜椒、萝卜、番茄 | 3 kg |
| 南瓜、西瓜、甜瓜、菠萝、 | 5 个个体 |
| 大白菜、花椰菜、莴苣、红甘蓝 | 10 个个体 |
| 甜玉米 | 10 个个体 |
| 捆装蔬菜 | 10 捆 |

5. 实验室样品的包装和处理

(1)包装　不能现场检测的实验室样品,应进行包装,外加封条,以确保样品的完好性状。

(2)标识　转送实验室检验的样品必须做好标识(标签),标识字迹要清楚牢固。标识内容要包括:产品名称、种类、品种、质量等级,发货人姓名,取样地点,取样日期(对易腐烂产品,另注明取样时间),样品的识别标记或批号(成批货物或样品要有发货记录、车辆号、起运仓库)，取样报告号，取样人姓名和签字，要求检验项目，收样单位、收样人姓名等项内容(图 9-1)。

农产品样品标签

样品标号____________

产品名称____________　种类________　品种________　等级________

发货人姓名____________　样品的识别标记或批号________________

采样地点____________　采样人__________　采样时间__________

检测项目________________________________

收样单位________________________　收样人姓名________

**图 9-1　农产品样品标签**

(3)发货和贮存　包装好的样品要保证产品不变质，并尽快转运至目的地进行检验。

实验室样品的贮存和运输条件应避免产品发生任何变化；取样后，实验室样品在送到检测实验室后应尽快开始检验。

6. 取样报告

取样报告要统一编号。具有编号的取样报告，应附在样品包装容器内或随同样品一起转运。取样报告应包括以下项目：

(1)产品名称、种类、品种、质量分级；

(2)货物收货人；

(3)收货地址、单位、收货日期；

(4)发货地址、单位、托运人姓名、托运日期；

(5)货物贮存地点，持续贮存时间、条件、运输方式(车辆种类、号码)；

(6)要求取样日期、时间；

(7)取样日期、时间；

(8)取样时的气候条件(如温度等)；

(9)货物件数、包装种类、包装大小；

(10)能够辨认该批货物的样品标记(包装种类、标记正文等)；

(11)取样目的；

(12)运输和贮存的条件(清洁、有无异味、运输方式、物理条件、防雨性能)；

(13)货物外观均匀一致性，受潮和残损比例。

(14)货物清洁程度；
(15)包装的类型和质量，包装内产品的分布均匀性；
(16)货物的内在温度(或运输和贮存的温度)；
(17)冷冻方式运输，冰(或固体二氧化碳)的用量和鼓风机的机械条件；
(18)冬季包装条件和质量；
(19)批量货物包装用品的皮重；
(20)样品待检验部分的名称或别名；
(21)实验室样品编号；
(22)取样人姓名；
(23)采用的本标准之外的取样技术。

**表 9-6　蔬菜样品取样报告单**

| | | | |
|---|---|---|---|
| 检验类别 | | 样品名称 | |
| 样品编号 | | 商标 | |
| 采样日期 | | 采样地点 | |
| 样本基数 | | 采样量 | |
| 采样部位 | | 抽样方式 | |
| 包装方法 | | 签封标志 | 完好　　不完好 |
| 采样时的环境条件和气候条件 | | | |
| 抽样人及被抽样单位(人)仔细阅读下面文字，确认后签字：<br>我认真负责地填写(提供)了以上内容，确认填写内容及所抽样品的真实、可靠。 | | | |
| 被抽样单位(人)盖章或签名<br><br>年　月　日 | | 抽样单位盖章<br>抽样人签名<br>年　月　日 | |

此单一式三份，第一联存根(或交任务下达部门)，第二随样品，第三联由被抽单位保存。

## 三、蔬菜样品的制备与贮存

### (一)样品的缩分

在样品分析或样品贮存之前，往往要对采集的样品进行缩分处理，制备实验室检测样品及备份，以满足进一步处理和分析的需要。

水果等块状样品及大白菜、包菜、甘蓝等大型蔬菜样品应采用对角线分割法缩分。先用清水将样品洗净晾至无水后，垂直放置，中间部分横切，然后上下两部分分别进行对角线切割，除去非可食部分，取所需量的样品。

小型叶菜类样品应采用随机取样法缩分。取可食部分，先用清水将样品洗净晾至无水，再将整株植株粗切后混合均匀，随机取所需量的样品。

缩分后的样品，分成三份，一份检测用，一份需要时复查或确证用，一份作留样备用。

**(二)样品制备与保存**

样品的制备方法、留样要求、盛装容器和保存条件见表 9-7，当送样量不能满足留样要求时，在保证分析样用量后，全部用作留样。

**表 9-7 样品的制备和保存**

| 样品类别 | 制样和留样 | 盛装容器 | 保存条件 |
| --- | --- | --- | --- |
| 水果、蔬菜 | 去皮、核、蒂、梗、籽、芯等，取可食部分，沿纵轴剖开成两半，截成四等份，每份取出部分样品，混匀，用四分法分成两份，一份留样(＞100 g)，另一份用捣碎机捣碎混匀供分析用(＞50 g) | 食品塑料袋、玻璃广口瓶 | 置于阴暗处保存；易腐败变质的样品保存在0～5℃的冰箱里，保存时间不宜过长 |

**(三)制样注意事项**

(1)样品缩分与制备应在通风、整洁、无扬尘、无易挥发化学物质的场所进行。

(2)用干净纱布擦净样品上的泥尘等附着物后或用清水冲洗晾干后再用捣碎机捣碎或磨碎。

(3)制样中，样品标签与样品始终放在一起，严禁混错。

(4)制样所用工具每处理一份样品后擦洗一次，严防交叉污染。

## 第二节 蔬菜检测技术实训

### 实训 9-2 大白菜中总灰分的测定

通过大白菜灰分的测定，可以了解大白菜中矿物质含量，也是无机成分检验和重金属检验的基础工作。

## 一、适用范围

本办法适用于大白菜及各类水果、蔬菜产品的总灰分的测定。

## 二、测定原理

一定量的样品经炭化后放入高温炉内灼烧，其中的有机物质被氧化分解，以二氧化碳、氮的氧化物及水等形式逸出。而无机物质则以硫酸盐、磷酸盐、碳酸盐、氯化物等无机盐和金属氧化物的形式残留下来，这些残留物即为灰分。称量残留物的质量即可计算出样品中总灰分的含量。总灰分系在(525±25)℃下用灼烧重量法测定。

## 三、仪器与设备

(1)坩埚 30～50 mL 的石英坩埚或瓷坩埚；
(2)马弗炉；
(3)干燥器；
(4)分析天平；
(5)电热板(或电炉)；
(6)水浴锅。

## 四、试剂

1∶4 盐酸溶液。

## 五、操作步骤

1. 坩埚的恒重

用稀盐酸(1∶4)将坩埚煮 1～2 h，洗净置于马弗炉中，在(550±25)℃下灼烧 0.5 h，待炉温降至 200℃左右，取出，放入干燥器中冷却至室温(30 min 左右)，准确称量。重复灼烧至恒重(前后两次称量相差不超过 0.5 mg)。坩埚质量记为 $m_0$。

2. 试样的制备

大白菜是含水分较多的试样，先用组织捣碎机匀浆，制备成均匀的试样。如样品经密闭冷冻保存，则必须令其解冻，温度回升至室温后均匀取样。

3. 样品称量

称大白菜鲜样 5～10 g(精确至 0.000 1 g)于已恒重的坩埚中。坩埚+试样的质量记为 $m_1$。

4. 炭化

试样经上述处理后，先在沸水浴上蒸干。蒸干后的试样，在电热板上以小火加热使试样充分炭化至无烟。

5. 灰化

炭化后，把坩埚移入已达规定温度(550±25)℃的马弗炉炉口处，稍停留片刻，再慢慢移入炉膛内，将坩埚盖斜倚在坩埚口，关闭炉门，灼烧 4 h 左右，直至无炭化物残留为止。打开炉门，将坩埚移至炉口处，待炉温降至 200℃左右时，再将坩埚移入干燥器中冷却至室温称重，准确称重至 0.000 1 g，重复灼烧、冷却、称重，直至达到恒重(前后两次称量相差不超过 0.5 mg)。坩埚+灰分的质量记为 $m_2$。

## 六、测定结果的计算与检验报告的填写

(1)大白菜中总灰分含量，按下式计算：

$$X_1=\frac{m_2-m_0}{m_1-m_0}\times 100$$

式中：$X$——试样中灰分的含量，单位为克每百克(g/100 g)；

$m_0$——坩埚的质量，单位为克(g)；

$m_1$——坩埚和试样的质量，单位为克(g)；

$m_2$——坩埚和灰分的质量，单位为克(g)。

试样中灰分含量≥10 g/100 g 时，保留 3 位有效数字；试样中灰分含量<10 g/100 g 时，保留 2 位有效数字。

(2)精密度：在重复性条件下获得的两次独立测定结果的绝对差值不得超过算术平均值的 5 %，否则重新测定。若符合精密度的要求，取两次测定的算术平均值作为结果。

(3)将检测结果填写在检验结果报告单中，原始数据按要求在检测过程中及时填写在原始数据记录单中。

## 七、注意事项

(1)试样经预处理后，在放入马弗炉灼烧前要先进行炭化处理，样品炭化时要注意热源强度，防止在灼烧时，因高温引起试样中的水分急剧蒸发，使试样飞溅；防止糖、蛋白质、淀粉等易发泡膨胀的物质在高温下发泡膨胀而溢出坩埚；不经炭化而直接灰化，炭粒易被包住，灰化不完全。

(2)把坩埚放入马弗炉或从炉中取出时，要放在炉口停留片刻，使坩埚预热或

冷却，防止因温度剧变而使坩埚破裂。

(3)灼烧后的坩埚应冷却到200℃以下再移入干燥器中，否则因热的对流作用，易造成残灰飞散，且冷却速度慢，冷却后干燥器内形成较大真空，盖子不易打开。从干燥器内取出坩埚时，因内部成真空，开盖恢复常压时，应该使空气缓缓流入，以防残灰飞散。

(4)如液体样品量过多，可分次在同一坩埚中蒸干，在测定蔬菜、水果这一类含水量高的样品时，应预先测定这些样品的水分，再将其干燥物继续加热灼烧，测定其灰分含量。

(5)灰化后所得残渣可留作Ca、P、Fe、Pb等无机成分的测定用。

(6)用过的坩埚经初步洗刷后，可用粗盐酸或废盐酸浸泡10～20 min，再用水冲刷干净。

(7)加速灰化时，一定要沿坩埚壁加去离子水，不可直接将水洒在残灰上，以防残灰飞扬，造成损失和测定误差。

**表9-8　大白菜中灰分的测定原始记录**

检测日期：____年____月____日　　共____页　第____页

样品名称：________　规格：________　样品状态：________

仪器名称：________　仪器编号：________

检测依据：________

检测数据

| 坩埚编号 | 坩埚质量 $m_0$/g | 坩埚和试样质量 $m_1$/g | 坩埚和灰分质量 $m_2$/g | 样品灰分含量/(g/100 g) | | | 精密度/% | |
|---|---|---|---|---|---|---|---|---|
| | | | | $X_1$ | $X_2$ | 平均值 $\bar{X}$ | 测得值 | 标准要求 |
| 计算公式： | | | | | | | | |
| 备注： | | | | | | | | |

检测者：　　复核者：

# 实训9-3　大白菜中铅的测定(氢化物原子荧光光谱法)

(参考GB/T 5009.12—2010)

## 一、适用范围

本方法适用于食品中铅的测定。

本方法检测出限：固体试样为 0.005 mg/kg，液体试样为 0.001 mg/kg。

## 二、原理

试样经酸热消化后，在酸性介质中，试样中的铅与硼氢化钠（$NaBH_4$）或硼氢化钾（$KBH_4$）反应生成挥发性铅的氢化物（$PbH_4$）。以氢气为载气，将氢化物导入电热石英原子化器中原子化，在特制铅空心阴极灯照射下，基态铅原子被激发至高能态；在去活化回到基态时，发射出特征波长的荧光，其荧光强度与铅含量成正比，根据标准系列进行定量。

## 三、试剂

(1)硝酸＋高氯酸混合酸(9＋1)：分别量取硝酸 900 mL 高氯酸 100 mL 混匀。

(2)盐酸(1＋1)：量取 250 mL 盐酸倒入 250 mL 水中，混匀。

(3)草酸溶液(10 g/L)：称取 1.0 g 草酸，加入水中溶解至 100 mL 混匀。

(4)铁氰化钾[$K_3Fe(CN)_4$]溶液(100 g/L)：称取 10.0 g 铁氰化钾，加水溶解并稀释至 100 mL 混匀。

(5)氢氧化钠溶液(2 g/L)：称取 2.0 g 氢氧化钠，溶于 1 L 水中，混匀。

(6)硼氢化钠[$NaBH_4$]溶液(10 g/L)：称取 5.0 g 硼氢化钠溶于 500 mL 氢氧化钠溶液(2 g/L)中，混匀，临用前配制。

(7)铅标准储备液(1.0 mg/mL)。

(8)铅标准使用液(1.0 $\mu$g/mL)：精确吸取铅标准储备液，逐级稀释至 1.0 $\mu$g/mL。

## 四、仪器和设备

(1)原子荧光光度计。

(2)铅空心阴极灯。

(3)电热板。

(4)天平：感量为 1 mg。

## 五、分析步骤

1. 试样消化

湿消解：称取制备好的大白菜试样 2.00～10.00 g(精确到 0.001 g)，置于 50～100 mL 消化容器中(锥形瓶)，然后加入硝酸＋高氯酸混合酸 5～10 mL 摇匀浸泡，放置过夜。次日置于电热板上加热消解，至消化液呈淡黄色或无色(如消解过程色泽较深，稍冷补加少量硝酸，继续消解)，稍冷加入 20 mL 水再继续加热赶酸，至消解液 0.5～1.0 mL 止，冷却后用少量水转入 25 mL 容量瓶中，并加入盐酸 0.5 mL，草酸溶液 0.5 mL，摇匀，再加入铁氰化钾溶液 1.00 mL，用水准确稀释定容至 25 mL，摇匀，放置 30 min 后测定。同时做试剂空白。

2. 标准系列制备

取 25 mL 容量瓶或比色管 6 支，依次准确加入 1.0 μg/mL 铅标准使用液 0.00 mL、0.125 mL、0.50 mL、0.75 mL、1.00 mL、1.25 mL（各相当于铅浓度 0.0 ng/mL、5.0 ng/mL、10.0 ng/mL、20.0 ng/mL、30.0 ng/mL、40.0 ng/mL、50.0 ng/mL），用少量水稀释后，加入（1＋1）盐酸 0.5 mL 和（10 g/L）草酸溶液 0.5 mL 摇匀，再加入铁氰化钾溶液 1.0 mL，用水稀释至刻度，摇匀。放置 30 min 后待测。

3. 测定

（1）仪器参考条件　负高压：323 V；铅空心阴极灯灯电流：75 mA；原子化器：炉温 750～800℃，炉高 8 mm；氩气流速：载气 800 mL/min；屏蔽气：1 000 mL/min；加还原剂时间：7.0 s；读数时间：15.0 s；延迟时间：0.0 s；测量方式：标准曲线法；读数方式：峰面积；进样体积：2.0 mL。

（2）测量方式　设定好仪器的最佳条件，逐步将炉温升至所需温度，稳定 10～20 min 后开始测量：连续用标准系列的零管进样，待读数稳定之后，转入标准系列的测量，绘制标准曲线，转入试样测量，分别测定试样空白和试样消化液，试样测定结果按下式计算。

## 六、分析结果的表述

试样中铅含量按下进行计算：

$$X=\frac{(c_1-c_0)\times V\times 1\ 000}{m\times 1\ 000\times 1\ 000}$$

式中：$X$——试样中铅含量，单位为毫克每千克或毫克每升（mg/kg 或 mg/L）；

$c_1$——试样消化液的测定浓度，单位为纳克每毫升（ng/mL）；

$c_0$——试剂空白液的测定浓度，单位为纳克每毫升（ng/mL）；

$V$——试样消化液定量总体积，单位为毫升（mL）；

$m$——试样的质量或体积，单位为克或毫升（g 或 mL）。

分析结果以重复性条件下获得的两次独立测定结果的算术平均值表示，结果保留两位有效数字。

## 七、精密度

在重复性条件下获得的两次独立测定结果的绝对差值不得超过算术平均值的10%。

## 八、大白菜中铅的限量

绿色食品白菜类蔬菜中铅的限量(NY/T 654—2002)：铅(Pb) ≤ 0.1 mg/kg。

无公害食品白菜类蔬菜中铅的限量(NY 5003—2008)：铅(Pb) ≤ 0.3 mg/kg。

**表 9-9　大白菜中铅的测定原始记录**

第____页　　　　　　　　　　　　　　　　　　　　　　共____页

| | | | |
|---|---|---|---|
| 样品编号 | | 样品名称 | |
| 样品数量 | | 检测日期 | |
| 检测依据 | GB/T 5009.12—2010 | 主要仪器编号 | |
| 试样状态 | 实验前： | | |
| | 实验后： | | |

试验条件：样品经浸提，导入原子荧光氢化物发生器中进行测定。检测限：0.001 mg/kg

| 试样质量 $m$ /g | 测定样液中铅含量 $c_1$，/(ng/mL) | 空白液中铅含量 $c_0$ /(ng/mL) | 试样消化液总体积 $V$ /mL |
|---|---|---|---|
| | | | |

| 试样中铅含量 $X$/(mg/kg) | | | 白菜中铅限量/(mg/kg) | | 精密度 | |
|---|---|---|---|---|---|---|
| $X_1$ | $X_2$ | $\overline{X}$ | 无公害食品 | 绿色食品 | 测定值 | 标准值 |
| | | | | | | |

| | |
|---|---|
| 计算公式 | $X=\frac{(c_1-c_0)\times V\times 1\,000}{m\times 1\,000\times 1\,000}$　　精密度 $=\frac{\lvert X_1-X_2\rvert}{\frac{X_1+X_2}{2}}\times 100\%$ |

备注：

检测人：　　　　　　　　校核人：　　　　　　　　日期：

# 实训 9-4　蔬菜中有机磷农药残留的测定

有机磷农药是研究使用较早的农药，属于磷酸酯或硫代磷酸酯类化合物，其结构通式如图 9-1 所示。在其分子结构中含有多种有机官能团，根据 R、R'及 X 等基团不相同，可构成不同的有机磷农药。大多有机磷农药为无色或黄色的油状液体，一部分为低熔点的固体，如敌百虫、乐果、甲胺磷等。大多数有机磷农药性质不稳定，容易光解、碱解和水解等，也容易被生物体内有关酶系分解。有机磷农药加工成的剂型有乳剂、粉剂和悬乳剂等。

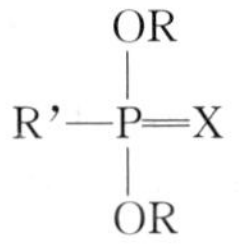

图 9-1　酯类化合物通式

由于有机磷农药在农业生产中的广泛应用，导致蔬菜发生不同程度的污染，主要污染方式是直接施用农药或来自土壤的农药污染，一般残留时间较短，在根类、块茎类蔬菜中相对比叶菜类蔬菜中残留时间长。有机磷农药随蔬菜进入人体，被机体吸收后，可通过血液、淋巴液迅速分布到全身各个组织和器官，其中以肝脏分布最多，其次是肾脏、骨骼、肌肉和脑组织。有机磷农药主要在肝脏代谢，通过氧化还原、水解等反应，产生多种代谢产物。氧化还原后产生的代谢产物比原形药物的毒性有所增强，水解后的产物毒性降低。有机磷农药的代谢产物一般可在 24～48 h 内经尿排出体外，也有一小部分随大便排出。另外，很少一部分代谢产物还可通过汗液和乳汁排出体外。有机磷酸酯经过代谢和排出，一般不会或很少在体内蓄积。有机磷农药的生产和应用也经历了由高效高毒型（如对硫磷、甲胺磷、内吸磷等）转变为高效低毒低残留型（如乐果、敌百虫、马拉硫磷等）的发展过程。有机磷农药化学性质不稳定，分解快，在蔬菜中残留时间短。水果、蔬菜等含有芳香物质的植物最易吸收有机磷，且残留量高。

有机磷酸酯为神经毒素，可竞争性地抑制乙酰胆碱酯酶的活性，导致神经传导递质乙酰胆碱的积累，从而引起中枢神经中毒，表现出一系列的中毒症状，如流涎、流汗、流泪、恶心、呕吐、腹痛、腹泻、心动过缓、瞳孔缩小等。严重者可出现呼吸麻痹、支气管平滑肌痉挛甚至窒息死亡。有些中毒者可出现迟发性神经病。较重者肢体远端出现肌萎缩，少数可发展为痉挛性麻痹，病程可持续多年。

测定蔬菜中有机磷农药残留方法分定性检验和定量检测。定性检验最常用的方法有速测卡法（纸片法）、酶抑制法、刚果红法、纸上斑点法，定量检测最常用的方法是气相色谱检测法。

# 工作任务一　蔬菜中有机磷和氨基甲酸酯类农药残留量的快速检测(速测卡法)

在农业生产中,会在很长的一段时间内使用化学性农药,如果不按规定的用药量、次数、方法或安全间隔期施药,或施用了不该使用的农药,就会引起农药超标或农药中毒。以往引发中毒的农药多为有机磷和氨基甲酸酯类农药,制定出有机磷和氨基甲酸酯类农药的快速检测方法,使其不受时间、地点、场合等条件限制,甚至普通消费者也能够操作使用,有利于及时发现问题、采取措施,控制高残留农药的摄入,降低农药中毒发生率。

## 一、适用范围

本方法适用于蔬菜、水果、相应食物、水及中毒残留物中有机磷类和氨基甲酸酯类农药的快速检测。

## 二、测定原理

胆碱酯酶(固化在白色药片上)可催化靛酚乙酸酯(固化在红色药片上)水解为乙酸与靛酚(蓝色)。有机磷或氨基甲酸酯类农药对胆碱酯酶有抑制作用,使催化、水解、变色的过程发生改变,由此判断样品中是否含有过量有机磷或氨基甲酸酯类农药的残留。

因此白色药片变成蓝色,说明农药残留无或在检出限下;白色药片不变蓝,说明含有超出检出限的农药。

## 三、仪器与设备

(1)常量天平;

(2)有条件时配备专为农药速测卡而设计的“农药残留速测仪”和超声波提取器。

## 四、试剂与配制

(1)固化有胆碱酯酶(白色药片)和靛酚乙酸酯试剂(红色药片)的农药速测卡。

(2)pH 7.5 磷酸盐浸提(缓冲)溶液:分别取 15.0 g 磷酸氢二钠($Na_2HPO_4 \cdot 12H_2O$)与 1.59 g 磷酸二氢钾($KH_2PO_4$),用 500 mL 蒸馏水溶解。

(3)乙酸乙酯。

## 五、蔬菜中农药残留量的检测

1. 表面测定法(粗筛法)

擦去蔬菜表面泥土,滴 2～3 滴浸提液在蔬菜表面,用另一片蔬菜在滴液处轻轻摩擦。取一片速测卡(图 9-2),将蔬菜上的液滴滴在白色药片上。放置 10 min 进行预反应,将速测卡对折(红色药片与白色药片叠合)后,用手捏 3 min 时,打开与空白对照实验卡比较。有条件时,将纸片插入“农药残留速测仪”(图 9-3)自动恒温、定时检测。每批测定设一个纯净水或缓冲液的空白对照卡。

2. 整体测定法

选取有代表性的蔬菜样品,擦去表面泥土,剪成 1 cm 左右见方碎片,取 5 g 放入带盖瓶中,加入 10 mL 浸提液(样品与浸提液的比例为 1+2),振摇 50 次(有条件时,可将提取瓶放入超声波提取器中振荡 30 s),静置 2 min 以上。取一片速测卡,在白色药片上滴上 2～3 滴提取液,放置 10 min 进行预反应,将速测卡对折(红色药片与白色药片叠合)后,用手捏 3 min 时,打开与空白对照实验卡比较。有条件时,将纸片插入“农药残留速测仪”自动恒温、定时检测。每批测定设一个纯净水或缓冲液的空白对照卡。

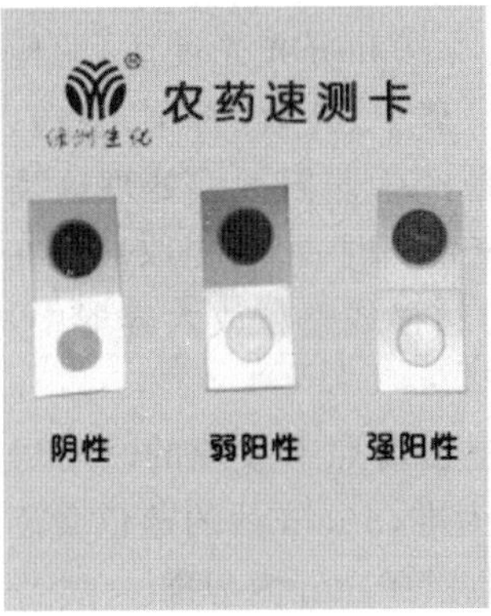


图 9-2　农药速测卡结果显示

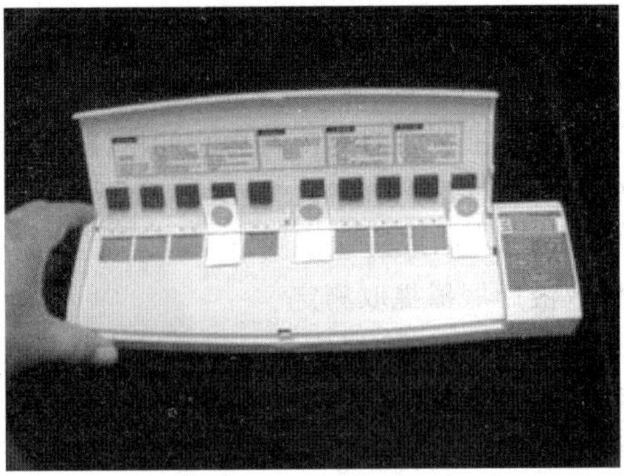

图 9-3　农药残留速测仪

## 六、测定结果的判断与检验报告的填写

1. 测定结果的表述

结果以酶被有机磷或氨基甲酸酯类农药抑制(为阳性)、未抑制(为阴性)表示。与空白对照卡比较,白色药片不变色或略有浅蓝色均为阳性结果。白色药片

变为天蓝色或与空白对照卡相同，为阴性结果。对阳性结果的样品，可用其他分析方法进一步确定具体农药品种和含量。

2.速测卡技术指标

(1)灵敏度指标　速测卡对部分农药的检出限见表 9-10。

表 9-10　部分农药的检出限　mg/kg

| 农药名称 | 检出限 | 农药名称 | 检出限 | 农药名称 | 检出限 |
|---|---|---|---|---|---|
| 甲胺磷 | 1.7 | 乙酰甲胺磷 | 3.5 | 久效磷 | 2.5 |
| 对硫磷 | 1.7 | 敌敌畏 | 0.3 | 甲萘威 | 2.5 |
| 水胺硫磷 | 3.1 | 敌百虫 | 0.3 | 好年冬 | 1.0 |
| 马拉硫磷 | 2.0 | 乐果 | 1.3 | 呋喃丹 | 0.5 |
| 氧化乐果 | 2.3 | | | | |

(2)符合率　在检出的 30 份以上阳性样品中，经气相色谱法验证，阳性结果的符合率应在 80%以上。

## 七、注意事项

(1)目前国内外所使用的农药残留测定方法(纸片法和分光光度法)的检验原理基本相同，测定中的干扰物质也基本相同。葱、蒜、萝卜、芹菜、香菜、茭白、蘑菇及番茄汁液中含有对酶有影响的植物次生物质，容易产生假阳性。处理这类样品时(包括含叶绿素较高的蔬菜)，不要剪得太碎。测定番茄时，可将提取液放在茄蒂处浸泡 2min，取浸泡液测定。测定韭菜或大蒜时，可整根或整粒放入容器中，加入提取液后振摇提取测定。

(2)检测样品的速测卡预反应放置的时间应与空白对照卡放置的时间尽量一致。红色药片与白色药片叠合反应的时间以 3 min 为准，3 min 后的蓝色会逐渐加深，24 h 后颜色会逐渐褪去。打开观察结果的时间应以 1 min 内为准。

(3)空白对照卡不变色的原因：一是有可能药片表面提取液加的少、预反应后的药片表面不够湿润；二是提取液(缓冲液)的酸碱度可能有问题(此时可用纯净水作对比确认)；三是操作环境空气中可能含有农药残留。

(4)在确定样品为有机磷或氨基甲酸酯类农药阳性结果时，应是重复多次检测的结果，必要时将样品送实验室用气相色谱仪或质谱仪进一步确定是哪种农药、确切含量。

## 八、农药速测卡的质量控制

按操作方法与注意事项进行，只加 pH 7.5 磷酸盐浸提液或纯净水的农药速测卡应变为蓝色；0.3 mg/kg 的敌敌畏或敌百虫溶液，可使农药速测卡呈阳性反应。

## 九、产品储藏与效期

速测卡闭光常温保存有效期为 1 年。冷藏可延长有效期。

**表 9-11　蔬菜中有机磷农药残留的测定(速测卡法)记录单**

第____页　　　　　　　　　　　　　　　　　　　　共____页

<table>
<tr><td>采样日期</td><td colspan="2"></td><td>检测日期</td><td colspan="2"></td></tr>
<tr><td>检测依据</td><td colspan="2">GB/T 5009.12—2010</td><td>主要仪器编号</td><td colspan="2"></td></tr>
<tr><td>样品编号</td><td>蔬菜名称</td><td colspan="2">白色药片变色情况</td><td colspan="2">结论</td></tr>
<tr><td></td><td></td><td colspan="2"></td><td colspan="2"></td></tr>
<tr><td></td><td></td><td colspan="2"></td><td colspan="2"></td></tr>
<tr><td></td><td></td><td colspan="2"></td><td colspan="2"></td></tr>
<tr><td></td><td></td><td colspan="2"></td><td colspan="2"></td></tr>
<tr><td></td><td></td><td colspan="2"></td><td colspan="2"></td></tr>
<tr><td></td><td></td><td colspan="2"></td><td colspan="2"></td></tr>
<tr><td colspan="2" rowspan="3">标准</td><td colspan="2">略有浅蓝色</td><td colspan="2">弱阳性，农残较低</td></tr>
<tr><td colspan="2">不变蓝(不变色)</td><td colspan="2">强阳性，农残较高</td></tr>
<tr><td colspan="2">天蓝色(或与空白对照卡相同)</td><td colspan="2">阴性</td></tr>
<tr><td colspan="6">备注：</td></tr>
</table>

检测人：　　　　　　校核人：　　　　　　日期：

# 工作任务二　蔬菜中有机磷和氨基甲酸酯类农药残留量的快速检测(酶抑制率法)

## 一、适用范围

本方法适用于蔬菜中有机磷农药及氨基甲酸酯类农药残留的快速筛选测定。

## 二、测定原理

在一定条件下，有机磷和氨基甲酸酯类农药对胆碱酯酶正常功能有抑制作用，其抑制率与农药的浓度呈正相关。正常情况下，酶催化神经传导代谢产物(乙酰胆碱)水解，其水解产物与显色剂反应，产生黄色物质，用分光光度计在412 nm处测定吸光度随时间的变化值，计算出抑制率，通过抑制率可以判断出样品中是否有高剂量有机磷或氨从甲酸醋类农药的存在。

## 三、仪器与设备

(1)分光光度计或相应快速测定仪。

(2)常量天平。

(3)恒温水浴锅或恒温箱。

## 四、试剂及配制

(1)pH 8.0缓冲溶液：分别取11.9 g无水磷酸氢二钾与3.2 g磷酸二氢钾，用1 000 mL蒸馏水溶解。

(2)显色剂：分别取160 mg二硫代二硝基苯甲酸(DTNB)和15.6 mg碳酸氢钠，用20 mL缓冲溶液溶解，4℃冰箱中保存。

(3)底物：取25.0 mg硫代乙酰胆碱，加3.0 mL蒸馏水溶解，摇匀后置4℃冰箱中保存备用。保存期不超过两周。

(4)乙酰胆碱酯酶：根据酶的活性情况，用缓冲溶液，3 min的吸光度变化$\Delta A_0$值控制在0.3以上。摇匀后置4℃冰箱中保存备用，保存期不超过4 d。

(5)可选用由以上试剂制备的试剂盒。乙酰胆碱酯酶的$\Delta A_0$值应控制在0.3以上。

## 五、检测步骤

### 1. 样品处理

选取有代表性的蔬菜样品，冲洗掉表面泥土，剪成1 cm左右见方碎片，取样品1 g，放入烧杯或提取瓶中，加入5 mL缓冲溶液，振荡1～2 min，倒出提取液，静置3～5 min，待用。

### 2. 对照溶液测试

先于试管中加入2.5 mL缓冲溶液，再加入0.1 mL酶液、0.1 mL显色剂，摇匀后于37℃放置15 min以上(每批样品的控制时间应一致)。加入0.1 mL底物摇匀，此时检液开始显色反应，应立即放入仪器比色皿池中，记录反应 3 min 的吸光度变化值 $\Delta A$。

3. 样品溶液测试

先于试管中加入 2.5 mL 样品提取液，其他操作与对照溶液测试相同，记录反应 3 min 的吸光度变化值 $\Delta A_t$。

## 六、结果的表述

1. 结果计算

酶抑制率按下式进行计算：

$$抑制率 = [(\Delta A_0 - \Delta A_t)/\Delta A_0] \times 100$$

式中：$\Delta A_0$——对照溶液反应 3 min 吸光度的变化值；

$\Delta A_t$——样品溶液反应 3 min 吸光度的变化值。

2. 结果判定

结果以酶被抑制的程度（抑制率）表示。

当蔬菜样品提取液对酶的抑制率≥50%时，表示蔬菜中有高剂量有机磷或氨基甲酸酯类农药存在，样品为阳性结果。阳性结果的样品需要重复检验 2 次以上。

对阳性结果的样品，可用其他方法进一步确定具体农药品种和含量。

## 七、酶抑制率法技术指标

(1)灵敏度指标　酶抑制率法对部分农药的检出限见表 9-12。

**表 9-12　酶抑制率法对部分农药的检出限**　mg/kg

| 农药名称 | 检出限 | 农药名称 | 检出限 |
|---|---|---|---|
| 敌敌畏 | 0.1 | 氧化乐果 | 0.8 |
| 对硫磷 | 1.0 | 甲基异柳磷 | 5.0 |
| 辛硫磷 | 0.3 | 灭多威 | 0.1 |
| 甲胺磷 | 2.0 | 丁硫克百威 | 0.05 |
| 马拉硫磷 | 4.0 | 敌百虫 | 0.2 |
| 乐果 | 3.0 | 呋喃丹 | 0.05 |

(2)符合率　在检出的抑制率≥50%的 30 份以上样品中，经气相色谱法验证，阳性结果的符合率应在 80%以上。

## 八、注意事项

(1)葱、蒜、萝卜、韭菜、芹菜、香菜、茭白、蘑菇及番茄汁液中，含有对酶有影响的植物次生物质，容易产生假阳性。处理这类样品时，可采取整株(体)蔬菜浸提。对一些含叶绿素较高的蔬菜，也可采取整株(体)蔬菜浸提的方法，减少色素的干扰。

(2)当温度条件低于37℃，酶反应的速度随之放慢，加入酶液和显色剂后放置反应的时间应相对延长，延长时间的确定，应以胆碱酯酶空白对照测试3 min的吸光度变化$\Delta A_0$值在0.3以上，即可往下操作。注意样品放置时间应与空白对照溶液放置时间一致才有可比性。胆碱酯酶空白对照溶液3 min的吸光度变化$\Delta A_0$值<0.3的原因：一是酶的活性不够，二是温度太低。

**表9-13　蔬菜中有机磷农药残留的测定(酶抑制率法)记录单**

第____页　　　　　　　　　　　　　　　　　　　　共____页

| 采样日期 | | | 检测日期 | |
|---|---|---|---|---|
| 检测依据 | GB/T 5009.12—2010 | | 主要仪器编号 | |
| 样品编号 | 蔬菜名称 | 酶抑制率测定值 | | 结论 |
| | | | | |
| | | | | |
| | | | | |
| | | | | |
| | | | | |
| | | | | |
| | | | | |

| 酶抑制率限量标准 | ≥50% | 蔬菜中有高剂量有机磷或氨基甲酸酯类农药存在，样品为阳性结果。判定为不合格。 |
|---|---|---|
| | <50% | 合格 |

备注：

检测人：　　　　　　　　　　校核人：　　　　　　　　　　日期：

# 实训 9-5　蔬菜中亚硝酸盐的测定(盐酸萘乙二胺法)

(参考 GB/T 5009.33—2010)

## 一、适用范围

本方法适用于蔬菜、水果等食品中亚硝酸盐的测定。

## 二、检测原理

试样经沉淀蛋白质、除去脂肪后,在弱酸条件下亚硝酸盐与对氨基苯磺酸重氮化后,再与盐酸乙二胺偶合形成红色染料,与标准比较定量,测得亚硝酸盐含量。

## 三、仪器和设备

(1)分光光度计;

(2)天平:感量为 1 mg;

(3)组织捣碎机;

(4)50 mL 容量瓶、200 mL 容量瓶;

(5)水浴锅。

## 四、工作程序及操作技术和质量要求

工作流程:试剂的准备→样品的制备→样品预处理→测定→测定数据记录及处理→测定结果报告。

### (一)试剂的准备

所有试剂除注明者外,均为分析纯,水为去离子水,不含亚硝酸盐和硝酸盐。

(1)亚铁氰化钾溶液:称取 106.0 g 亚铁氰化钾用水溶解并稀释至 1 000 mL。

(2)乙酸锌溶液:称取 220.0 g 乙酸锌加 30 mL 冰乙酸溶于水,并稀释至 1 000 mL。

(3)饱和硼砂溶液:称取 5.0 g 硼酸钠溶于 100 mL 热水中,冷却后备用。

(4)对氨基苯磺酸溶液(4 g/L):称取 0.4 g 氨基苯磺酸,溶于 100 mL 20%盐酸中,置棕色瓶中混匀,避光保存。

(5)盐酸萘乙二胺溶液(2.0 g/L):称取 0.2 g 盐酸萘乙二胺,溶于 100 mL 水中,混匀后,置棕色瓶中,避光保存。

(6)亚硝酸钠标准溶液:准确称取 0.100 0 g 于硅胶干燥器中干燥 24 h 的亚硝酸钠,加水溶解移入 500 mL 容量瓶中,加水至刻度,混匀。此溶液每毫升相当于 200 μg 的亚硝酸钠。

(7)亚硝酸钠标准使用液:临用前,吸收亚硝酸钠标准液 5.00 mL,置于 200 mL 容量瓶中,加水稀释至刻度,此溶液每毫升相当于 5.0 μg 亚硝酸钠。

### (二)样品的制备

将整棵蔬菜或水果用去离子水洗净,晾干后,取可食部切碎混匀。将切碎的样品用四分法取适量,用组织捣碎机制成匀浆备用。如需加水应记录加水量。

### (三)样品预处理

1. 提取

称取 5 g(精确至 0.001 g)制成匀浆的试样(如制备过程中加水,应按加水量折算),置于 50 mL 烧杯中,加 12.5 mL 硼砂饱和溶液搅拌均匀,以 70℃左右的水约 300 mL 将试样洗入 500 mL 容量瓶中,于沸水浴中加热 15 min,取出置冷水浴中冷却,并放置至室温。

2. 提取液净化

上述提取液中,一面转动,一面加入 5 mL 亚铁氰化钾溶液,摇匀,再加入 5 mL 乙酸锌溶液,以沉淀蛋白质。加水至刻度,摇匀,放置 0.5 h,除去上层脂肪,清液用滤纸弃去初滤液 30 mL,滤液备用。

### (四)测定

吸取 40.0 mL 上述滤液于 50 mL 带塞比色管中,另吸取 0.00 mL、0.20 mL、0.40 mL、0.60 mL、0.80 mL、1.00 mL、1.50 mL、2.00 mL、2.50 mL 亚硝酸钠标准使用液(相当于 0 μg、1 μg、2 μg、3 μg、4 μg、5 μg、7.5 μg、10 μg、12.5 μg 亚硝酸钠),分别置于 50 mL 带塞比色管中。于标准管与试样管中分别加入 2 mL 对氨基苯磺酸溶液(4 g/L),混匀,静置 3～5 min 后各加入 1 mL 盐酸萘乙二胺溶液(2 g/L),加水至刻度,混匀,静置 15 min,用 2 cm 比色杯,以零管调节零点,于波长 538 nm 处测吸光度,绘制标准曲线[在方格坐标纸上以吸光度为纵坐标,25 mL 标准使用液中亚硝酸离子($NO_2^-$)的质量(μg)为横坐标]比较。同时做试剂空白。

### (五)测定结果的表述

试样中亚硝酸盐(以亚硝酸钠计)的含量可按下式计算(计算结果保留两位有效数字):

$$X_1=\frac{A_1\times 1\ 000}{m\times\frac{V_1}{V_0}\times 1\ 000}$$

式中：$X_1$——试样中亚硝酸钠的含量，单位为毫克每千克(mg/kg)；

$m$——试样质量，单位为克(g)；

$A_1$——测定用样液中亚硝酸钠的质量，单位为微克(μg)；

$V_1$——测定用样液体积，单位为毫升(mL)；

$V_0$——试样处理液总体积，单位为毫升(mL)。

### (六)测定结果的评价及报告

(1)精密度：在重复性条件下获得的2次独立测定结果的绝对差值不得超过算术平均值的10%。

(2)原始数据按要求在检测过程中及时填写在原始数据记录单中。将检测结果与蔬菜中亚硝酸盐限量进行比较，对检验样品进行评定，并记录。

### (七)工作中注意事项及常见技术问题处理

(1)亚铁氰化钾和乙酸锌溶液作为蛋白质沉淀剂，是产生的亚铁氰化锌沉淀与蛋白质产生共沉淀。

(2)饱和硼砂溶液作用有二：一是亚硝酸盐提取剂，二是蛋白质沉淀剂。

(3)盐酸萘乙二胺有致癌作用，使用时应注意安全。

(4)盐酸萘乙二胺溶液(2 g/L)应少量配制，装于密封的棕色瓶中，置2～5℃的冰箱中保存。

(5)测定吸光度时必须在15 min之内完成。

蔬菜中亚硝酸盐限量：亚硝酸盐含量≤4 mg/kg(NY 5003—2008)。

**表9-14　亚硝酸盐检测原始记录**

检测日期：______年____月____日

样品名称：__________________　规格：__________________　样品状态：______________

仪器名称：____________________________　仪器编号：____________________________

亚硝酸钠标准使用液浓度：____________ μg/mL　有效期：__________________________

检测依据：______________________________________________________________________

检 测 数 据

| 编号 | 1 | 2 | 3 | 4 | 5 | 6 | 7 |
|---|---|---|---|---|---|---|---|
| 硝酸钠标准使用液体积(每毫升相当于5.0 μg亚硝酸钠)/mL | | | | | | | |
| 试液体积/ mL | | | | | | | |

续表 9-14

| 编号 | 1 | 2 | 3 | 4 | 5 | 6 | 7 |
|---|---|---|---|---|---|---|---|
| 亚硝酸钠质量/μg | | | | | | | |
| 亚硝酸钠浓度/(μg/mL) | | | | | | | |
| 吸光度 ABS | | | | | | | |

| 试样质量/g | 测定用样液中亚硝酸的质量 $A$/μg | 试样处理液总体积 $V_1$/mL | 测定用样液体积 $V_2$/mL |
|---|---|---|---|
| | | | |

| 亚硝酸盐含量 $X$/(g/kg) | 亚硝酸盐限量/(mg/kg) | 精密度 | 精密度要求 |
|---|---|---|---|
| | | | |

计算公式：

$$X=\frac{A\times 1\ 000}{m\times\frac{V_2}{V_1}\times 1\ 000}\qquad 精密度=\frac{|X_1-X_2|}{\frac{X_1+X_2}{2}}\times 100\%$$

备注：

检测人：　　　　　　　　校核人：

# 实训 9-6　蔬菜中硝酸盐的快速测定(试纸法)

## 一、适用范围

本方法适用于蔬菜中硝酸盐含量的快速测定和筛选。

样品中硝酸盐的检出限为 4 mg/kg(以 $NO_3^-$ 计)。

## 二、原理

将 $NO_3^-$ 还原为 $NO_2^-$ 后，芳香胺与亚硝酸根离子发生重氮反应，生成重氮盐，重氮盐再与芳香族化合物发生偶联反应，生成红色偶氮化合物(又叫偶氮染料)，颜色深浅与硝酸盐含量成正比。通过硝酸盐试纸显色反应，将变色的试纸放入基于光学传感器原理的硝酸盐便携式检测仪中比色测定硝酸盐含量。

## 三、试剂

除非另有规定，仅使用分析纯试剂和去离子水（不含 $NO_3^-$）。

（1）硝酸钾（$NO_3$）：优级纯。

（2）硝酸盐标准溶液（1 000/mL）：准确称取硝酸钾（$KNO_3$）（110℃烘 2 h）1.629 0 g 用去离子水定容至 1 000 mL，即得 1 000 mg/L 的硝酸盐标准溶液，此溶液为 1 000 mg/L 的 $NO_3^-$。

## 四、仪器与设备

实验室常规仪器、设备及下列各项。

（1）硝酸盐试纸便携式检测仪（分辨率 1/mL）；

（2）硝酸盐试纸（4～60 μg/mL 范围）；

（3）组织捣碎机；

（4）可调电热恒温水浴锅；

（5）分析天平：精确至 0.1 mg；

（6）不锈钢剪刀或菜刀。

## 五、测定方法步骤

1. 提取

将新鲜蔬菜擦去或用去离子水洗掉表面泥土后，用滤纸吸干水分，用四分法取可食部分，切碎，含水分高的蔬菜直接用组织捣碎机均质后制成匀浆，含水分低的蔬菜按适当比例（通常 1∶1）加入一定量水，用组织捣碎机均质后制成匀浆。

根据试样中硝酸盐含量高低，准确称取以上匀浆样 5.0～20.0 g，放入 100 mL 烧杯中，加入 50 mL 热水（70～80℃），于电热恒温水浴锅沸水加热 15 min，取出冷至室温后转入 100 mL 比色管或容量瓶中定容，摇匀静置，用定量滤纸过滤，收集提取液备用。

2. 测定

（1）硝酸盐标准曲线制备　用移液管吸取硝酸盐标准溶液（1 000 μg/mL）0.5 mL、1.0 mL、2.0 mL、4.0 mL、6.0 mL 分别放入 100 mL 容量瓶中，用去离子水定容，配成 5 μg/mL、10 μg/ mL、20 μg/mL、40 μg /mL、60 μg/mL 系列标准工作液，把硝酸盐试纸放入标准溶液（10～40℃）2 s，确保硝酸盐试纸反应区被完全浸泡上标准溶液；取出硝酸盐试纸打开检测仪，甩掉试纸上多余的样液，按下测定开关，仪器倒计时，在 50 s 后，把反应变色的试纸放入硝酸盐检测仪中测定硝酸盐含量，60 s后于硝酸盐检测仪读取硝酸盐测定值(mg/L)。绘制标准曲线。

(2) 试样测定　试样提取液进行适当稀释( $NO_3^-$ 含量控制在 4～50 μg/mL 范围)后，把硝酸盐试纸放入试样提取液(10～40℃)中 2 s，确保硝酸盐试纸反应区被完全浸泡上试样提取液；取出硝酸盐试纸，打开检测仪，甩掉试纸上多余的样液，按下测定开关，仪器倒记时，50 s后，把反应变色的试纸放入硝酸盐检测仪中测定硝酸盐含量，60 s后于硝酸盐检测仪读取硝酸盐测定值(μg/mL)。

通过标准曲线计算出试样提取液硝酸盐实际含量 $c$(以 $NO_3^-$ 计)。

(3)空白试验　用去离子水代替试样，按上面的步骤做空白试验。

3. 结果计算

样品中硝酸盐含量($NO_3^-$ 计)以 mg/kg 表示，按下式计算：

$$X=\frac{(c-c_0)\times V\times 1\,000}{m\times 1\,000}$$

式中：$X$—— 样品中硝酸盐含量，单位为毫克每千克(mg/kg)；

$c$—— 试样提取液硝酸盐含量，单位为微克每毫升(μg/mL)；

$c_0$——空白试验硝酸盐含量，单位为微克每毫升(μg/mL)；

$V$—— 最终试样定容体积数，单位为毫升( mL)；

$m$—— 最终试样的质量的数值，单位为克(g)。

结果用平行测定结果的算术平均值表示，计算结果表示到小数点后一位。同一样品。两次平行测定结果的误差，不得超过平均值的 10％ 。

# 实训 9-6　大白菜中维生素 C 的测定<br>(2,6-二氯靛酚滴定法)

## 一、检测原理

染料 2,6-二氯靛酚的颜色反应表现两种特性，一是取决于其氧化还原状态，氧化态为深蓝色，还原态变为无色；二是受其介质的酸度影响，在碱性溶液中呈深蓝色，在酸性介质中呈浅红色。用蓝色的碱性染料标准溶液，对含维生素 C 的酸性浸出液进行氧化还原滴定，染料被还原为无色，当到达滴定终点时，多余的染料在酸性介质中则表现为浅红色，由染料用量计算样品中还原型抗坏血酸的含量。

本方法适用于果品、蔬菜及其加工制品中还原型抗坏血酸的测定(不含二价铁、二价锡、一价铜、二氧化硫、亚硫酸盐或硫代硫酸盐)，不适用于深色样品。

## 二、仪器和设备

(1)高速组织捣碎机:8 000～12 000 r/min;

(2)天平:感量为 0.1 mg;

(3)组织捣碎机;

(4)滴定管:25 mL、10 mL;

(5)容量瓶:100 mL;

(6)吸管:10 mL、5 mL、2 mL、1 mL;

(7)锥形瓶:100 mL、50 mL;

(8)烧杯:250 mL、50 mL;

(9)漏斗。

## 三、工作程序及操作技术和质量要求

工作流程:试剂的准备→样品的制备→样品预处理→测定→测定数据记录及处理→测定结果报告。

### (一)试剂的准备

1. 浸提剂

偏磷酸:2%溶液(W/V)，偏磷酸不稳定，切勿加热。

草酸:2%溶液(W/V)。

2. 抗坏血酸标准溶液(1 mg/mL)

称取 100 mg(准确至 0.1 mg)抗坏血酸，溶于浸提剂中并稀至 100 mL。现配现用。

一般抗坏血酸纯度为 99.5%以上，可不标定。如试剂发黄，则弃去不用。

3. 2,6-二氯靛酚(2,6-二氯靛酚吲哚酚钠盐)溶液

称取碳酸氢钠 52 mg 溶解在 200 mL 热蒸馏水中，然后称取 2,6-二氯靛酚 50 mg 溶解在上述碳酸氢钠溶液中。冷却定容至 250 mL，过滤至棕色瓶内，保存在冰箱中。每次使用前，用标准抗坏血酸标定其滴定度。

### (二)2,6-二氯靛酚溶液的标定

吸取 1 mL 抗坏血酸标准溶液(1 mg/mL)于 50 mL 锥形瓶中，加入 10 mL 浸提剂，摇匀，用 2,6-二氯靛酚溶液滴定至溶液呈粉红色 15 s 不褪色为止。同时，另取 10 mL 浸提剂做空白试验。滴定度按下式计算:

$$T=\frac{c\times V}{V_1-V_2}$$

式中：$T$——每毫升 2,6-二氯靛酚溶液相当于抗坏血酸的毫克数(mg)；

$c$——抗坏血酸的浓度(mg/mL)；

$V$——吸取抗坏血酸的体积(mL)；

$V_1$——滴定抗坏血酸溶液所用 2,6-二氯靛酚溶液的体积(mL)；

$V_2$——滴定空白所用 2,6-二氯靛酚溶液的体积(mL)。

**(三)样品的制备**

将整棵蔬菜用去离子水洗净，晾干后，取可食部切碎混匀。将切碎的样品用四分法称取 100 g，放入组织捣碎机中，加 100 mL 浸提剂，迅速捣成匀浆备用。

**(四)样品预处理**

提取：称取 10～40 g 试样匀浆，用浸提剂将试样移入 100 mL 容量瓶，并稀释至刻度，摇匀过滤，弃去前 25mL 滤液，收集滤液备用。

**(五)滴定**

吸取 10 mL 滤液放入 50 mL 锥形瓶中，用已标定过的 2,6-二氯靛酚溶液滴定，直至溶液呈粉红色 15 s 不褪色为止。同时做空白试验。

**(六)测定结果的表述**

试样中维生素 C 的含量可按下式计算。计算结果保留两位有效数字。

样品中维生素 C 的含量按下式计算：

$$X=\frac{(V-V_0)\times T}{B}\times\frac{b}{m}\times 100$$

式中：$X$——100 g 样品含的抗坏血酸毫克数(mg/100 g)；

$V$——滴定样品所用的染料毫升数( mL)；

$V_0$——空白滴定所用的染料毫升数(mL)；

$T$ ——1 毫升染料溶液相当的抗坏血酸毫克数(mg/mL)；

$B$——滴定时吸取的样品溶液毫升数(mL)；

$b$——样品液稀释后总毫升数(mL)；

$m$——样品的质量(g)。

平行测定的结果，用算术平均值表示，取 3 位有效数字，含量低的保留小数点后两位数字。

### (七)测定结果的评价及报告

(1)精密度:平行测定结果的相对相差,在维生素 C 含量大于 20 mg/100 g 时,不得超过 2%;小于 20 mg/100 g 时,不得超过 5%。

(2)原始数据按要求在检测过程中及时填写在原始数据记录单中。将检测结果与大白菜中维生素 C 含量标准进行比较,对检验样品进行评定,并记录。

### (八)大白菜的维生素 C 指标

绿色食品白菜类蔬菜的维生素 C 指标(NY/T 654—2002):维生素 C ≥ 20 mg/100 g。

**表 9-15　大白菜中维生素 C 的测定原始记录**

检测日期:______年____月____日　　　　　　　　　　共____页　第____页

样品名称:__________________　规格:__________________　样品状态:______________

检测依据:______________________________________________________________

检 测 数 据

| 样品名称 | 滴定抗坏血酸溶液所用 2,6-二氯靛酚溶液的体积/mL | | | | 标准抗坏血酸溶液的浓度 $c$ /(mg/mL) | 标定滴定度时,滴定空白所用 2,6-二氯靛酚溶液的体积/mL | | | | 染料滴定度 /(mg/mL) |
|---|---|---|---|---|---|---|---|---|---|---|
| | $V_1$ | $V_2$ | $V_3$ | $\bar{V}$ | | $V_{01}$ | $V_{02}$ | $V_{03}$ | $\bar{V}_0$ | $T$ |
| | | | | | | | | | | |

| 试样质量 $m$ /g | 滴定样品所用的染料毫升数 /mL | | | | 样品稀释液总体积 $b$ /mL | 滴定时吸取样液体积 $B$ /mL | 滴定空白所用 2,6-二氯靛酚溶液的体积 /mL | | | | 样品中维生素 C 含量 X /(mg/100) |
|---|---|---|---|---|---|---|---|---|---|---|---|
| | $V_1$ | $V_2$ | $V_3$ | $\bar{V}$ | | | $V_{01}$ | $V_{02}$ | $V_{03}$ | $\bar{V}_0$ | |
| | | | | | | | | | | | |

计算公式:

$$X=\frac{(V-V_0)\times T}{B}\times\frac{b}{m}\times 100$$

$$\text{精密度}=\frac{|X_1-X_2|}{\frac{X_1+X_2}{2}}\times 100\%$$

备注:

检测人:　　　　　　　　　　　　　　　　复核者:

【作业】

1.选取你熟悉的新鲜蔬菜,制订其采样方案。

2.查阅资料,制订下列检测方案:

(1)萝卜中砷的测定;

(2)萝卜中铅的测定;

(3)菠菜中总灰分的测定;

(4)芹菜中纤维素的测定;

(5)豆角中亚硝酸盐的测定;

(6)黄瓜中有机磷和氨基甲酸酯类农药残留量的快速检测;

(7)甜椒中维生素C的测定。

# 第十章 常用仪器的使用和维护

## 第一节 2WAJ阿贝折射仪的使用与维护

### 一、2WAJ阿贝折射仪的结构(图10-1和图10-2)

底座(14)为仪器的支撑座,壳体(17)固定在其上。除棱镜和目镜以外全部光学组件及主要结构封闭于壳体内部。棱镜组固定于壳体上,由进光棱镜、折射棱镜以及棱镜座等结构组成,两只棱镜分别用特种黏合剂固定在棱镜座内。(5)为进光棱镜座,(11)为折射棱镜座,两棱镜座由转轴(2)连接。进光棱镜能打开和关闭,当两棱镜座密合并用手轮(10)锁紧时,两棱镜面之间保持一均匀的间隙,被测液体应充满此间隙。(3)为遮光板,(18)为四只恒温器接头,(4)为温度计,(13)为温度计座,可用乳胶管与恒温器连接使用。(1)为反射镜,(8)为目镜,(9)为盖板,(15)为折射率刻度调节手轮,(6)为色散调节手轮,(7)为色散值刻度圈,(12)为照明刻度盘聚光镜。(16)为调节螺钉(使目镜视野中明暗分界线位于十字线中间)。

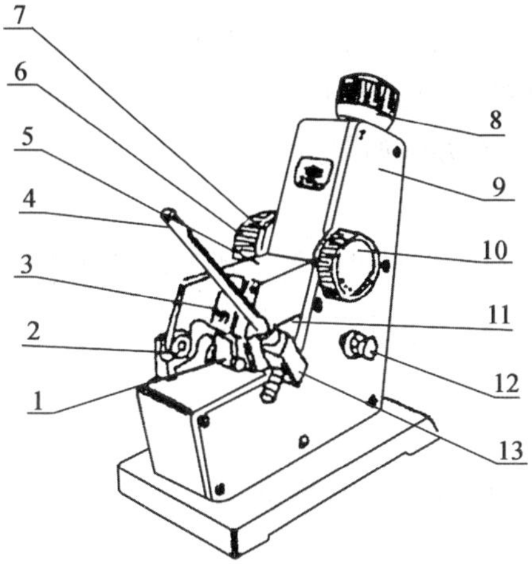


图 10-1

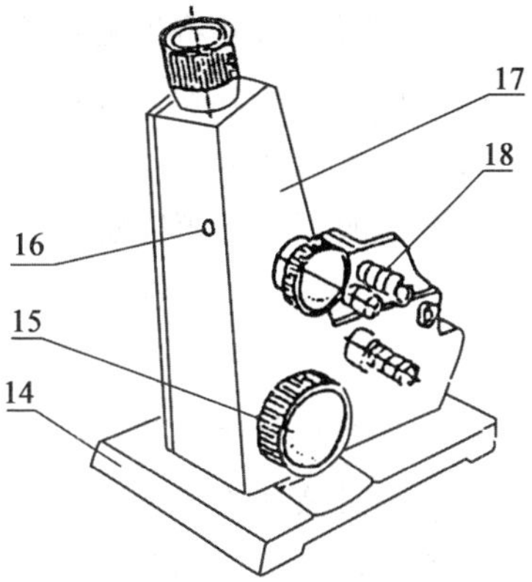


图 10-2

## 二、操作流程及方法

### (一)准备工作

(1)在开始测定前,必须先用标准试样校对读数。对折射棱镜的抛光面加 1～2 滴溴代萘,再贴上标准试样的抛光面,当读数视场指示于标准试样上之值时,观察望远镜内明暗分界线是否在十字线中间,若有偏差则用螺丝刀微量旋转小孔内的螺钉(图 10-2 中 16),带动物镜偏摆,使分界线象位移至十字线中心。校正完毕后,在以后的测定过程中不允许随意再动此部位。

(2)每次测定工作之前及进行示值校准时必须将进光棱镜的毛面,折射棱镜的抛光面及标准试样的抛光面,用无水酒精与乙醚(1∶4)的混合液和脱脂棉花轻擦干净,以免留有其他物质,影响成像清晰度和测量精度。

### (二)测定工作

1.测定透明、半透明液体

将被测液体用干净滴管加在折射棱镜表面,并将进光棱镜盖上,用手轮锁紧,要求液层均匀,充满视场,无气泡。打开遮光板,合上反射镜,调节目镜视度,使十字线成像清晰,此时旋转手轮并在目镜视场中找到明暗分界线的位置,再旋转手轮使分界线不带任何彩色,微调手轮,使分界线位于十字线的中心,再适当转动聚光镜,此时目镜视场下方显示的示值即为被测液体的折射率。

2.测定透明固体

被测物体上需有一个平整的抛光面。把进光棱镜打开,在折射棱镜的抛光面上加 1～2 滴溴代萘,并将被测物体的抛光面擦干净放上去,使其接触良好,此时便可在目镜视场中寻找分界线,瞄准和读数的操作方法如前所述。

3.测定半透明固体

被测半透明固体上也需有一个平整的抛光面。测量时将固体的抛光面用溴代萘粘在折射棱镜上,打开反射镜并调整角度利用反射光束测量,具体操作方法同上。

4.测量蔗糖内糖量浓度

操作与测量液体折射率时相同,此时读数可直接从视场中示值上半部读出,即为蔗糖溶液含糖量浓度的百分数。

## 三、维护与保养

(1)仪器应置放于干燥、空气流通的室内,以免光学零件受潮后生霉。

(2)当测试腐蚀性液体时应及时做好清洗工作,防止侵蚀损坏。仪器使用完毕后必须做好清洁工作。

(3)被测试样中不应有硬性杂质,当测试固体试样时,应防止把折射棱镜表面拉毛或产生压痕。

(4)经常保持仪器清洁,严禁油手或汗手触及光学零件,若光学零件表面有灰尘可用脱脂棉轻擦;如光学零件表面沾上了油垢应及时用酒精乙醚混合液擦干净。

(5)仪器应避免强烈振动或撞击,以防止光学零件损伤及影响精度。

# 第二节　电热恒温干燥箱的使用与维护

## 一、操作流程及方法

### (一)使用前的准备

(1)环境温度:5～40℃,相对湿度不大于85%;

(2)周围无强烈震动源及强电磁场存在;

(3)应放置在平衡、水平、无严重粉尘,无阳光直射,无腐蚀性气体存在的室内。

(4)产品周围保留足够空间间隙。

(5)合理放置,调整搁板位置及数量,放入工作室物品,必须保持上下四周有一定空隙,重量以搁板不被压弯变形为宜。

### (二)开机通电

(1)关好箱门,把手应垂直向下。

(2)根据物品的潮湿程度,调整风门至合适位置,“$\overline{\underline{\diagdown}}$”处开户启角度最小,“☰”处开启角度最大(一般调节范围为60°)。

(3)打开电源、风机开关,指示灯亮并能听到风机运转声音。

(4)控温仪经过4 s左右的自检程序后进入工作模式,即PV屏显示测量温度,

SV屏显示设定温度。此时，AT灯亮，当PV<SV时，HEAT灯应亮，表示控温仪进入升温工作状态。

**（三）温度的设定**

（1）产品的出厂时设定一般为：SV＝80℃或100℃。

（2）若需修改工作温度设定则：

①按一下SET键，使PV屏显示“SP”，SV屏显示出厂时设定的工作温度。

②按住↓或↑键，将SV屏显示的数值修改为所需要的工作温度值后放开↓或↑键。

③按两下SET键，使PV屏、SV屏回到工作模式，产品进入工作状态。

**（四）定时功能的使用**

（1）当按两下SET键，使PV屏显示符号“SP”时，SV屏显示“O”时，产品无定时功能。

（2）当用↑键设定时间后（定时设定范围：1～9 999 min），再按一下SET健，控温仪进入工作模式，定时即开始进行运行进入计算时间。定时终了，产品停止加热输出，蜂鸣器叫4次以示提醒。

（3）产品进入定时工作状态后，若需观察已运行的时间，按↑一下，PV屏显示的数值即为已运行的时间，SV屏的数值即为设定工作的全部时间。

（4）产品在定时工作其间，允许修改这时运行时间“ST”，前面的累计运行时间被“记忆”并运行到新的定时时间，产品停止加热，蜂鸣器叫。

## 二、电热恒温干燥箱的维护及注意事项

（1）每次使用结束后，先关风机，再关电源。打开箱门待箱内温度冷却后，再取出被干燥物品。请千万注意，以免烫伤。

（2）若长期停止使用，必须对产品进行内、外清洁工作。拔掉电源插头罩上塑料防尘套。

（3）若存放环境湿度大，应定期通电加温进行驱潮处理。

（4）重新使用前或工艺要求改变，应进行控温精度的核对工作。

# 第三节 SZF-06B脂肪测定仪的使用与维护

## 一、操作流程及方法

### (一)操作前准备

(1)样品制备

①禾谷类粮食和豆类分取除去杂质的净试样 30～50 g,磨碎通过直径 1.0 mm 圆孔筛装入广口瓶备用。

②小粒油料如芝麻、油菜籽等分取出去杂质的净试样 20 g,装入广口瓶备用。

③大粒油料如花生果、葵花籽、亚麻籽等分取 30～50 g,除去杂质后逐粒剥壳,仁、壳分别称重,计算出仁率。然后将仁剪碎或切片,装入广口瓶备用。

(2)抽提瓶用蒸馏水洗净,置于干燥箱在 105℃下烘 1 h,取出移入干燥器内,冷却后编号备用。

### (二)操作

(1)试样包扎。从备用样品中,用铝皿称取 2～5 g 试样,在 105℃下烘 30 min,趁热倒入研钵中,加入约 2 g 脱脂细沙一同研磨。将试样和细沙研到出油状后,用脱脂棉蘸少量乙醚擦净研钵上的试样和脂肪,全部置入(筒底塞一层脱脂棉)滤纸筒内,最后再用脱脂棉塞入上部,压住试样,放入抽提器内。

(2)在抽提筒内注入无水乙醚 80 mL,先将抽提器套住上方冷凝管,然后将抽提瓶套住抽提器,并移置水浴锅上,调节位置使抽提瓶保持良好接触。

(3)开启电源,根据所需调节加热温度,显示屏直接显示加热温度值。

(4)进行溶剂回收,使用回收瓶,把抽提器换下,即可。

(5)回收完乙醚后,使冷凝管上提,抽提瓶从水浴锅上取出。置入恒温箱内,烘去水分,然后移入干燥器内冷却后称重,计算含油量。

(6)使用完毕关闭电源,并保持机内干净。

## 二、维护及注意事项

(1)必须采用 3 组水源进出冷却,防止乙醚挥发。

(2)根据室温高低,适当调整抽提加热的设定温度。

(3)加热方式用水浴锅型式,加热时必须先注入蒸馏水,防止电热管坏。抽提时请注意水位，低水位时及时补充注入蒸馏水防止电热管坏。

# 第四节　2300 自动定氮仪的使用与维护

## 一、操作流程及方法

### （一）功能键

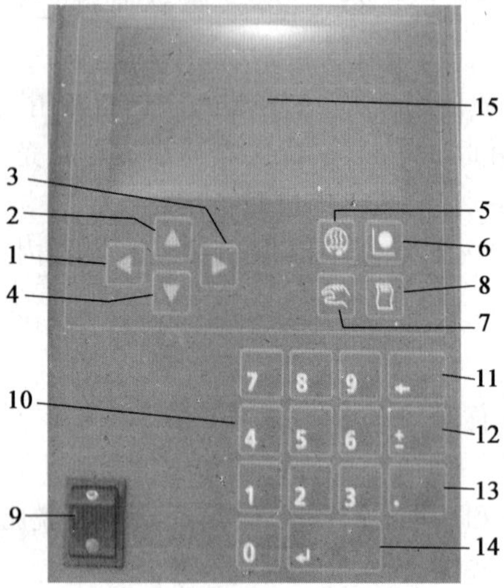


1. 左箭头　2. 上箭头　3. 右箭头　4. 下箭头
5. 分析模式键　6. 安装模式键　7. 手动模式键
8. 报告模式键　9. 开关　10. 数字键　11. 退后键
12. 正负键　13. 暂停键　14. 回车键　15. 显示窗口

数字键：用作样品重量的输入和程序设定的输入。

 退后键：消除游标左面的数字。

 暂停键：在游标的当前位置插入“.”。

 回车键：确认当前显示。

### （二）操作过程

（1）打开电源后，会自动执行一个自检程序，如果检测到故障，信息会在屏幕上显示。在排除故障后，确认按回车键。自检完成后选择控制面板上的模式键。它们分别为：

分析模式，按照所选择的程序方法自动进行样品分析，必要的结果计算数据：如重量，蛋白质系数，空白值和结果输出方式。在分析前已被键入。插入消化管和关闭安全门后分析开始。

手动模式，用于分析前系统功能与条件的检测。它主要是在安装时和更换试剂后排除用泵排除空气时使用。建议分析前冲洗滴定器并在管路中泵入新鲜

的吸收液。

报告模式，允许按照不同方式打印报告或输出至外接计算机。

安装模式，允许在分析模式中选择或调整分析或设备参数。这些选择值将被存储起来而无须再次键入，除非根据需要更改。它提供 10 个分析程序，仪器可以通过复位恢复缺省值。

(2)分析前先选择手动模式，手动菜单在屏幕上显示如下：

| 手 动 |
|---|
| 加吸收液 |
| 加水 |
| 加碱 |
| 蒸汽开 |
| 滴定器注液 |
| 排空滴定器 |

移动光标选择功能行至“加吸收液”后按确认当前显示，冲洗滴定器并在管路中泵入新鲜的吸收液。

选择功能行时，屏幕上会显示一个“*”号作为指示。

(3)再选择分析模式，在屏幕上显示的分析菜单如下：

| 分析 | | |
|---|---|---|
| 程序 | [KJELDAHL] | |
| 空白 | 0.000 mL | |
| 结果 | [%氮] | |
| 重量 | 0.000 g | |
| 序号 | 样品重量 | 结果 |
| 1 | 0.141 7 | 12.01%氮 |

①移动光标选择功能行至“程序”后，凯氏法 1～5 和直接滴定法 1～5 可以在滚动框中通过向左、向右键选择◀▶，按回车键↵确认。

②移动光标选择功能行至“空白”。

空白可以在键盘上手工输入或在分析中由仪器自动生成。手工键入后按回车键↵或上下键▼▲确认。

如果选择了结果中的[BLANK]便可自动获得的空白值。

注意：空白值一定要低于 0.2 mL。

③移动光标选择功能行至“结果”后，可以在滚动框中通过向左、向右键选择◀▶12 种不同的结果。它们分别为：

[空白]

[%氮]

[%蛋白质] 6.25 如果结果要显示出蛋白质%含量，必须输入蛋白质系数。只有当其被选择时，蛋白质含量才会在屏幕中示。通常系数选择为 6.25，不同样品可不同的系数。每个特定样品的系数与其原始数据一起被储存。

[mg N/kg]

[mg N/g]

[mg N]

[mL 滴定毫升数]

[mg N/L]

[mg N/mL]

[mg N/100 mL]

[g N/100 mL]

[回收率]21.179%N 当检测回收率时，必须输入参照物质的纯度。测试可以使用不同的参照物。每次测试参照物的纯度与原始数据一起储存。21.09 是采用 5%的硫酸铵。

数据输入后按回车键或上下键确认。

④移动光标选择功能行至“重量”后，样品重量可以通过键盘手工键入。每次分析前只可键入一个重量或体积。键入数据通过按回车键或使用上下箭头确认。

⑤打开冷凝水，消化管就位后，关闭安全门，仪器开始运行。

注意！紧急状态时可以通过开关关闭系统。

⑥当蒸馏结束后，结果显示在屏幕上。屏幕下方显示“ready”时，才可打开安全门。

⑦更换消化管，输入下一个样品重量，关闭安全门开始下次分析。

注意：为保证操作安全，未更换消化管而再次开始分析程序会显示“Tube not exchanged 消化管没有换”，以防止未使用排污管时会溢流。

## 二、仪器维护与保养

为避免出现故障及延长使用寿命，每日使用完的设备应按如下进行日常保养。

1. 分析仪的循环系统清洗

移动光标选择功能行至“程序”后，在滚动框中通过向左、向右键选择◀ ▶，选择清洗程序，按回车键↵确认。取一个空消化管就位后，关闭安全门，仪器开始运行。倒计时 5 min 后，清洗程序结束。取下消化管关闭电源与水源。

2. 清洗滴流盘

取下滴流盘用温水清洗后装回原处。

3. 擦拭溢出物

用湿布或海绵擦净仪器上溢出物。

4. 滴定缸注水

关闭电源后在滴定缸内注满蒸馏水，当电源再次打开后，滴定缸内液体被自动排空，并同时已清洗掉残余的硼酸晶体。

5. 橡皮接头

借助温水用湿布或海绵擦净橡皮接头并擦净防护罩上的溅出物。

6. 清洗安全门

打开前面板，向上轻抬安全门，使其脱离其滑轨取下，用温水清洗至无可见残余物。

# 第五节　pH-3C 型酸度计的操作方法

操作流程及方法：

(1)把选择开关调到 pH 档。

(2)调节温度旋钮，使旋钮白线对准溶液温度。

(3)把斜率调节旋钮顺时针旋到底。

(4)把清洗过的电极插入 pH＝6.86 的缓冲溶液中。

(5)调节定位调节旋钮，使仪器显示读数与该缓冲溶液当时温度下的 pH 值相一致。

(6)用蒸馏水清洗电极，再插入 pH＝4.00 或 9.18 的标准缓冲溶液中，调节斜率旋钮使仪器显示读数与该缓冲溶液当时温度下 pH 值一致。

(7)重复 4、5、6 直至不用再调节定位或斜率两调节旋钮为止。

(8)用蒸馏水清洗电极,再用被测溶液润洗一次。

(9)把电极插入被测溶液中,轻轻摇动容器,使溶液均匀,在显示屏上读出该溶液的 pH 值。

## 第六节 紫外-可见分光光度计的使用和维护

### 一、UV-1700 系列紫外(可见)分光光度计的基本操作方法

1. 开启电源进行初始化

开启主机电源,分光光度计将按屏幕所显示的项目进行自检和初始化。所有项目检测完毕,初始化结束,整个过程需要 4～5 min。每个项目进行初始化操作时将被加亮显示,当初始化完成后,该项右边的星标也将加亮显示。但是,如果检测到任何异常,初始化过程将立即中止,星标也不会加亮显示。

2. 模式选择

初始化完成后,显示模式选择屏幕。键入相应的编号选择需要的测量模式。

常用的模式有光度模式和定量模式:光度模式用于在任一固定波长下测量样品的吸光度(ABS)或透光率(T%)。定量模式是用标准样品建立标准曲线,并对未知样品进行定量。

3. 测量参数配置

(1)模式选择屏幕中选择〈1. 光度〉选项,将显示参数配置屏幕。用 GOTOWL 键可指定测量波长。按 F2 键(进样控制)后,选择吸收池数量,用数字键盘输入后按 ENTER 键确认,最后按 RETURN 键返回当前屏幕的前一屏。

(2)测量屏幕:指定测量条件然后按 F3 键(测量屏幕)或 START/STOP 键,显示测量模式屏幕。如需做空白校正,应在测量前先设置空白样品,然后按 AUTOZERO 键,将测量值置为 0ABS 或(100%T)。使用多池时,按 F1 健(样品 NO.)将赋予不同的样品编号。

①模式选择屏幕中选择〈3. 定量〉选项,将显示参数配置屏幕。

②输入选项 1 后按 ENTER 键确认,进入测量方法选择屏幕;输入选项 1 后按 ENTER 键确认,进入一波长定量法选择屏幕后,输入波长 λ 值后按 ENTER 键确认。

③按 RETURN 键返回参数配置屏幕,输入选项 2 后按 ENTER 键确认,进入

定量方法选择屏幕；输入选项3(多点校正曲线)后按 ENTER 键确认，进入测量方法选择屏幕，当标准样品数量、校准曲线方程的次数、及零截距等参数设备完毕后按 RETURN 键返回参数配置屏幕。

④在参数配置屏幕下按 START/STOP 键时出现标准样品浓度输入屏幕，输入标准样品的浓度，可随机输入而不必考虑浓度大小。

⑤将标准样品放入样品池中，按已输入浓度的顺序开始，先按 AUTOZERO 键将 ABS 值清零，然后按 START/STOP 键。测量完毕后将显示吸光度值，按 F1 键可查看校准曲线。

⑥成功制作校准曲线后，按 RETURN 键返回参数配置屏幕。按 F2 键(进样控制)后，选择吸收池数量，用数字键盘输入后按 ENTER 键确认，最后按 RETURN 键返回参数配置屏幕；按 F3 键进入测量屏幕，按 F1 健(样品 NO.)将赋予不同的样品编号；按 AUTOZERO 键将 ABS 值清零，然后按 START/STOP 键。测量完毕后将显示吸光度值。

可用数字键 0～9 和功能键 F1～F4 选择不同屏幕中的模式和设置。选择时，按下相应的数字键或功能键即可，无需按 ENTER 键确认。此外，输入数值时，如波长设置或显示模式等，必须 ENTER 键确认输入值。

## 二、723C 可见分光光度计基本操作方法

(1)连接仪器电源线，确保仪器供电电源有良好的接地性能。

(2)接通电源，开机使机器预热 20 min。至仪器自动校正后，显示器显示“546.0nm—0.000A”仪器自检完毕，即可进行测试。

(3)用＜方式＞键设置测试方式，根据你的需要选择透光率($T$)、吸光度($A$)、浓度($c$)。

(4)选择你要分析的波长，按设定键屏幕上显示“WL＝xxx. x nm”字样，按上键或下键输入你所要分析的波长，之后按确认键，显示器第一列右侧显示“xxx. x nm BLANKING”仪器正在变换到你所设置的波长及自动调出 0ABS/100％T，请稍等。待仪器显示出你需要的波长，并且已经把参比调成 0.000A 时，即可测试。

(5)将你的参比样品溶液和被测样品溶液分别倒入比色皿中，打开样品室盖，将盛有溶液的比色皿分别插入比色皿槽中，盖上样品室盖。一般情况下，参比样品放在第一个槽位中，仪器所附的比色皿，其透过率是经过配对测试的，未经配对处理的比色皿将影响样品的测试精度。比色皿透光部分表面不能有指印、溶液痕迹，被测试溶液中不能有气泡、悬浮物，否则也将影响样品测试的精度。

(6)将参比样品推入光路中，按＜0ABS/100％T＞键，调“0ABS/100％T”，直

至“BLANKING”，显示“100.0”%T 或“0.000A”为止。

(7)当仪器显示器显示出“100.0%T”或“0.000A”后，将被测样品推入光路，这时，你便可以从显示器上得到被测试样品的测试参数。根据你的设置的方式，可得到样品的透射比($T$)或吸光度($A$)参数。

## 三、比色皿的使用、维护

### (一)比色皿的分类

(1)根据材质的不同，比色皿分为玻璃比色皿和石英比色皿。

玻璃比色皿只能用于可见光区，石英比色皿可用于可见光区及紫外光区。即分析波长大于 350 nm 时，既可用玻璃比色皿也可用石英比色皿；分析波长小于 350 nm 时，只能用石英比色皿。

(2)根据光程分为 0.5 cm、1 cm、2 cm、3 cm、5 cm 比色皿。

选用何种光程的比色皿，应视分析样品的吸光度而定。光比色液的颜色较淡时，应选择光程较长的，如 2 cm、3 cm、5 cm 比色皿；光比色液的颜色较深时，应选择光程较短的，如 0.5 cm、1 cm 的比色皿。

### (二)比色皿的使用及维护

1. 比色皿的使用

比色皿一般为长方体，其底及两侧为磨毛玻璃，另两面为光学玻璃制成的透光面采用熔融一体、玻璃粉高温烧结和胶黏合而成。所以使用时应注意以下几点：

(1)拿取比色皿时，只能用手指接触两侧的毛玻璃，避免接触光学面。同时注意轻拿轻放，防止外力对比色皿的影响，产生应力后破损。

(2)凡含有腐蚀玻璃的物质的溶液，不得长期盛放在比色皿中。

(3)不能将比色皿放在火焰或电炉上进行加热或干燥箱内烘烤。

(4)当发现比色皿里面被污染后，应用无水乙醇清洗，及时擦拭干净。

(5)不得将比色皿的透光面与硬物或脏物接触。盛装溶液时，高度为比色皿的 2/3 处即可，光学面如有残液可先用滤纸轻轻吸附，然后再用镜头纸或丝绸擦拭。

2. 比色皿的洗涤方法

(1)比如测定溶液是酸，如果不干净，就用弱碱溶液洗，要是测定溶液是碱，如果不干净，就用弱酸溶液洗，要是测定溶液是有机物质，如果不干净，就用有机溶剂，比如酒精等溶液洗。

(2)选择比色皿洗涤液的原则是去污效果好，不损坏比色皿，同时又不影响测定。

(3)分析常用的铬酸洗液不宜用于洗涤比色皿，这是因为带水的比色皿在该洗液中有时会局部发热，致使比色皿胶接面裂开而损坏。同时经洗液洗涤后的比色皿还很可能残存微量铬，其在紫外区有吸收，因此会影响铬及其他有关元素的测定。一般主张使用硝酸和过氧化氢(5∶1)的混合溶液泡洗，然后用水冲洗干净。

(4)对一般方法难以洗净的比色皿，还可以采取以下两种方法。

①先将比色皿侵入含有少量阴离子表面活性剂的碳酸钠(20 g/L)溶液泡洗，经水冲洗后，再于过氧化氢和硝酸(5∶1)混合溶液中浸泡 0.5 h。

②在通风橱中用盐酸、水和甲醇(1∶3∶4)混合溶液泡洗，一般不超过10 min。

③比色皿不可用碱液洗涤，也不能用硬布、毛刷刷洗。

# 第七节　AFS-8x 系列原子荧光光度计的使用与维护

## 一、操作流程及方法

软件操作程序见图 10-3。

### (一)开始运行

先打开主机的电源开关，然后打开微机电源开关，进入 Windows 98/Me/2000/XP 桌面。运行 AFS-8x 系列软件系统。

微机与原子荧光光度计主机进行自动联机通讯，联机正常时，软件自动进入自检测画面。

与原子荧光光度计主机联机不正常时，系统提示错误信息，主机通讯错误。

### (二)仪器自检

联机通讯正常时，软件自动进入自检测画面。

自检测的项目包括载气、屏蔽气、间歇泵和自动进样器控制电路。单击“检测”按钮，自动进行系统状态检测。如果检测通过，单击“返回”按钮，退出自检测画面，进入程序主界面。

### (三)元素灯识别及选择

进入元素表画面后，仪器自动识别 A、B 道元素灯的种类，并分别显示出来。

若只使用单道也可以人为设置元素灯，不用的那一道的元素灯选择“nore”。

当元素灯设置好以后，单击“确定”按钮，退出该画面，仪器条件按缺省值设置。

### (四)文件打开和保存

选择“文件”菜单中的“保存”可以保存当前文件,如果第一次保存,出现“另存为”对话框,在其中输入需要保存的文件名即可。文件的扩展名为 afs 。

选择“文件”菜单中的“新建”可以新建一个文件。

选择“文件”菜单中的“打开”可以打开以前保存的文件。

### (五)设置仪器和测量条件

1.仪器条件

用鼠标左键单击“仪器条件”按钮进入仪器条件设置画面。

仪器条件主要有以下几项:

(1)光电倍增管负高压　可在 200～500 V 之间增减,最小变量 1 V。

(2)原子化器高度　指原子化器最高端(即石英炉芯的出口处)距透镜中心水平面的垂直距离,即火焰的观测高度。此高度只是一个相对值。需人工上下调节。

(3)空心阴极灯灯电流　A、B 道的灯电流分别输入。范围为 0～150 mA,最小变量为 1 mA。

(4)载气流量　指通过石英炉芯载气(内管)的氩气流量。300～1 000 mL/min 可调,最小变量为 100 mL/min。

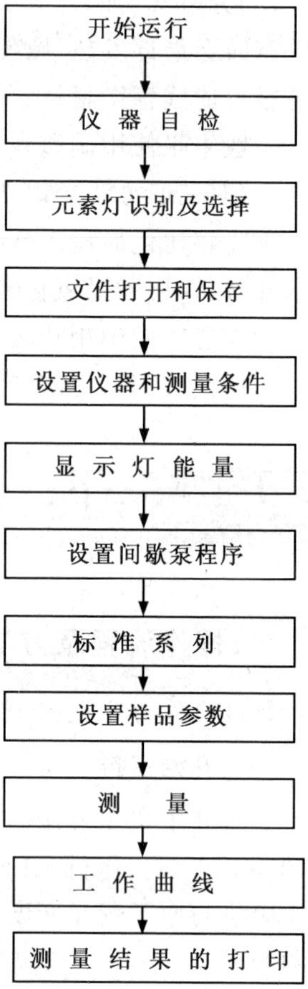


**图 10-3　AFS-8x 系列原子荧光光度计软件操作程序**

(5)屏蔽气流量　指通过石英炉芯屏蔽气(外管)的氩气流量。500～1 200 mL/min 可调,最小变量为 100 mL/min。

(6)注入量　即参加反应的样品量,它的大小可通过改变泵速、泵转动时间、泵管的粗细来确定。

单击“应用”按钮可以将当前设置的参数保存并且通过串行口设置仪器参数。

2. 测量条件

单击“测量条件”选项卡，可以设置测量条件1。

测量条件中有如下内容：测量方法、读数方式、样品空白计算方法、读数时间、延迟时间、重复次数、有效测量次数、标准溶液单位、超出范围自动清洗、标准空白和Test。

当所有条件设置好以后，单击“确定”按钮，退出该画面。

注意：原子化器是否处于“点火”状态，因为原子化器内部达到接近200℃的热平衡需要大约20 min的时间，所以在调好光路、设置好各项条件以后，建议先把点火开关打开预热。

### （六）设置间歇泵程序

用鼠标左键单击“间歇泵”按钮，进入间歇泵程序设置画面。

间歇泵程序有两种：手动和自动测量。

手动测量时的间歇泵程序：

第1步：蠕动泵停止转动6 s，将吸样毛细管由载流杯移入下一个样品杯中，以进行下一次测量。

第2步：蠕动泵以100 r/min的转速运行10 s，分别吸入样品及还原剂。

第3步：蠕动泵停止转动6 s，把吸样毛细管移入载流杯中。

第4步：蠕动泵以120 r/min的转速运行16 s，分别吸载流及还原剂，载流把样品推入混合反应块中与还原剂反应，产生氢化物进入原子化器原子化，这时微机开始采样测量。

### （七）标准系列

在主界面中，用鼠标左键单击“标准系列”按钮或选择“选项”菜单中的“标准系列”，进入标准系列设定画面。

双击表格或者单击“属性输入”按钮可以输入标准品的浓度和位置，输入完浓度后，按下回车键可以自动跳转到下一标准品浓度输入。

### （八）设置样品参数

在主界面中，用鼠标左键单击“样品参数”按钮，进入样品参数设定画面。

用标准曲线法做未知样品的测量时，必须正确输入样品名称、样品形态、稀释因子、A/B道结果单位、位置号、样品空白等内容。

### （九）测量

设定完信息后，单击“测量窗口”按钮，出现测量窗口，就可以开始测量。测量结果中,样品荧光强度值前的“ * ”,表示此样品超出工作曲线的最大标准点;荧光强度值前的“X”,表示此样品在测量过程中出现了 A/D 溢出。

1. 开始测量

单击“测量”按钮,就可以开始测量,系统默认从当前位开始测量。

如果未开点火开关,在进入测量画面时,给予提示。

在进行测量之前,要确认载气是否打开。若未开载气,仪器不能运行,并给予提示。

测量过程中,可以使用“急停”功能。在不同的测量方法中,不同的测量过程后,可以使用 “重测”、“删除”、“稀释”等功能。

2. 清洗

测量结束后,可以使用“清洗程序”清洗整个管路。单击“清洗”按钮,出现“清洗程序”对话框,可以对程序进行清洗。

单击“清洗”按钮开始清洗,单击“停止”按钮停止清洗。

3. 清除测量结果

选中要清除的行或区域,单击右键,出现弹出式菜单,左键单击“清除测量结果”,则清除已测数据。

**(十)工作曲线**

在主界面中,用鼠标左键单击“工作曲线”按钮,进入工作曲线设定画面。在该对话框中,可以设定工作曲线信息。

在本系统中,每道可以设定 3 条工作曲线,每一条工作曲线的拟合次数、标准点都可以分开选定。

单击“打印”按钮,可以打印工作曲线报告,单击“预览”按钮,可以预览工作曲线报告。

**(十一)测量结果的打印**

1. 条件、原始数据、结果和样品参数的打印

在主界面中,用鼠标左键单击“数据”按钮,进入“条件、原始数据、结果和样品参数”对话框。用鼠标左键击原始数据、条件或样品参数,则分别显示测得的原始数据、测量时的工作条件或用户输入的样品参数。按“打印”,即可打印上述内容。

2. 报告的打印

在主界面中,用鼠标左键单击“报告”按钮或选择“视图” 菜单中的“报告”,则进入(标准曲线法)。

不同的测量方法,报告的格式不尽相同。标准曲线法有四种格式,使用者可任

选其一。进行打印。

## 二、原子荧光光度计的维护

(1)在开启仪器前，一定要注意开启载气。

(2)检查原子化器下部去水装置中水封是否合适。可用注射器或滴管添加蒸馏水。

(3)一定注意各泵管无泄漏，定期向泵管和压块间滴加硅油。

(4)实验时注意在气液分离器中不要有积液，以防溶液进入原子化器。

(5)在测试结束后，一定在空白溶液杯和还原剂容器内加入蒸馏水，运行仪器清洗管道。关闭载气，并打开压块，放松泵管。

(6)更换元素灯时，一定要在主机电源关闭的情况下。不得带电插拔灯。

(7)元素灯的预热必须是在进行测量时点灯的情况下，才能达到预热稳定的作用。只打开主机，元素灯虽然也亮，但起不到预热的作用。

(8)Hg、Sb 灯特别是双阴极灯和新灯，要预热的时间长些。

# 第八节　GDYN-110SC 农药残毒快速检测仪的操作与维护

## 一、操作流程及方法

### (一)技术指标

测定下限：0.1～0.3 mg/kg；

抑制率范围：0%～100%；

抑制率精度：10%；

测量方法：采用国标方法——酶抑制法(GB/T 5009.199—2003)；

光源：波长为 412 nm。

### (二)所需试剂(试剂订货号：5N110SB-2-1)

(1)去离子水或蒸馏水；

(2)农残试剂(一)：将农残试剂(一)固体试剂全部倒入 500 mL 塑料方瓶中，然后加入 500 mL 蒸馏水(或纯净水)使之溶解并摇匀(或用蒸馏水稀释至 500 mL 塑料方瓶标签指示的刻度线处使之充分溶解摇匀)即可使用。

注意：农残试剂(一)在配置完后如有沉淀，请用滤纸过滤后再使用。

(3)农残试剂(二):将农残试剂(二)真空玻璃瓶(溶质)尖端用小砂轮划一下并打开,将随注射器所带的长针头安装到 1 mL 注射器上,用此 1 mL 注射器将瓶内的溶液全部取出并注入标有农残试剂(二)的塑料瓶中,然后将农残试剂(二)塑料滴灌尖端(溶剂)剪开,将塑料滴管中的溶液全部滴入标有农残试剂(二)的塑料瓶中。然后盖紧滴瓶瓶盖摇匀,备用(真空玻璃瓶与塑料滴管中溶液转移前应将尖端处溶液用手指弹下再打开与剪开,转移后应用混合液反复清洗真空玻璃瓶与塑料滴管和注射器内壁两次)。

(4)农残试剂(三):将农残试剂(三)塑料滴管剪开并将滴管中的固体试剂全部洗入到标有农残试剂(三)的 50 mL 塑料方瓶溶液中,盖紧瓶盖,摇动使之充分溶解混匀即可使用。

(5)农残试剂(四):将农残试剂(四)塑料滴管剪开并将滴管中的固体试剂全部洗入到标有农残试剂(四)的 50 mL 塑料方瓶溶液中,盖紧瓶盖,摇动使之充分溶解混匀即可使用。

农残试剂(二)真空玻璃瓶(溶质)及农残试剂(二)塑料滴管(溶液)、农残试剂(三)、农残试剂(四)及配制后的农残试剂(二)、(三)、(四)都必须在冰箱 0~4℃中避光保存。其他农残试剂可在室温下保存。

注意:试剂从冰箱中取出后一定要放置至室温再使用。

**(三)操作步骤**

1. 制备

选取有代表性的果蔬样品,擦去表面泥土,对于叶菜(如菠菜、油菜、白菜等)样品,用叶菜取样器取叶片部分;对于果实蔬菜(如黄瓜、茄子、西红柿等)样品,用带刮皮器水果刀顺皮削下一片,然后切成 1 cm 左右见方碎片。用随机所带的感量为 0.01 g 电子台秤称取样品 2.0 g(台秤在使用前应用砝码准确校正准确后再用)。

2. 残留农药的提取

将样品提取瓶分别置于样品提取瓶支架上,向样品提取瓶放入 2.0 g 待测样品,用 5.0 mL 移液器移取 10.0 mL 农残试剂(一)置于装有样品的提取瓶中。用搅拌针将样品压入提取液中,使用提取液浸没样品,接着将样品提取瓶放入样品样品提取仪中提取 6 min(在 GDYQ-701S 超声提取仪中预先加入 500 mL 蒸馏水或去离子水后,再放入塑料篮,然后用塑料盖压紧塑料篮固定)。取出,将样品提取瓶置于提取瓶固定架上,用移液器移取样品提取液的上清液 0.50 mL 置于比色皿中。

3. 设置

首先在主菜单上选择“设置 · 加热器”,设置为“开”,然后选择到“测量”,再按

↑↓和回车键选择“农药残毒”测量，再按回车键进入设置菜单画面，按↑↓键选择“设置”内容，按回车键确认，此时分别显示出：培养时间（农药与酶发生抑制反应的时间 15 min），样品个数（测量时用户所选择的被测样品个数），培养温度（农药与酶发生抑制反应的温度 37℃）和显色（显色反应所需要的时间 3 min）4 个项目需要设置。

4. 空白测量

设置完成后，返回到测量界面。移取农残试剂（一）0.5 mL 于一个比色皿中，然后用移液器向比色皿中加入农残试剂（二）和农残试剂（三）各 100 μL，盖上比色皿塞子摇匀，将比色皿放入比色槽第一通道中，放置 3 min 后，再按↑键。

仪器显示提示信息“请加试剂 4……”。取出比色皿用移液器加入农残试剂（四）100 μL，盖上比色皿塞子摇匀，放入比色槽第一通道中，然后按回车键继续，仪器显示“测量空白：正在显色……”，倒计时 3 min，空白测量结束后仪器显示“空白测量完毕”和空白测量的结果 ΔA1。

5. 样品测量

在选择“农药残毒”测量后的画面中即可进行样品测量。用移液器向装有样品提取液的比色皿中加入农残试剂（二）与农残试剂（三）各 100 μL，盖上比色皿塞子摇匀，将比色皿放入比色槽中，按↓键进行样品测量，仪器显示“样品测量，正在培养……”，仪器将自动倒计时 15 min，计时结束后仪器显示画面提示“请加试剂 4……”。取出比色皿用移液器加入农残试剂（四）100 μL，盖上比色皿塞子摇匀，放入比色槽中定位，然后按回车键继续，仪器显示“样品测量：正在显色……”，倒计时 3 min，样品测量结束后仪器显示“样品测量的结果——抑制率”。

6. 结果的判定、试剂用量和吸光度值的确认

（1）结果判定（按国标 GB/T 5009.199—2003）：结果以酶被抑制的程度（即抑制率）表示，当被测样品的抑制率在 50%以上时，表示被测样品中有高剂量有机磷或氨基甲酸酯类农药存在，样品为阳性结果，阳性结果的样品需要检验 2 次以上，对阳性结果的样品，可用其他方法进一步确定农药品种和含量，并上报有关部门进行处理。

（2）农残试剂（二）用量的确认：在空白测量结束后，仪器显示 3 min 前后空白测量的结果为 ΔA1。如果 ΔA1 小于 0.100，则此次空白测量无效，需重新检测，若进行多次测定后，ΔA1 仍小于 0.100 时，应适当增加农残试剂（二）用量，使 ΔA1 大于 0.100 即为农残试剂（二）的最佳使用量。

7. 干扰

（1）葱、蒜、萝卜、韭菜、芹菜、香菜、茭白、蘑菇及番茄汁液中含有对酶有影响的

植物次生物质，容易产生假阳性。处理这类样品时，可采取整株蔬菜浸提。

（2）对一些含叶绿素较高的蔬菜，也可采取整株蔬菜浸提的方法，以减少色素的干扰。

## 二、农药残毒快速测定仪的维护

（1）存放仪器的地方必须保持干燥、无尘、无振动。

（2）仪器内部通道应保持干净、无尘土，若有污物，可用棉质物拭净。

（3）仪器使用前必须先仔细阅读仪器的使用说明书，根据说明书上的操作步骤进行操作，如果仪器显示不正常现象时，应通知厂家维修。

# 第九节 AA-6800原子吸收分光光度计软、硬件操作程序

操作流程（火焰法）：Wizard有设置次序见图10-4。只需分别点击＜下一步＞或＜上一步＞键，即可进入到下一步或返回前一步。

（启动AA软件）
↓
①Wizard选择
↓
②元素选择
↓
③制备参数
↓
④样品标识符
↓
⑤样品选择
↓
⑥连接主机/发送参数
↓
⑦光学参数
↓
⑧燃烧器/气体流量设置
↓
（完成）
↓
（开始测定）

**图10-4 Wizard设置次序**

## 一、打开 AA-6800 主机电源开关(图 10-5)

如果未提供燃气蜂鸣器鸣响,按气体控制器面板的“BUZZER OFF”键或供应燃气停止蜂鸣器。此外,2 min 后,蜂鸣器鸣响 3 次表明 AA 主机的 CPU 初始化完毕。

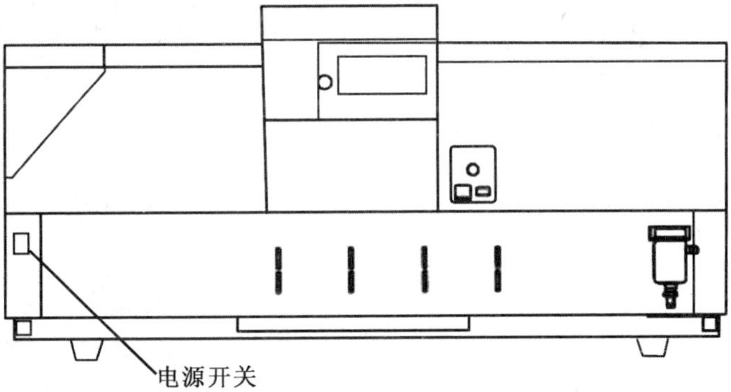


图 10-5　AA-6800 电源开关

## 二、启动软件

打开电脑电源开关,启动 MS-Windows。双击 AA 软件。“Wizard 选择”对话框将出现在屏幕的中心。

## 三、元素选择

(1)在“Wizard 选择”元素选择上,点击确定(图 10-6)。

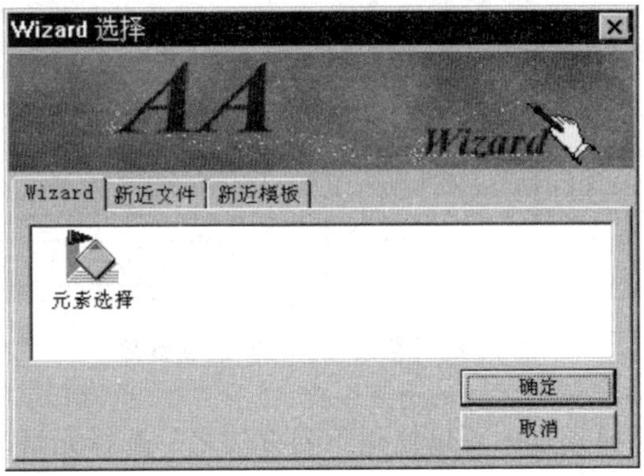


图 10-6　“Wizard 选择”页

(2)在“元素选择”页面中点击选择元素，设置测定所需元素的参数(图 10-7)。

(3)首先，点击＜选择元素＞。然后将出现“装载参数”(图 10-8)。

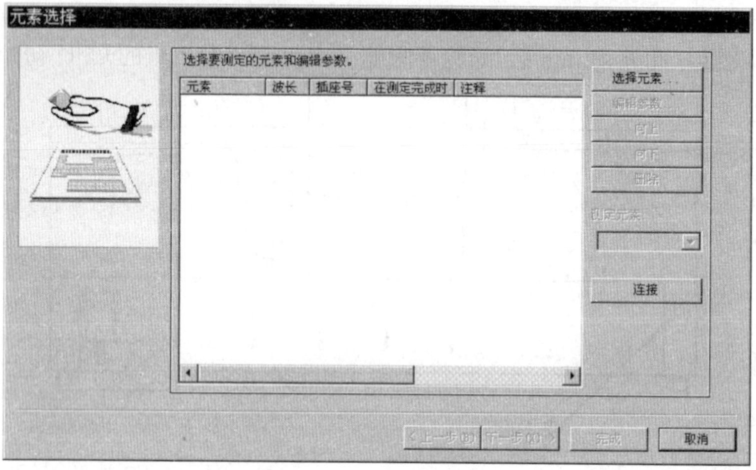


图 10-7 “元素选择”页

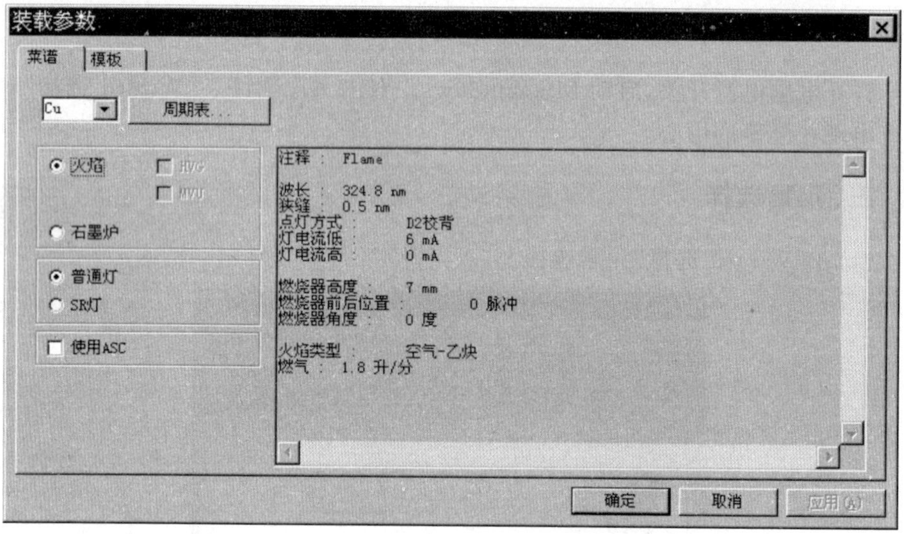


图 10-8 “菜谱”页中的“装载参数”

在此页，首先选择元素。可以使用下列方法之一选择元素。

①在元素列中用键盘直接输入元素符号。

②点击键元素列的右侧箭头，从按字符次序排列的元素符号目录中选择元素。

③点击＜周期表＞键和从周期表中选择元素。

(4) 下一步,用单选键选择[火焰]测定方法。

(5) 选择[普通灯],当使用普通空心阴极灯时(只有在 SR-背景校正时才能选择[SR 灯])。

(6) 在完成设置后,点击＜确定＞。此时,显示关于灯位设置的提示信息。然后再次显示"元素选择"页,已选择的元素列出在表中。

(7) 如果进行多元素分析,可再点击＜选择元素＞键,选择下一个元素。需要时可重复下列步骤。点击＜选择元素＞键 → 选择一个元素 → 点击＜确定＞键。

(8) 点击＜下一步＞键。虽然又一次出现提示信息,点击＜取消＞键往下进行。将出现"制备参数"页(图 10-9)。

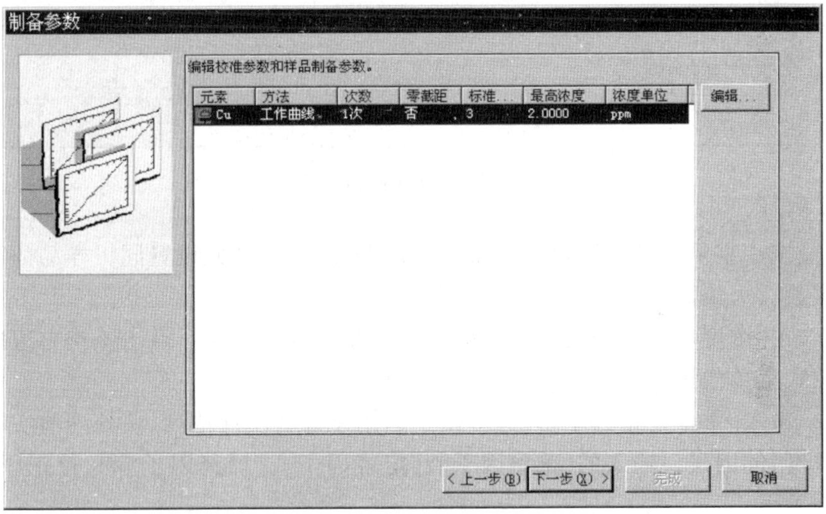


图 10-9　"制备参数"页

## 四、制备参数

首先,点击选择的元素行,使之变亮,然后点击＜编辑＞键。出现"制备参数"页。设置参数见图 10-10。

(1)在[测定类型]中选择"工作曲线"。如果需要也可选择"SMSA"(简化标准加入法)或使用标准加入法。

(2)在[次数]中选择工作曲线的次数,如果工作曲线是直线,选择"1st";如果工作曲线弯曲,可选择"2nd"或"3rd"。由于在测定后还可改变工作曲线的次数,不妨先在此选择"1st"。在本页没有装载和存储制备参数文件的功能。

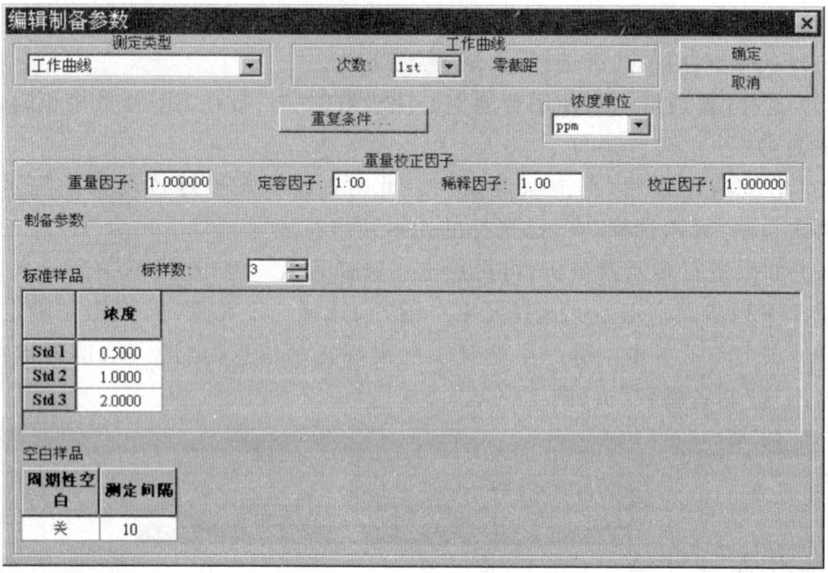


**图 10-10 “编辑制备参数”页**

(3)按＜重复条件＞键,显示“重复测定条件”页。在此设置同一样品的重复测定的次数。火焰测定法的缺省值是“1”。

(4)在[浓度单位]中,选择制备的标准样品的浓度单位。点击该键右边的箭头从下拉式菜单中选择。

(5)输入[重量校正因子]。这些因子是用于计算实样浓度(前处理前实际样品中的浓度)的因子。输入的[重量因子]、[定容因子]、[稀释因子]和[校正因子]满足下列关系。

实样浓度=(浓度)×[定容因子]×[稀释因子]×[校正因子]/[重量因子]

实样浓度用上式计算。注意,这里不会自动转换单位,一定要仔细计算[校正因子],使方程两侧配平(参照下例)。

如果不想计算实样浓度,只要让所有的因子为“1”即可 。

(6)设置参数后,点击＜确定＞返回到“制备参数”页。如果多元素分析,点击下一行使之变亮,然后用同样方法点击＜编辑＞和设置参数。

(7)所有的设置完成后,点击＜下一步＞。然后将出现“样品标识符”页(图10-11)。

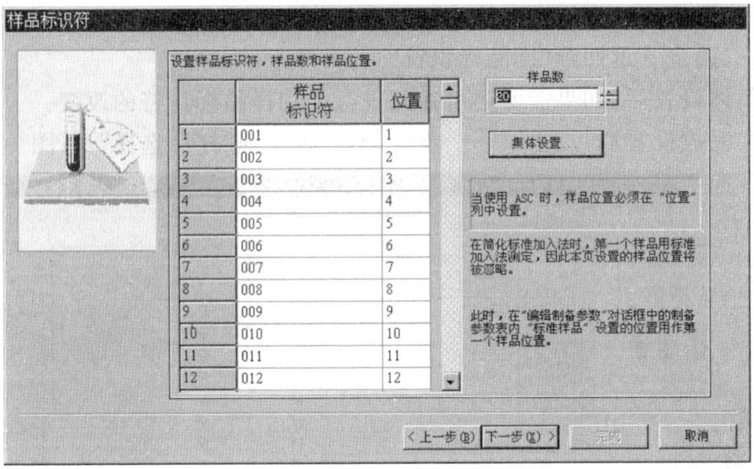


图 10-11　"样品标识符"页

## 五、样品标识符

(1)在"样品标识符"页，首先输入测定样品的个数。然后用键盘逐一输入样品的标识符(样品名)到[样品标识符]的各单元中。

(2)当所有样品取连续号码的相同名称时，可点击<集体设置>。然后将出现"样品标识符集体设置"的对话框(图 10-12)。

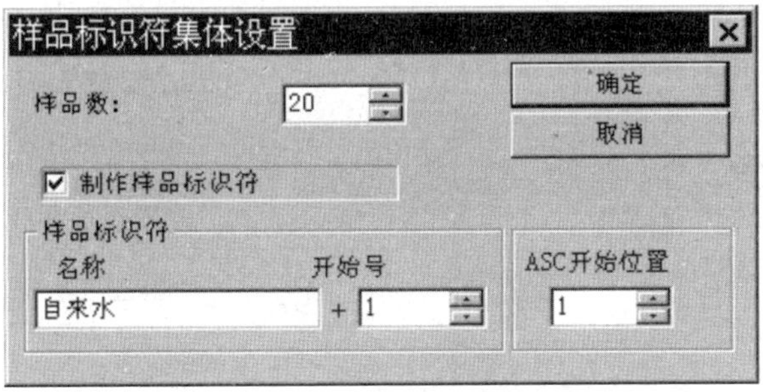


图 10-12　"样品标识符集体设置"对话框

在"制作样品标识符"复选框中作标记，在[名称]输入一个通用的样品名，例如上图的"自来水"。然后在[开始号]中用鼠标点击上下箭头确定连续号码的开始号，这样表就会自来水 001，自来水 002…自动给出样品的标识符。如果使用自动进样器，在[ASC 开始位置]中输入第一个样品放在自动进样器转盘上的位置，其他样品的位置将自动生成。

点击＜确定＞返回到“样品标识符”页。

(3)集体设置后，如果需要还可在此进行个别样品标识符的改变。

(4)在完成设置后，点击＜下一步＞，然后将出现“样品选择”页(图 10-13)。

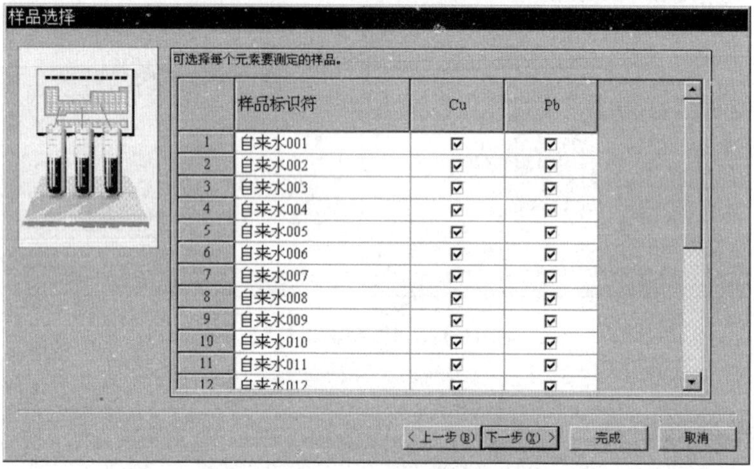


**图 10-13　样品选择页**

(5)在完成设置后，点击＜下一步＞进入到“连接主机/发送参数”页(图 10-14)。

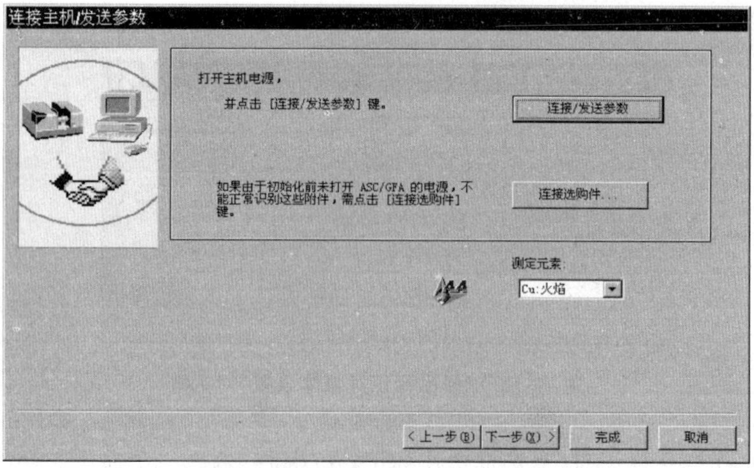


**图 10-14　“连接主机/发送参数”页**

## 六、连接主机/发送参数

(1)检查 AA 电源是否已经打开和点击＜连接主机/发送参数＞。打开“初始化”对话框，AA 主机开始初始化。

在[开始漏气检查]这一步，出现下列提示信息。

“将开始漏气检查。按主机上的 EXTINGUISH 键。”

按照该指令，按燃烧室右侧的 EXTINGUISH 键和点击＜确定＞，关闭提示信息。仪器自动开始 10 min 的漏气检查。此时，火焰不能点燃。如果未供应燃气，会出现下列提示信息。

“气体压力太低无法执行漏气检查。请检查燃气供应压力再进行漏气检查。”

供应燃气后，按 EXTINGUISH 键的同时点击＜再试＞键。如果此时无视提示信息，点击＜取消＞，可关闭提示信息框，虽然初始化结束，但是未进行漏气检查。如果在初始化时未执行漏气检查，则在此后供应燃气时，仪器仍然会自动进行 10 min 的漏气检查。如果没有发现漏气，就可点火。

注：如果没有按照提示信息的指令按 EXTINGUISH 键，漏气检查不能正确执行。即使主机工作正常，由于没有供气，没有压力，主机仍然判断有漏气。如果供应燃气(按 EXTINGUISH 键)后执行初始化，就不会发生这样的现象。

(2)初始化完成后，点击＜确定＞关闭“初始化”对话框。然后，在“连接主机/发送参数”页点击＜下一步＞，进入到“光学参数”页(图 10-15)。

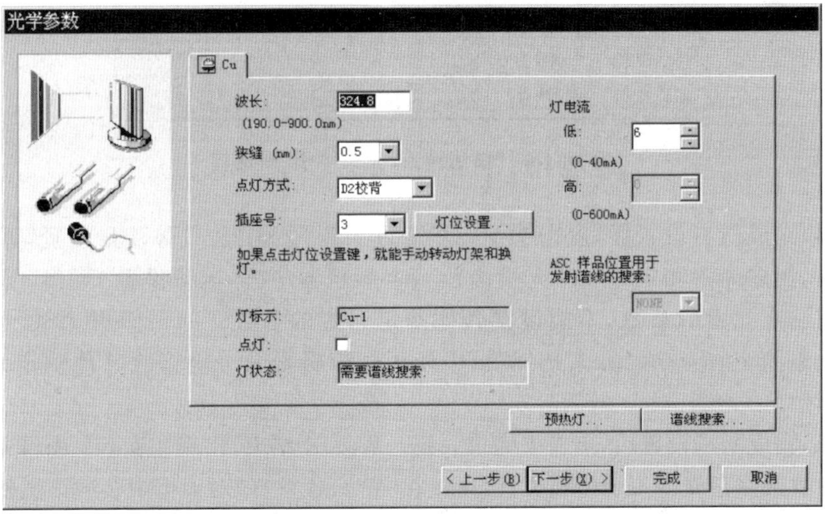


**图 10-15 “光学参数”页**

## 七、光学参数

(1)通常可以不必改变自动显示的[波长]和[狭缝],因为菜谱中已经为各元素准备好了适宜的条件。如果要改变,输入波长和从 6 挡可选的狭缝目录中选择需要的数值,方法很简单只需点击该项右侧的箭头即可选择。

(2)点击＜灯位设置＞键。将出现“灯位设置”对话框。根据实际安装在各插座号上的情况输入“元素”和“灯类型”。元素从下拉式菜单选择。“灯类型”也可从下拉式菜单中选择“普通”或“SR”。然后,在[灯标识符]列中选择灯的标识符。当显示“灯位设置”对话框时,可以手动转动灯架和换灯。点击＜确定＞返回到“光学参数”页。

(3)＜谱线搜索＞键。如果点击＜谱线搜索＞,出现“谱线搜索/光束平衡”对话框(图 10-16)。完成谱线搜索后,点击关闭。

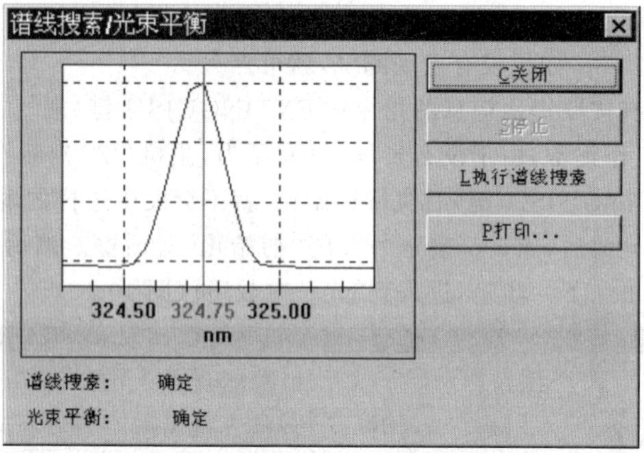


**图 10-16 “谱线搜索/光束平衡”对话框**

(4)完成所有设置后,点击＜下一步＞进入到“燃烧器/气体流量设置”页。

注:当多元素测定时,在“光学参数”和“燃烧器/气体流量设置”页中。只能设置当前测定元素的参数,不能设置其他测定元素的参数。如果使用 ASC 进行自动多元素测定,应该在“元素选择”页中使用＜编辑参数＞键修改其他测定元素的测定参数。

(5)完成所有设置后,点击＜完成＞键。Wizard 结束,出现主窗口。如果要把当前的参数条件存储为一个模板文件,可以在“Wizard 选择”对话框中装载该文件。

(6)在菜单条点击[文件]和选择[另存为](图 10-17)。

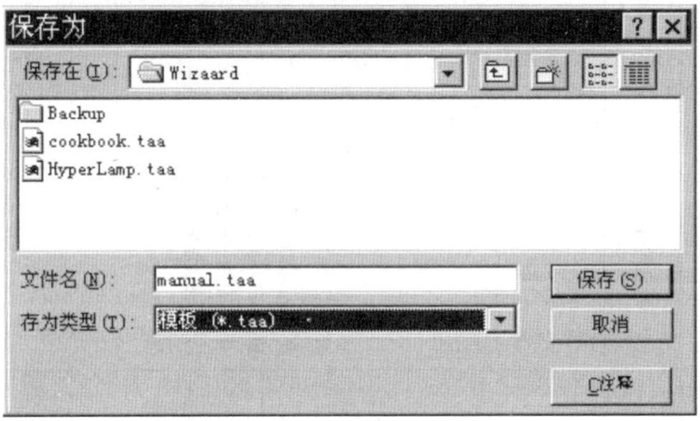


图 10-17　“另存为”对话框

(7)在[存为类型]中选择“模板(＊.taa)”,在[文件名]栏中键入需要的文件名,将可存储以“.taa”作扩展名的文件。

例如:如果当“另存为”对话框打开时[文件名]中显示的是“notitle.aa”,则先选择模板(＊.taa) 改变文件名成“notitle.taa”。

(8)输入文件名,扩展名“.taa”不变。在文件名中不要使用句号(。),否则软件不认。

(9)点击＜存储＞键。

## 八、开始测定

(1)完成所有设置后,准备样品,进行测定。

(2)点火,按 AA 主机前面的 IGNITE 键点火。

(3)自动调零。

(4)空白测定(如果需要)。

(5)标准测定。

(6)检查工作曲线。

(7)未知样品测定。

(8)完成测定。

(9)测定完毕后,把吸样管口放入蒸馏水中再喷雾一段时间清洗吸管,雾化室和燃烧器头。然后按 AA 主机前面的 EXTINGUISH 键熄灭火焰。

(10)关闭气源。

(11)关闭电脑和电源。

# 附　　件

**附表　茄果类蔬菜等 37 类无公害农产品检测目录(2012 年 5 月 1 日起实施)**

| 产品类别 | 适用产品 | 序号 | 检测项目 | 限量值(≤,mg/kg) | 执行依据 | 检测方法 | 备注 |
|---|---|---|---|---|---|---|---|
| 种植业 | | | | | | | |
| 一、茄果类蔬菜 | 番茄、茄子、辣椒、甜椒、酸浆及其速冻产品等 | 1 | 甲胺磷(methamidophos) | 不得检出(0.05)* | GB 2763—2005 | NY/T 761 蔬菜、水果中有机磷、有机氯、拟除虫菊酯和氨基甲酸酯类农药多残留的测定 | |
| | | 2 | 氧乐果(omethoate) | 不得检出(0.02)* | NY 1500.49.1—2008 | | |
| | | 3 | 甲拌磷(phorate) | 不得检出(0.01)* | NY 1500.13.4—2008 | | |
| | | 4 | 对硫磷(parathion) | 不得检出(0.01)* | GB 2763—2005 | | |
| | | 5 | 甲基对硫磷(parathion-methyl) | 不得检出(0.02)* | NY 1500.32.2—2008 | | |
| | | 6 | 克百威(carbofuran) | 不得检出(0.02)* | NY 1500.40.2—2008 | | |
| | | 7 | 毒死蜱(chlorpyrifos) | 0.5 | GB 2763—2005 | | |
| | | 8 | 氯氰菊酯(cypermethrin) | 0.5 | GB 2763—2005 | | |
| | | 9 | 氰戊菊酯(fenvalerate) | 0.2 | GB 2763—2005 | | |
| | | 10 | 氯氟氰菊酯(cyhalothrin) | 0.2 | GB 2763—2005 | | |

续附表

| 产品类别 | 适用产品 | 序号 | 检测项目 | 限量值(≤,mg/kg) | 执行依据 | 检测方法 | 备注 |
|---|---|---|---|---|---|---|---|
| | | 11 | 吡虫啉(imidacloprid) | 1 | NY 1500.5.3—2007 | NY/T 1275 蔬菜、水果中吡虫啉残留量的测定 | |
| | | 12 | 多菌灵(carbendazim) | 0.5<br>0.1(辣椒、甜椒) | GB 2763—2005 | NY/T 1680 蔬菜、水果中多菌灵等4种苯并咪唑类农药残留量的测定高效液相色谱法 | |
| | | 13 | 铅(以 Pb 计) | 0.1 | GB 2762—2005 | GB 5009.12 食品安全国家标准 食品中铅的测定 | |
| | | 14 | 镉(以 Cd 计) | 0.05 | GB 2762—2005 | GB/T 5009.15 食品中镉的测定 | |
| 二、瓜类蔬菜 | 黄瓜、冬瓜、南瓜、笋瓜、西葫芦、越瓜、菜瓜、丝瓜、苦瓜、瓠瓜、节瓜、蛇瓜、佛手瓜及其速冻产品等 | 1 | 甲胺磷(methamidophos) | 不得检出(0.05)* | GB 2763—2005 | NY/T 761 蔬菜、水果中有机磷、有机氯、拟除虫菊酯和氨基甲酸酯类农药多残留的测定 | |
| | | 2 | 氧乐果(omethoate) | 不得检出(0.02)* | NY 1500.49.1—2008 | | |
| | | 3 | 对硫磷(parathion) | 不得检出(0.01)* | GB 2763—2005 | | |

续附表

| 产品类别 | 适用产品 | 序号 | 检测项目 | 限量值(≤,mg/kg) | 执行依据 | 检测方法 | 备注 |
|---|---|---|---|---|---|---|---|
| | | 4 | 甲基对硫磷(parathion-methyl) | 不得检出(0.02)* | NY 1500.32.2—2008 | | |
| | | 5 | 克百威(carbofuran) | 不得检出(0.02)* | NY 1500.40.2—2008 | | |
| | | 6 | 毒死蜱(chlorpyrifos) | 0.5 | GB 2763—2005 | | |
| | | 7 | 三唑磷(triazophos) | 0.1 | NY 1500.23.1—2007 | | |
| | | 8 | 氯氰菊酯(cypermethrin) | 0.2 | GB 2763—2005 | | |
| | | 9 | 氰戊菊酯(fenvalerate) | 0.2 | GB 2763—2005 | | |
| | | 10 | 氯氟氰菊酯(cyhalothrin) | 0.2 | GB 2763—2005 | | |
| | | 11 | 多菌灵(carbendazim) | 0.5 | GB 2763—2005 | NY/T 1680 蔬菜、水果中多菌灵等4种苯并咪唑类农药残留量的测定高效液相色谱法 | |
| | | 12 | 三唑酮(triadimefon) | 0.1 | CAC(2009) | NY/T 761 蔬菜、水果中有机磷、有机氯、拟除虫菊酯和氨基甲酸酯类农药多残留的测定 | |

续附表

| 产品类别 | 适用产品 | 序号 | 检测项目 | 限量值(≤,mg/kg) | 执行依据 | 检测方法 | 备注 |
|---|---|---|---|---|---|---|---|
| | | 13 | 吡虫啉(imidacloprid) | 0.5 | NY 1500.5.4—2007 | NY/T 1275 蔬菜、水果中吡虫啉残留量的测定 | |
| | | 14 | 铅(以 Pb 计) | 0.1 | GB 2762—2005 | GB 5009.12 食品安全国家标准 食品中铅的测定 | |
| 三、豆类蔬菜 | 菜用豌豆、豇豆、菜豆、扁豆、黎豆、红花菜豆、刀豆、四棱豆、莱豆、兰豆、黑吉豆、其他新鲜或冷藏或速冻的豆类蔬菜 | 1 | 甲胺磷(methamidophos) | 不得检出(0.05)* | GB 2763—2005 | NY/T 761 蔬菜、水果中有机磷、有机氯、拟除虫菊酯、氨基甲酸酯类农药多残留测定 | |
| | | 2 | 对硫磷(parathion) | 不得检出(0.01)* | GB 2763—2005 | | |
| | | 3 | 甲基对硫磷(parathion-methyl) | 不得检出(0.02)* | NY 1500.32.2—2008 | | |
| | | 4 | 克百威(carbofuran) | 不得检出(0.02)* | NY 1500.40.2—2008 | | |
| | | 5 | 氧乐果(omethoate) | 不得检出(0.02)* | NY 1500.49.1—2008 | | |
| | | 6 | 氰戊菊酯(fenvalerate) | 0.1 | CAC/MRL·01—2007 | | |
| | | 7 | 氯氟氰菊酯(cyhalothrin) | 0.2 | GB 2763—2005 | | |
| | | 8 | 氯氰菊酯(cypermethrin) | 0.5 | GB 2763—2005 | | |

续附表

| 产品类别 | 适用产品 | 序号 | 检测项目 | 限量值(≤,mg/kg) | 执行依据 | 检测方法 | 备注 |
|---|---|---|---|---|---|---|---|
| | | 9 | 三唑磷(flucythrinate) | 0.2 | CAC/MRL·01—2007 | | |
| | | 10 | 乙酰甲胺磷(acephate) | 1 | GB 2763—2005 | | |
| | | 11 | 三唑酮(triadimefon) | 0.05 | GB 2763—2005 | | |
| | | 12 | 铅(以 Pb 计) | 0.1 | GB 2762—2005 | GB 5009.12 食品安全国家标准 食品中铅的测定 | |
| | | 13 | 镉(以 Cd 计) | 0.05 | GB 2762—2005 | GB/T 5009.15 食品中镉的测定 | |
| 四、叶菜类蔬菜 | 普通白菜、大白菜、菠菜、芹菜、叶用莴苣、蕹菜、苋菜、芫荽、茼蒿、荠菜、香芹菜、菜薹、紫菜薹、抱子甘蓝、结球甘蓝、花椰菜、青花菜、芥蓝、叶用芥菜及其速冻产品等 | 1 | 甲胺磷(methamidophos) | 不得检出(0.05)* | GB 2763—2005 | NY/T 761 蔬菜、水果中有机磷、有机氯、拟除虫菊酯、氨基甲酸酯类农药多残留测定 | |
| | | 2 | 氧乐果(omethoate) | 不得检出(0.02)* | NY 1500.49.1—2008 | | |
| | | 3 | 甲拌磷(phorate) | 不得检出(0.01)* | NY 1500.13.4—2008 | | |
| | | 4 | 对硫磷(parathion) | 不得检出(0.01)* | GB 2763—2005 | | |
| | | 5 | 甲基对硫磷(parathion-methyl) | 不得检出(0.02)* | NY 1500.32.2—2008 | | |

续附表

| 产品类别 | 适用产品 | 序号 | 检测项目 | 限量值（≤,mg/kg） | 执行依据 | 检测方法 | 备注 |
|---|---|---|---|---|---|---|---|
| | | 6 | 克百威(carbofuran) | 不得检出（0.02）* | NY 1500.40.2—2008 | | |
| | | 7 | 氯氟氰菊酯(cyhalothrin) | 0.2 | GB 2763—2005 | | |
| | | 8 | 氯氰菊酯(cypermethrin) | 2 | GB 2763—2005 | | |
| | | 9 | 氰戊菊酯(fenvalerate) | 0.5 | GB 2763—2005 | | |
| | | 10 | 甲氰菊酯(fenpropathrin) | 0.5 | GB 2763—2005 | | |
| | | 11 | 溴氰菊酯(deltamethrin) | 0.5 | GB 2763—2005 | | |
| | | 12 | 毒死蜱(chlorpyrifos) | 0.1 | GB 2763—2005 | | |
| | | 13 | 铅(以 Pb 计) | 0.3 | GB 2762—2005 | GB 5009.12 食品安全国家标准 食品中铅的测定 | |
| | | 14 | 镉(以 Cd 计) | 0.2 | GB 2762—2005 | GB/T 5009.15 食品中镉的测定 | |
| | | 15 | 亚硝酸盐(以 $NaNO_2$ 计) | 4 | GB 2762—2005 | GB/T 5009.33 食品中亚硝酸盐与硝酸盐的测定方法 | |

续附表

| 产品类别 | 适用产品 | 序号 | 检测项目 | 限量值（≤,mg/kg） | 执行依据 | 检测方法 | 备注 |
|---|---|---|---|---|---|---|---|
| 五、根菜类蔬菜 | 马铃薯、山药、芋、豆薯、草食蚕、葛、菜用土圞儿、蕉芋、魔芋、菊芋、生姜、其他薯芋类蔬菜、萝卜、胡萝卜、芜菁、芜菁甘蓝、牛蒡、根菾菜、美洲防风、婆罗门参、菊牛蒡、根芹菜、山葵、其他根菜类蔬菜及其速冻产品 | 1 | 甲胺磷(methamidophos) | 不得检出(0.05)* | GB 2763—2005 | NY/T 761 蔬菜、水果中有机磷、有机氯、拟除虫菊酯、氨基甲酸酯类农药多残留测定 | |
| | | 2 | 对硫磷(parathion) | 不得检出(0.05)* | GB 2763—2005 | | |
| | | 3 | 甲基对硫磷(parathion-methyl) | 不得检出(0.02)* | NY 1500.32.2—2008 | | |
| | | 4 | 甲拌磷(phorate) | 不得检出(0.01)* | NY 1500.13.4—2008 | | |
| | | 5 | 氧乐果(omethoate) | 不得检出(0.02)* | NY 1500.49.1—2008 | | |
| | | 6 | 克百威(carbofuran) | 不得检出(0.1)* | GB 2763—2005 | | |
| | | 7 | 氰戊菊酯(fenvalerate) | 0.05 | GB 2763—2005 | | |
| | | 8 | 氟氰戊菊酯(flucythrinate) | 0.05 | GB 2763—2005 | | |
| | | 9 | 毒死蜱(chlorpyrifos) | 0.1 | GB 2763—2005 | | |
| | | 10 | 六六六(hch) | 0.05 | GB 2763—2005 | | |
| | | 11 | 三唑磷(triazophos) | 0.5 | CAC/MRL·01—2007 | | |
| | | 12 | 马拉硫磷(malathion) | 0.5 | GB 2763—2005 | | |

续附表

| 产品类别 | 适用产品 | 序号 | 检测项目 | 限量值(≤,mg/kg) | 执行依据 | 检测方法 | 备注 |
|---|---|---|---|---|---|---|---|
| | | 13 | 无机砷(以 As 计) | 0.05 | GB 2762—2005 | GB/T 5009.11 食品中总砷及无机砷的测定 | |
| | | 14 | 镉(以 Cd 计) | 0.1 | GB 2762—2005 | GB/T 5009.15 食品中镉的测定 | |
| | | 15 | 铅(以 Pb 计) | 0.1 | GB 2762—2005 | GB 5009.12 食品安全国家标准 食品中铅的测定 | |
| 六、葱蒜类蔬菜 | 大蒜、蒜薹、大葱、洋葱、韭菜、分葱、胡葱、细香葱、薤及其速冻产品等 | 1 | 甲胺磷(methamidophos) | 不得检出(0.05)* | GB 2763—2005 | NY/T 761 蔬菜、水果中有机磷、有机氯、拟除虫菊酯和氨基甲酸酯类农药多残留的测定 | |
| | | 2 | 氧乐果(omethoate) | 不得检出(0.02)* | NY 1500.49.1—2008 | | |
| | | 3 | 对硫磷(parathion) | 不得检出(0.01)* | GB 2763—2005 | | |
| | | 4 | 甲基对硫磷(parathion-methyl) | 不得检出(0.02)* | NY 1500.32.2—2008 | | |
| | | 5 | 甲拌磷(phorate) | 不得检出(0.01)* | NY 1500.13.4—2008 | | |
| | | 6 | 克百威(包括 3-羟基克百威)(carbofuran) | 不得检出(0.02)* | NY 1500.40.2—2008 | | |

续附表

| 产品类别 | 适用产品 | 序号 | 检测项目 | 限量值（≤，mg/kg） | 执行依据 | 检测方法 | 备注 |
|---|---|---|---|---|---|---|---|
| | | 7 | 毒死蜱（chlorpyrifos） | 0.05 | GB 2763—2005 | | |
| | | | | 0.1（韭菜） | | | |
| | | 8 | 三唑磷（triazophos） | 0.1 | NY 1500.23.2—2007 | | |
| | | 9 | 氯氰菊酯（cypermethrin） | 0.5 | CAC / MRL 1—2009 | | |
| | | 10 | 腐霉利（procymidone） | 0.2 | GB 2763—2005 | | |
| | | 11 | 吡虫啉（imidacloprid） | 0.1 | CAC / MRL 1—2009 | NY/T 1275 蔬菜、水果中吡虫啉残留量的测定 | |
| | | 12 | 多菌灵（carbendazim） | 0.5 | GB 2763—2005 | NY/T 1680 蔬菜、水果中多菌灵等4中苯并咪唑类农药残留量的测定 | |
| | | | | 2（韭菜） | GB 26130—2010 | | |
| | | 13 | 铅（以 Pb 计） | 0.1 | GB 2762—2005 | GB 5009.12 食品安全国家标准 食品中铅的测定 | |
| | | 14 | 镉（以 Cd 计） | 0.05 | GB 2762—2005 | GB/T5009.15 食品中镉的测定 | |
| | | 15 | 亚硝酸盐（以 $NaNO_2$ 计） | 4 | GB 2762—2005 | GB/T 5009.33 食品中亚硝酸盐和硝酸盐的测定 | |

续附表

| 产品类别 | 适用产品 | 序号 | 检测项目 | 限量值(≤,mg/kg) | 执行依据 | 检测方法 | 备注 |
|---|---|---|---|---|---|---|---|
| 七、多年生蔬菜 | 竹笋、鲜百合、枸杞尖、石刁柏、辣根、朝鲜蓟、襄荷、霸王花、食用菊、金针菜、香椿、食用大黄、款冬、黄秋葵、龙牙楤木及其速冻产品等 | 1 | 甲胺磷(methamidophos) | 不得检出(0.05)* | GB 2763—2005 | NY/T 761 蔬菜、水果中有机磷、有机氯、拟除虫菊酯和氨基甲酸酯类农药多残留的测定 | |
| | | 2 | 氧乐果(omethoate) | 不得检出(0.02)* | NY 1500.49.1—2008 | | |
| | | 3 | 甲拌磷(phorate) | 不得检出(0.01)* | NY 1500.13.4—2008 | | |
| | | 4 | 对硫磷(parathion) | 不得检出(0.01)* | GB 2763—2005 | | |
| | | 5 | 甲基对硫磷(parathion-methyl) | 不得检出(0.02)* | NY 1500.32.2—2008 | | |
| | | 6 | 克百威(carbofuran) | 不得检出(0.02)* | NY 1500.40.2—2008 | | |
| | | 7 | 氯氰菊酯(cypermethrin) | 2 | GB 2763—2005 | | |
| | | 8 | 多菌灵(carbendazim) | 0.1 | GB 2763—2005 | NY/T 1680 蔬菜、水果中多菌灵等4种苯并咪唑类农药残留量的测定高效液相色谱法 | |

续附表

| 产品类别 | 适用产品 | 序号 | 检测项目 | 限量值(≤,mg/kg) | 执行依据 | 检测方法 | 备注 |
|---|---|---|---|---|---|---|---|
| | | 9 | 铅(以 Pb 计) | 0.1 | GB 2762—2005 | GB 5009.12 食品安全国家标准 食品中铅的测定 | |
| | | 10 | 镉(以 Cd 计) | 0.05 | GB 2762—2005 | GB/T 5009.15 食品中镉的测定 | |
| 八、水生蔬菜 | 莲藕、茭白、慈菇、荸荠、莲子、菱角、芡实、豆瓣菜、莼菜、水芹、蒲菜、水芋、水雍菜及其速冻产品等 | 1 | 甲胺磷(methamidophos) | 不得检出(0.05)* | GB 2763—2005 | NY/T 761 蔬菜、水果中有机磷、有机氯、拟除虫菊酯和氨基甲酸酯类农药多残留的测定 | |
| | | 2 | 氧乐果(omethoate) | 不得检出(0.02)* | NY 1500.49.1—2008 | | |
| | | 3 | 对硫磷(parathion) | 不得检出(0.01)* | GB 2763—2005 | | |
| | | 4 | 甲基对硫磷(parathion-methyl) | 不得检出(0.02)* | NY 1500.32.2—2008 | | |
| | | 5 | 多菌灵(carbendazim) | 0.5 | GB 2763—2005 | | |
| | | 6 | 三唑酮(triadimefon) | 0.1 | GB 2763—2005 | | |
| | | 7 | 无机砷(以 As 计) | 0.05 | GB 2762—2005 | GB/T 5009.11 食品中总砷及无机砷的测定 | |

续附表

| 产品类别 | 适用产品 | 序号 | 检测项目 | 限量值(≤,mg/kg) | 执行依据 | 检测方法 | 备注 |
|---|---|---|---|---|---|---|---|
| | | 8 | 铅(以 Pb 计) | 0.1 | GB 2762—2005 | GB 5009.12 食品安全国家标准 食品中铅的测定 | |
| | | 9 | 镉(以 Cd 计) | 0.05 | GB 2762—2005 | GB/T 5009.15 食品中镉的测定 | |
| | | 10 | 总汞(以 Hg 计) | 0.01 | GB 2762—2005 | GB/T 5009.17 食品中总汞的测定 | |
| 九、食用菌 | 平菇、香菇、双孢蘑菇、竹荪、黑木耳、金针菇、银耳、毛木耳、鸡腿菇、茶树菇、杏鲍菇、灰树花、姬松茸、白灵菇、口蘑、榛蘑、松口蘑、牛肝菌、羊肚菌、干巴菌、青头菌及其他食用菌 | 1 | 甲胺磷(methamidophos) | 不得检出(0.05)* | GB 2763—2005 | NY/T 761 蔬菜、水果中有机磷、有机氯、拟除虫菊酯和氨基甲酸酯类农药多残留的测定 | |
| | | 2 | 对硫磷(parathion) | 不得检出(0.05)* | GB 2763—2005 | | |
| | | 3 | 乐果(dimethoate) | 1 | GB 2763—2005 | | |
| | | 4 | 氧乐果(omethoate) | 0.02 | NY 1500.49.1—2008 | | |
| | | 5 | 毒死蜱(chlorpyrifos) | 0.05 | GB 2763—2005 | | |
| | | 6 | 敌敌畏(dichlorvos) | 0.2 | GB 2763—2005 | | |
| | | 7 | 氰戊菊酯(fenvalerate) | 0.5 | GB 2763—2005 | | |
| | | 8 | 联苯菊酯(bifenthrin) | 0.5 | GB 2763—2005 | | |
| | | 9 | 百菌清(chlorothalonil) | 5 | GB 2763—2005 | | |

续附表

| 产品类别 | 适用产品 | 序号 | 检测项目 | 限量值(≤,mg/kg) | 执行依据 | 检测方法 | 备注 |
|---|---|---|---|---|---|---|---|
| | | 10 | 多菌灵(carbendazim) | 0.5 | GB 2763—2005 | GB/T 5009.188 蔬菜、水果中甲基托布津、多菌灵的测定 | |
| | | 11 | 咪鲜胺(prochloraz) | 2 | GB 2763—2005 | NY/T 1456 水果中咪鲜胺残留量的测定 气相色谱法 | |
| | | 12 | 总砷(以As计) | 1.0(干)<br>0.5(鲜) | GB 7096—2003 | GB/T 5009.11 食品中总砷及无机砷的测定 | |
| | | 13 | 铅(以Pb计) | 2.0(干)<br>1.0(鲜) | GB 7096—2003 | GB 5009.12 食品安全国家标准 食品中铅的测定 | |
| | | 14 | 总汞(以Hg计) | 0.2(干)<br>0.1(鲜) | GB 7096—2003 | GB/T 5009.17 食品中总汞的测定 | |
| | | 15 | 荧光增白剂(fluorescent brightener) | 阴性 | NY/T 1257—2006 | NY/T 1257 食用菌中荧光物质的检测 | 仅适用于双孢蘑菇、鸡腿菇、金针菇、杏鲍菇、白灵菇 |

续附表

| 产品类别 | 适用产品 | 序号 | 检测项目 | | 限量值(≤,mg/kg) | 执行依据 | 检测方法 | 备注 |
|---|---|---|---|---|---|---|---|---|
| | | 16 | 亚硫酸盐(以 $SO_2$ 计) | | 50 | GB 2760—2007 | GB/T 5009.34 食品中亚硫酸盐的测定 | |
| 十、茶叶 | 各类茶叶 | 1 | 滴滴涕(DDT) | | 0.2 | GB 2763—2005 | GB/T 5009.19 食品中六六六、滴滴涕残留量的测定 | |
| | | 2 | 甲胺磷(methamidophos) | | 不得检出(0.02)* | 欧盟指令 EC 149/2008 | GB/T 5009.103 植物性食品中甲胺磷和乙酰甲胺磷残留量的测定 | |
| | | 3 | 氰戊菊酯(fenvalerate+esfenvalerate) | RR+SS | 不得检出(0.05)* | 欧盟指令 EC 149/2008 | GB/T 5009.146 植物性食品中有机氯和拟除虫菊酯类农药多种残留的测定 | |
| | | | | RS+SR | 不得检出(0.05)* | | | |
| | | 4 | 乐果(包括氧乐果)(the sum of dimethoate and omethoate expressed as dimethoate) | | 不得检出(0.05)* | 欧盟指令 EC 149/2008 | GB/T 5009.20 食品中有机磷农药残留量的测定 | |

续附表

| 产品类别 | 适用产品 | 序号 | 检测项目 | 限量值(≤,mg/kg) | 执行依据 | 检测方法 | 备注 |
|---|---|---|---|---|---|---|---|
| | | 5 | 敌敌畏(dichlorvos) | 不得检出(0.02)* | 欧盟指令 EC 149/2008 | GB/T 5009.20 食品中有机磷农药残留量的测定 | |
| | | 6 | 乙酰甲胺磷(acephate) | 0.1 | GB 2763—2005 | GB/T 5009.103 植物性食品中甲胺磷和乙酰甲胺磷残留量的测定 | |
| | | 7 | 杀螟硫磷(fenitrothion) | 0.5 | GB 2763—2005 | GB/T 5009.20 食品中有机磷农药残留量的测定 | |
| | | 8 | 氯氟氰菊酯(cyhalothrin) | 3 | GB/T 8321.3—2000 | B/T 5009.146 植物性食品中有机氯和拟除虫菊酯类农药多种残留的测定 | |
| | | 9 | 联苯菊酯(bifenthrin) | 5 | GB/T 8321.2—2000 | | |
| | | 10 | 甲氰菊酯(fenpropathrin) | 5 | GB/T 8321.4—2006 | | |
| | | 11 | 溴氰菊酯(deltamethrin) | 10 | GB 2763—2005 | | |
| | | 12 | 氯氰菊酯(cypermethrin) | 20 | GB 2763—2005 | | |
| | | 13 | 铅(以 Pb 计) | 5 | GB 2762—2005 | GB 5009.12 食品安全国家标准 食品中铅的测定 | |

续附表

| 产品类别 | 适用产品 | 序号 | 检测项目 | 限量值(≤,mg/kg) | 执行依据 | 检测方法 | 备注 |
|---|---|---|---|---|---|---|---|
| 十一、稻米 | 稻米等 | 1 | 甲胺磷(methamidophos) | 不得检出(0.1)* | GB 2763—2005 | GB/T 5009.103 植物性食品中甲胺磷和乙酰甲胺磷农药残留量的测定 | |
| | | | | 0.5(糙米) | GB 26130—2010 | | |
| | | 2 | 敌敌畏(dichlorvos) | 0.1 | GB 2763—2005 | GB/T 5009.20 食品中有机磷农药残留量的测定 | |
| | | 3 | 毒死蜱(chlorpyrifos) | 0.1 | GB 2763—2005 | GB/T 5009.145 植物性食品中有机磷和氨基甲酸酯类农药多种残留的测定 | |
| | | 4 | 乐果(dimethoate) | 0.05 | GB 2763—2005 | GB/T 5009.20 食品中有机磷农药残留量的测定 | |
| | | 5 | 三唑磷(triazophos) | 0.05 | GB 2763—2005 | GB/T 5009.145 植物性食品中有机磷和氨基甲酸酯类农药多种残留的测定 | |

续附表

| 产品类别 | 适用产品 | 序号 | 检测项目 | 限量值(≤,mg/kg) | 执行依据 | 检测方法 | 备注 |
|---|---|---|---|---|---|---|---|
| | | 6 | 乙酰甲胺磷(acephate) | 0.2 | GB 2763—2005 | GB/T 5009.103 植物性食品中甲胺磷和乙酰甲胺磷农药残留量的测定 | |
| | | | | 1(糙米) | GB 26130—2010 | | |
| | | 7 | 杀虫双(bisultap) | 0.2 | GB 2763—2005 | GB/T 5009.114 大米中杀虫双残留量的测定 | |
| | | 8 | 稻瘟灵(isoprothiolane) | 1 | GB 2763—2005 | GB/T 5009.155 大米中稻瘟灵残留量的测定 | |
| | | 9 | 丁草胺(butachlor) | 0.5 | GB 2763—2005 | GB/T 5009.164 大米中丁草胺残留量的测定 | |
| | | 10 | 无机砷(以 As 计) | 0.15 | GB 2762—2005 | GB/T 5009.11 食品中总砷及无机砷的测定 | |
| | | 11 | 铅(以 Pb 计) | 0.2 | GB 2762—2005 | GB 5009.12 食品安全国家标准 食品中铅的测定 | |

续附表

| 产品类别 | 适用产品 | 序号 | 检测项目 | 限量值（≤,mg/kg） | 执行依据 | 检测方法 | 备注 |
|---|---|---|---|---|---|---|---|
| | | 12 | 镉（以 Cd 计） | 0.2 | GB 2762—2005 | GB/T 5009.15 食品中镉的测定 | |
| | | 13 | 黄曲霉毒素 $B_1$（aflatoxin $B_1$） | 0.01 | GB 2761—2005 | GB/T 5009.22 食品中黄曲霉毒素 $B_1$ 的测定 | |
| 十二、薯类 | 甘薯、木薯等薯类 | 1 | 甲胺磷（methamidophos） | 不得检出（0.05）* | GB 2763—2005 | NY/T 761 蔬菜、水果中有机磷、有机氯、拟除虫菊酯和氨基甲酸酯类农药多残留的测定 | |
| | | 2 | 对硫磷（parathion） | 不得检出（0.05）* | GB 2763—2005 | | |
| | | 3 | 克百威（carbofuran） | 0.1 | GB 2763—2005 | | 包括三羟基克百威 |
| | | 4 | 敌百虫（trichlorfon） | 0.1 | GB 2763—2005 | | |
| | | 5 | 甲基异柳磷（isofenphes-methyl） | 0.05 | GB 2763—2005 | | |
| | | 6 | 灭线磷（ethoprophos） | 0.02 | GB 2763—2005 | | |
| | | 7 | 辛硫磷（phoxim） | 0.05 | GB 2763—2005 | GB/T 5009.102 植物性食品中辛硫磷农药残留量的测定 | |

续附表

| 产品类别 | 适用产品 | 序号 | 检测项目 | 限量值（≤,mg/kg） | 执行依据 | 检测方法 | 备注 |
|---|---|---|---|---|---|---|---|
| | | 8 | 溴氰菊酯(deltamethrin) | 0.2 | NY 1500.87.2—2009 | NY/T 761 蔬菜、水果中有机磷、有机氯、拟除虫菊酯和氨基甲酸酯类农药多残留的测定 | |
| | | 9 | 涕灭威(aldicarb) | 0.1 | NY 1500.41.3—2009 | | 包括涕灭威、涕灭威砜、涕灭威亚砜 |
| | | 10 | 铅(以 Pb 计) | 0.2 | GB 2762—2005 | GB 5009.12 食品安全国家标准 食品中铅的测定 | |
| | | 11 | 镉(以 Cd 计) | 0.1 | GB 2762—2005 | GB/T 5009.15 食品中镉的测定 | |
| 十三、芝麻 | 芝麻 | 1 | 吡虫啉(imidacloprid) | 0.05 | NY 1500.5.12—2007 | SN/T 1017.8 进出口粮谷中吡虫啉残留量检验方法 液相色谱法 | |
| | | 2 | 多菌灵(carbendazim) | 0.2 | GB 2763—2005 | GB/T 5009.188 蔬菜、水果中甲基托布津、多菌灵的测定 | |

续附表

| 产品类别 | 适用产品 | 序号 | 检测项目 | 限量值(≤,mg/kg) | 执行依据 | 检测方法 | 备注 |
|---|---|---|---|---|---|---|---|
| | | 3 | 敌百虫(trichlorfon) | 0.1 | GB 2763—2005 | NY/T 761 蔬菜、水果中有机磷、有机氯、拟除虫菊酯和氨基甲酸酯类农药多残留的测定 | |
| | | 4 | 乐果(dimethoate) | 0.05 | GB 2763—2005 | NY/T 761 蔬菜、水果中有机磷、有机氯、拟除虫菊酯和氨基甲酸酯类农药多残留的测定 | |
| | | 5 | 溴氰菊酯(deltamethrin) | 0.1 | GB 2763—2005 | | |
| | | 6 | 辛硫磷(phoxim) | 0.05 | GB 2763—2005 | GB/T 5009.102 植物性食品中辛硫磷农药残留量的测定 | |
| | | 7 | 异丙甲草胺(metolachlor) | 0.5 | GB 2763—2005 | GB/T 5009.174 花生、大豆中异丙甲草胺残留量的测定 | |
| | | 8 | 总砷(以 As 计) | 0.1 | GB 2762—2005 | GB/T 5009.11 食品中总砷及无机砷的测定 | |

续附表

| 产品类别 | 适用产品 | 序号 | 检测项目 | 限量值(≤,mg/kg) | 执行依据 | 检测方法 | 备注 |
|---|---|---|---|---|---|---|---|
| | | 9 | 酸价(以油脂计,KOH ) | 4 | GB 2716—2005 | 油脂提取按 GB/T 14488.1 植物油料 含油量测定<br>酸值按 GB/T 5530 动植物油脂酸值和酸度测定 | |
| 十四、西甜瓜 | 西瓜、甜瓜、香瓜等 | 1 | 甲胺磷(methamidophos) | 不得检出(0.05)* | GB 2763—2005 | NY/T 761 蔬菜、水果中有机磷、有机氯、拟除虫菊酯和氨基甲酸酯类农药多残留的测定 | |
| | | 2 | 甲基对硫磷(parathion-methyl) | 不得检出(0.02)* | NY 1500.32.2—2008 | | |
| | | 3 | 久效磷(monocrotophos) | 不得检出(0.03)* | NY 1500.33.2—2008 | | |
| | | 4 | 氯氰菊酯(cypermethrin) | 2 | GB 2763—2005 | | |
| | | 5 | 毒死蜱(chlorpyrifos) | 0.5 | GB 2763—2005 | | |
| | | 6 | 乙酰甲胺磷(acephate) | 1 | GB 2763—2005 | | |
| | | 7 | 乐果(dimethoate) | 1 | GB 2763—2005 | | |
| | | 8 | 苯醚甲环唑(difenoconazole) | 0.1 | NY 1500.3.3—2007 | GB/T 19648 水果和蔬菜中 500 种农药及相关化学品的测定 气相色谱-质谱法 | |

续附表

| 产品类别 | 适用产品 | 序号 | 检测项目 | 限量值（≤,mg/kg） | 执行依据 | 检测方法 | 备注 |
|---|---|---|---|---|---|---|---|
| | | 9 | 甲基硫菌灵（thiophanate-methyl） | 2 | NY 1500.41.3～1500.41.6—2009/NY 1500.50～1500.92—2009 | NY/T 1680 蔬菜、水果中多菌灵等4种苯并咪唑类农药残留量的测定高效液相色谱法 | |
| | | 10 | 多菌灵（carbendazim） | 0.5 | GB 2763—2005 | | |
| | | 11 | 吡虫啉（imidacloprid） | 1 | NY 1500.5.3—2007 | NY/T 1275 蔬菜、水果中吡虫啉残留量的测定 | |
| 十五、浆果类果品 | 草莓、葡萄、香蕉、芭蕉、石榴、猕猴桃、火龙果、杨桃、桑葚、无花果、树莓、木莓、黑莓、罗干莓、醋栗、穗醋栗、鹅莓、越橘、酸浆、沙棘、柿、枇杷、西番莲、黄皮、莲雾、蛋黄果、蒲桃、番木瓜、人心果、番石榴等浆果类果品 | 1 | 甲胺磷（methamidophos） | 不得检出（0.05）* | GB 2763—2005 | NY/T 761 蔬菜、水果中有机磷、有机氯、拟除虫菊酯和氨基甲酸酯类农药多残留的测定 | |
| | | 2 | 氧乐果（omethoate） | 不得检出（0.02）* | NY 1500.49.2—2008 | | |
| | | 3 | 对硫磷（parathion） | 不得检出（0.01）* | GB 2763—2005 | | |
| | | 4 | 甲基对硫磷（parathion-methyl） | 不得检出（0.02）* | NY 1500.32.1—2008 | | |
| | | 5 | 氯氟氰菊酯（cyhalothrin） | 0.2 | GB 2763—2005 | | |
| | | 6 | 三唑酮（triadimefon） | 0.5 | GB 2763—2005 | | |
| | | 7 | 溴氰菊酯（deltamethrin） | 0.05 | GB 2763—2005 | | |

续附表

| 产品类别 | 适用产品 | 序号 | 检测项目 | 限量值(≤,mg/kg) | 执行依据 | 检测方法 | 备注 |
|---|---|---|---|---|---|---|---|
| | | 8 | 腐霉利[ab](procymidone) | 5[a] | GB 2763—2005 | | [a]仅适用葡萄 |
| | | | | 10[b] | GB 2763—2005 | | [b]仅适用草莓 |
| | | 9 | 马拉硫磷[ab](malathion) | 8[a] | GB 2763—2005 | | [a]仅适用葡萄 |
| | | | | 1[b] | GB 2763—2005 | | [b]仅适用草莓 |
| | | 10 | 哒螨灵(pyridaben) | 2 | NY 1500.7.2—2007 | GB/T 19648 水果和蔬菜中 500 种农药及相关化学品残留的测定 气相色谱-质谱法 | |
| | | 11 | 甲霜灵[a](metalaxyl) | 1[a] | GB 2763—2005 | GB/T 19648 水果和蔬菜中 500 种农药及相关化学品残留的测定 气相色谱-质谱法 | [a]仅适用葡萄 |
| | | 12 | 苯醚甲环唑[c](difenoconazole) | 1[c] | NY 1500.3.4—2007 | | [c]仅适用香蕉、芭蕉 |
| | | 13 | 铅(以 Pb 计) | 0.2 | GB 2762—2005 | GB 5009.12 食品安全国家标准 食品中铅的测定 | |
| | | 14 | 镉(以 Cd 计) | 0.05 | GB 2762—2005 | GB/T 5009.15 食品中镉的测定 | |

续附表

| 产品类别 | 适用产品 | 序号 | 检测项目 | 限量值（≤,mg/kg） | 执行依据 | 检测方法 | 备注 |
|---|---|---|---|---|---|---|---|
| 十六、荔枝、龙眼、红毛丹 | 荔枝、龙眼、红毛丹 | 1 | 甲胺磷（methamidophos） | 不得检出（0.05）* | GB 2763—2005 | NY/T 761 蔬菜、水果中有机磷、有机氯、拟除虫菊酯和氨基甲酸酯类农药多残留的测定 | |
| | | 2 | 氧乐果（omethoate） | 不得检出（0.02）* | NY 1500.49.2—2008 | | |
| | | 3 | 对硫磷（parathion） | 不得检出（0.01）* | GB 2763—2005 | | |
| | | 4 | 甲基对硫磷（parathion-methyl） | 不得检出（0.02）* | NY 1500.32.1—2008 | | |
| | | 5 | 氯氟氰菊酯（cyhalothrin） | 0.1 | NY 1500.17.3—2007 | | |
| | | 6 | 灭多威（methomyl） | 2 | GB 2763—2005 | | |
| | | 7 | 三唑磷（triazophos） | 0.2 | NY 1500.23.3—2007 | | |
| | | 8 | 溴氰菊酯（deltamethrin） | 0.05 | GB 2763—2005 | | |
| | | 9 | 乙酰甲胺磷（acephate） | 0.5 | GB 2763—2005 | | |
| | | 10 | 多菌灵（carbendazim） | 0.5 | GB 2763—2005 | NY/T 1680 蔬菜、水果中多菌灵等4种苯并咪唑类农药残留量的测定 高效液相色谱法 | |

续附表

| 产品类别 | 适用产品 | 序号 | 检测项目 | 限量值(≤,mg/kg) | 执行依据 | 检测方法 | 备注 |
|---|---|---|---|---|---|---|---|
| | | 11 | 甲霜灵（metalaxyl） | 0.5 | NY 1500.41.3～1500.41.6—2009 | GB/T 19648 水果和蔬菜中 500 种农药及相关化学品残留的测定 气相色谱-质谱法 | |
| | | 12 | 铅（以 Pb 计） | 0.2 | GB 2762—2005 | GB 5009.12 食品安全国家标准 食品中铅的测定 | |
| | | 13 | 镉(以 Cd 计) | 0.05 | GB 2762—2005 | GB/T 5009.15 食品中镉的测定 | |
| | | 14 | 二氧化硫(以 $SO_2$ 计) | 50 | GB 2760—2007 | GB/T 5009.34 食品中亚硫酸盐的测定 | |
| 十七、柑果类果品 | 柑橘、橘、甜橙、酸橙、柚、柠檬、莱檬、金柑等柑果类果品 | 1 | 克百威(carbofuran) | 0.5 | GB 2763—2005 | NY/T 761 蔬菜、水果中有机磷、有机氯、拟除虫菊酯和氨基甲酸酯类农药多残留的测定 | |
| | | 2 | 三氯杀螨醇(dicofol) | 1 | GB 2763—2005 | | |
| | | 3 | 毒死蜱(chlorpyrifos) | 2 | GB 2763—2005 | | |
| | | 4 | 乐果(dimethoate) | 2 | GB 2763—2005 | | |
| | | 5 | 联苯菊酯(bifenthrin) | 0.05 | GB 2763—2005 | | |
| | | 6 | 氯氰菊酯(cypermethrin) | 2 | GB 2763—2005 | | |
| | | 7 | 杀扑磷(methidathion) | 2 | GB 2763—2005 | | |

续附表

| 产品类别 | 适用产品 | 序号 | 检测项目 | 限量值(≤,mg/kg) | 执行依据 | 检测方法 | 备注 |
|---|---|---|---|---|---|---|---|
| | | 8 | 哒螨灵(pyridaben) | 2 | NY 1500.7.2—2007 | GB/T 19648 水果和蔬菜中 500 种农药及相关化学品残留量的测定 | |
| | | 9 | 克螨特(propargite) | 5 | GB 2763—2005 | | |
| | | 10 | 噻螨酮(hexythiazox) | 0.5 | GB 2763—2005 | | |
| | | 11 | 噻嗪酮(buprofezin) | 0.5 | GB 2763—2005 | GB/T 19648 水果和蔬菜中 500 种农药及相关化学品残留量的测定 | |
| | | 12 | 水胺硫磷(isocarbophos) | 0.02 | GB 2763—2005 | GB/T 5009.109 柑橘中水胺硫磷残留量的测定 | |
| | | 13 | 阿维菌素(abamectin) | 0.02 | NY 1500.1.4—2007 | SN/T 2114 进出口水果和蔬菜中阿维菌素残留量检测方法 液相色谱法 | |
| | | 14 | 吡虫啉(imidacloprid) | 1 | NY 1500.5.7—2007 | NY/T 1275 蔬菜、水果中吡虫啉残留量的测定 | |
| | | 15 | 多菌灵(carbendazim) | 5 | GB 26130—2010 | NY/T 1680 蔬菜、水果中多菌灵等 4 种苯并咪唑类农药残留量的测定 高效液相色谱法 | |

续附表

| 产品类别 | 适用产品 | 序号 | 检测项目 | 限量值（≤,mg/kg） | 执行依据 | 检测方法 | 备注 |
|---|---|---|---|---|---|---|---|
| 十八、坚（壳）果类果品 | 核桃、山核桃、榛子、扁桃、白果、板栗、阿月浑子、腰果、椰子、槟榔、澳洲坚果、松子、香榧、巴西胡桃等及其果仁、榴莲、山竹子等坚（壳）果类果品 | 1 | 杀螟硫磷（fenitrothion） | 0.5 | GB 2763—2005 | GB/T 5009.20 食品中有机磷农药残留量的测定 | |
| | | 2 | 溴氰菊酯（deltamethrin） | 0.05 | GB 2763—2005 | GB/T 5009.110 植物性食品中氯氰菊酯、氰戊菊酯和溴氰菊酯残留量的测定 | |
| | | 3 | 氰戊菊酯（fenvalerate） | 0.2 | GB 2763—2005 | | |
| | | 4 | 铅（以 Pb 计） | 0.2<br>0.1（榴莲、山竹子） | GB 2762—2005 | GB 5009.12 食品安全国家标准 食品中铅的测定 | |
| | | 5 | 镉（以 Cd 计） | 0.5<br>0.05（榴莲、山竹子） | GB 2762—2005 | GB/T 5009.15 食品中镉的测定 | |
| | | 6 | 黄曲霉毒素 $B_1$（aflatoxin $B_1$） | 0.005 | GB 2761—2005 | GB/T 5009.22 食品中黄曲霉毒素 $B_1$ 的测定 | 除榴莲、山竹子外 |
| | | 7 | 二氧化硫（以 $SO_2$ 计） | 100 | GB 2760—2007 | GB/T 5009.34 食品中亚硫酸盐的测定 | 仅适用于果仁产品 |

续附表

| 产品类别 | 适用产品 | 序号 | 检测项目 | 限量值(≤,mg/kg) | 执行依据 | 检测方法 | 备注 |
|---|---|---|---|---|---|---|---|
| 十九、核果类果品 | 桃、油桃、李子、芒果、梅、杨梅、冬枣、枣、酸枣、毛叶枣、海枣、樱桃、稠李、欧李、油萘、油梨、橄榄、白榄、乌榄、油橄榄、余甘子、仁面等核果类果品 | 1 | 氧乐果(omethoate) | 0.02 | NY 1500.49.2—2008 | NY/T 761 蔬菜、水果中有机磷、有机氯、拟除虫菊酯和氨基甲酸酯类农药多残留的测定 | |
| | | 2 | 乐果(dimethoate) | 2 | GB 2763—2005 | | |
| | | 3 | 溴氰菊酯(deltamethrin) | 0.05 | GB 2763—2005 | | |
| | | 4 | 氰戊菊酯(fenvalerate) | 0.2 | GB 2763—2005 | | |
| | | 5 | 氯氰菊酯(cypermethrin) | 2 | GB 2763—2005 | | |
| | | 6 | 毒死蜱(chlorpyrifos) | 1 | GB 2763—2005 | | |
| | | 7 | 多菌灵(carbendazim) | 0.5 | GB 2763—2005 | NY/T 1680 蔬菜、水果中多菌灵等4种苯并咪唑类农药残留量的测定 高效液相色谱法 | |
| | | 8 | 铅(以 Pb 计) | 0.1 | GB 2762—2005 | GB 5009.12 食品安全国家标准 食品中铅的测定 | |
| | | 9 | 镉(以 Cd 计) | 0.05 | GB 2762—2005 | GB/T 5009.15 食品中镉的测定 | |

续附表

| 产品类别 | 适用产品 | 序号 | 检测项目 | 限量值(≤,mg/kg) | 执行依据 | 检测方法 | 备注 |
|---|---|---|---|---|---|---|---|
| 二十、麦类作物 | 小麦、大麦等 | 1 | 克百威（carbofuran) | 0.1 | GB 2763—2005 | GB/T 5009.104 植物性食品中氨基甲酸酯类农药残留量的测定 | |
| | | 2 | 氧乐果(omethoate) | 0.05 | GB 2763—2005 | GB/T 5009.20 食品中有机磷农药残留量的测定 | |
| | | 3 | 三唑酮(triadimefon) | 0.1 | GB 2763—2005 | GB/T 5009.126 植物性食品中三唑酮残留量的测定 | |
| | | 4 | 吡虫啉(imidacloprid) | 0.05 | NY 1500.5.2—2007 | SN/T 1017.8—2004 进出口谷物中吡虫啉残留量检验方法 液相色谱法 | |
| | | 5 | 铅(以 Pb 计) | 0.2 | GB 2762—2005 | GB 5009.12 食品安全国家标准 食品中铅的测定 | |
| | | 6 | 镉(以 Cd 计) | 0.1 | GB 2762—2005 | GB/T 5009.15 食品中镉的测定 | |

续附表

| 产品类别 | 适用产品 | 序号 | 检测项目 | 限量值(≤,mg/kg) | 执行依据 | 检测方法 | 备注 |
|---|---|---|---|---|---|---|---|
| | | 7 | 黄曲霉毒素 $B_1$(aflatoxin $B_1$) | 0.005 | GB 2761—2011 | GB/T 18979 食品中黄曲霉毒素的测定 免疫亲和层析净化 高效液相色谱法和荧光光度法 | |
| | | 8 | 玉米赤霉烯酮(zearalenone) | 0.06 | GB 2761—2011 | GB/T 23504 食品中玉米赤霉烯酮的测定 免疫亲和层析净化 高效液相色谱法 | |
| | | 9 | 脱氧雪腐镰刀菌烯醇(deoxynivalenol) | 1 | GB 2761—2011 | GB/T 23503 食品中脱氧雪腐镰刀菌烯醇的测定 免疫亲和层析净化高效液相色谱法 | |
| 二十一、玉米类作物 | 玉米、鲜食玉米、甜玉米、玉米面、玉米糁及玉米初级加工品等 | 1 | 辛硫磷(phoxime) | 0.05 | GB 2763—2005 | GB/T 5009.102 植物性食品中辛硫磷农药残留量的测定 | |

续附表

| 产品类别 | 适用产品 | 序号 | 检测项目 | 限量值(≤,mg/kg) | 执行依据 | 检测方法 | 备注 |
|---|---|---|---|---|---|---|---|
| | | 2 | 氯氰菊酯（cypermethrin） | 0.05 | GB 2763—2005 | GB/T 5009.146 植物性食品中有机氯和拟除虫菊酯类农药多种残留量的测定 | |
| | | 3 | 毒死蜱（chlorpyrifos） | 0.1 | GB 2763—2005 | GB/T 5009.145 植物性食品中有机磷和氨基甲酸酯类农药多种残留的测定 | |
| | | 4 | 克百威（carbofuran） | 0.1 | GB 2763—2005 | GB/T 5009.104 植物性食品中氨基甲酸酯类农药残留量的测定 | |
| | | 5 | 吡虫啉(imidacloprid) | 0.05 | NY 1500.5.2—2007 | SN/T 1017.8—2004 进出口谷物中吡虫啉残留量检验方法 液相色谱法 | |
| | | 6 | 铅(以 Pb 计) | 0.2 | GB 2762—2005 | GB 5009.12 食品安全国家标准 食品中铅的测定 | |

续附表

| 产品类别 | 适用产品 | 序号 | 检测项目 | 限量值（≤,mg/kg） | 执行依据 | 检测方法 | 备注 |
|---|---|---|---|---|---|---|---|
| | | 7 | 镉（以 Cd 计） | 0.1 | GB 2762—2005 | GB/T 5009.15 食品中镉的测定 | |
| | | 8 | 黄曲霉毒素 $B_1$（aflatoxin $B_1$） | 0.02 | GB 2761—2011 | GB/T 18979 食品中黄曲霉毒素的测定 免疫亲和净化高效液相色谱法和荧光光度法 | |
| | | 9 | 玉米赤霉烯酮（zearalenone） | 0.06 | GB 2761—2011 | GB/T 23504 食品中玉米赤霉烯酮的测定 免疫亲和层析净化高效液相色谱法 | |
| | | 10 | 脱氧雪腐镰刀菌烯醇（deoxynivalenol） | 1 | GB 2761—2011 | GB/T 23503 食品中脱氧雪腐镰刀菌烯醇的测定 免疫亲和层析净化高效液相色谱法 | |
| 二十二、大豆 | 大豆 | 1 | 克百威（carbofuran） | 0.2 | GB 2763—2005 | GB/T 5009.104 植物性食品中氨基甲酸酯类农药残留量的测定 | |

续附表

| 产品类别 | 适用产品 | 序号 | 检测项目 | 限量值（≤,mg/kg） | 执行依据 | 检测方法 | 备注 |
|---|---|---|---|---|---|---|---|
| | | 2 | 敌敌畏（dichlorvos） | 0.1 | GB 2763—2005 | GB/T 5009.20 食品中有机磷农药残留量的测定 | |
| | | 3 | 毒死蜱（chlorpyrifos） | 0.1 | NY 1500.62.9—2009 | GB/T 5009.145 植物性食品中有机磷和氨基甲酸酯类农药多种残留的测定 | |
| | | 4 | 氯氰菊酯（cypermethrin） | 0.05 | GB 2763—2005 | GB/T 5009.110 植物性食品中氯氰菊酯、氰戊菊酯和溴氰菊酯残留量的测定 | |
| | | 5 | 氰戊菊酯（fenvalerate） | 0.1 | GB 2763—2005 | GB/T 5009.110 植物性食品中氯氰菊酯、氰戊菊酯和溴氰菊酯残留量的测定 | |
| | | 6 | 溴氰菊酯（deltamethrin） | 0.1 | GB 2763—2005 | GB/T 5009.110 植物性食品中氯氰菊酯、氰戊菊酯和溴氰菊酯残留量的测定 | |

续附表

| 产品类别 | 适用产品 | 序号 | 检测项目 | 限量值(≤,mg/kg) | 执行依据 | 检测方法 | 备注 |
|---|---|---|---|---|---|---|---|
| | | 7 | 抗蚜威(pirimicarb) | 0.05 | GB 2763—2005 | GB/T 5009.104 植物性食品中氨基甲酸酯类农药残留量的测定 | |
| | | 8 | 铅(以 Pb 计) | 0.2 | GB 2762—2005 | GB 5009.12 食品安全国家标准 食品中铅的测定 | |
| | | 9 | 镉(以 Cd 计) | 0.2 | GB 2762—2005 | GB/T 5009.15 食品中镉的测定 | |
| | | 10 | 黄曲霉毒素 $B_1$(aflatoxin $B_1$) | 0.005 | GB 19641—2005 | GB/T 18979 食品中黄曲霉毒素的测定 免疫亲和层析净化 高效液相色谱法和荧光光度法 | |
| 二十三、花生 | 花生 | 1 | 甲拌磷(phorate) | 0.1 | GB 2763—2005 | GB/T 5009.20 食品中有机磷农药残留量的测定 | |
| | | 2 | 涕灭威(aldicarb) | 0.02 | GB 2763—2005 | GB/T 14929.2 花生仁、棉籽油、花生油中涕灭威残留量测定方法 | |

续附表

| 产品类别 | 适用产品 | 序号 | 检测项目 | 限量值(≤,mg/kg) | 执行依据 | 检测方法 | 备注 |
|---|---|---|---|---|---|---|---|
| | | 3 | 克百威(carbofuran) | 0.2 | NY 662—2003 | GB/T 5009.104 植物性食品中氨基甲酸酯类农药残留量的测定 | |
| | | 4 | 辛硫磷(phoxim) | 0.05 | GB 26130—2010 | GB/T 5009.102 植物性食品中辛硫磷农药残留量的测定 | |
| | | 5 | 镉(以 Cd 计) | 0.5 | GB 2762—2005 | GB/T 5009.15 食品中镉的测定 | |
| | | 6 | 黄曲霉毒素 $B_1$(aflatoxin $B_1$) | 0.02 | GB 2761—2011 | GB/T 18979 食品中黄曲霉毒素的测定 免疫亲和层析净化 高效液相色谱法和荧光光度法 | |
| 二十四、小杂粮 | 谷子、高粱、糜子(黍子、稷子)、燕麦、荞麦、薏苡等小杂粮及其初级加工品 | 1 | 甲拌磷(phorate) | 0.02 | GB 2763—2005 | GB/T 5009.20 食品中有机磷农药残留量的测定 | |

续附表

| 产品类别 | 适用产品 | 序号 | 检测项目 | 限量值(≤,mg/kg) | 执行依据 | 检测方法 | 备注 |
|---|---|---|---|---|---|---|---|
| | | 2 | 氧乐果(omethoate) | 0.02 | NY 1500.49.1～2—2008 | GB/T 5009.20—2003 食品中有机磷农药残留量的测定 | |
| | | 3 | 溴氰菊酯(deltamethrin) | 0.5 | GB 2763—2005 | GB/T 5009.110 植物性食品中氯氰菊酯、氰戊菊酯和溴氰菊酯残留量的测定 | |
| | | 4 | 氯氰菊酯(cypermethrin) | 0.2 | GB 2763—2005 | GB/T 5009.110 植物性食品中氯氰菊酯、氰戊菊酯和溴氰菊酯残留量的测定 | |
| | | 5 | 甲霜灵(metalaxyl) | 0.05 | GB 2763—2005 | GB/T 19649 粮谷中 475 种农药及相关化学品残留量的测定 气相色谱-质谱法 | |

续附表

| 产品类别 | 适用产品 | 序号 | 检测项目 | 限量值（≤，mg/kg） | 执行依据 | 检测方法 | 备注 |
|---|---|---|---|---|---|---|---|
| | | 6 | 多菌灵（carbendazim） | 0.5 | GB 2762—2005 | GB/T 5009.18 8 蔬菜、水果中甲基托布津、多菌灵的测定 | |
| | | 7 | 铅（以 Pb 计） | 0.2 | GB 2762—2005 | GB 5009.12 食品安全国家标准 食品中铅的测定 | |
| | | 8 | 镉（以 Cd 计） | 0.1 | GB 2762—2005 | GB/T 5009.15 食品中镉的测定 | |
| | | 9 | 黄曲霉毒素 $B_1$（aflatoxin $B_1$） | 0.005 | GB 2761—2011 | GB/T 18979 食品中黄曲霉毒素 $B_1$ 的测定 | |
| | | 10 | 脱氧雪腐镰刀菌烯醇（deoxynivalenol） | 1 | GB 2761—2011 | GB/T 23503 食品中脱氧雪腐镰刀菌烯醇的测定 免疫亲和层析净化高效液相色谱法 | |

续附表

| 产品类别 | 适用产品 | 序号 | 检测项目 | 限量值（≤,mg/kg） | 执行依据 | 检测方法 | 备注 |
|---|---|---|---|---|---|---|---|
| 二十五、仁果类果品 | 苹果、梨、山楂、沙果、海棠果、刺梨及其他仁果类水果 | 1 | 滴滴涕(DDT) | 不得检出(0.05)* | GB 2763—2005 | NY/T 761 蔬菜、水果中有机磷、有机氯、拟除虫菊酯和氨基甲酸酯类农药多残留的测定 | |
| | | 2 | 对硫磷(parathion) | 不得检出(0.01)* | GB 2763—2005 | | |
| | | 3 | 毒死蜱(chlorpyrifos) | 1 | GB 2763—2005 | | |
| | | 4 | 氯氰菊酯(cypermethrin) | 2 | GB 2763—2005 | | |
| | | 5 | 氰戊菊酯(fenvalerate) | 0.2 | GB 2763—2005 | | |
| | | 6 | 氯氟氰菊酯(cyhalothrin) | 0.2 | GB 2763—2005 | | |
| | | 7 | 铅(以 Pb 计) | 0.1 | GB 2762—2005 | GB 5009.12 食品安全国家标准 食品中铅的测定 | |
| 二十六、聚复果类果品 | 木菠萝、番荔枝、刺番荔枝、山竹、榴莲、面包果及其他聚复果 | 1 | 氧乐果(omethoate) | 0.02 | NY 1500.49.2—2008 | NY/T 761 蔬菜、水果中有机磷、有机氯、拟除虫菊酯和氨基甲酸酯类农药多残留的测定 | |
| | | 2 | 马拉硫磷(malathion) | 4 | GB 2763—2005 | | |
| | | 3 | 氰戊菊酯(fenvalerate) | 0.2 | GB 2763—2005 | | |
| | | 4 | 溴氰菊酯(deltamethrin) | 0.05 | GB 2763—2005 | | |
| | | 5 | 铅(以 Pb 计) | 0.1 | GB 2762—2005 | GB 5009.12 食品安全国家标准 食品中铅的测定 | |

续附表

| 产品类别 | 适用产品 | 序号 | 检测项目 | 限量值(≤,mg/kg) | 执行依据 | 检测方法 | 备注 |
|---|---|---|---|---|---|---|---|
| 二十七、香辛料 | 花椒、白胡椒、黑胡椒、八角、肉桂、月桂、小茴香、丁香、孜然、小豆蔻、玉果、甘牛至、留兰香、欧芹、多香果、肉豆蔻、牛至、香草兰及其他香辛料 | 1 | 多菌灵(carbendazim) | 0.1 | GB 2763—2005 | NY/T 1680 蔬菜、水果中多菌灵等4种苯并咪唑类农药残留的测定 高效液相色谱法 | |
| | | 2 | 氯氰菊酯(cypermenthrin) | 2 | GB 2763—2005 | GB/T 5009.110 植物性食品中氯氰菊酯、氰戊菊酯和溴氰菊酯残留量的测定 | |
| | | 3 | 氰戊菊酯(fenvalerate) | 0.5 | GB 2763—2005 | GB/T 5009.110 植物性食品中氯氰菊酯、氰戊菊酯和溴氰菊酯残留量的测定 | |
| | | 4 | 黄曲霉毒素 $B_1$(aflatoxin $B_1$) | 0.005 | GB 2761—2011 | GB /T 18979 食品中黄曲霉素的测定 免疫亲和层析净化高效液相色谱法和荧光光度法 | |
| | | 5 | 二氧化硫(以 $SO_2$ 计) | 200 | GB 2760—2011 | GB/T 5009.34 食品中亚硫酸盐的测定 | |

续附表

| 产品类别 | 适用产品 | 序号 | 检测项目 | 限量值(≤,mg/kg) | 执行依据 | 检测方法 | 备注 |
|---|---|---|---|---|---|---|---|
| 畜牧业 | | | | | | | |
| 二十八、猪肉 | 猪肉 | 1 | 盐酸克伦特罗(clenbuterol hydrochloride) | 不得检出(0.002)* | 农业部235号公告 | 农业部1025号公告-18—2008 动物源性食品中β-受体激动剂残留检测 液相色谱-串联质谱法 | |
| | | 2 | 莱克多巴胺(ractopamine) | 不得检出(0.002)* | 农业部235号公告 | | |
| | | 3 | 沙丁胺醇(salbutamol) | 不得检出(0.002)* | 农业部235号公告 | | |
| | | 4 | 硝基呋喃类(nitrofurans)(以3-氨基-2-噁唑烷基酮(AOZ),或5-吗啉甲基-3-氨基-2-噁唑烷基酮(AMOZ),或1-氨基-乙内酰脲(AHD),或氨基脲(SEM)计) | 不得检出(0.001)* | 农业部235号公告 | GB/T 21311 动物源性食品中硝基呋喃类药物代谢物残留量检测方法 高效液相色谱/串联质谱法 | |
| | | 5 | 喹乙醇(olaquindox)(以3-甲基喹噁啉-2-羧酸(MQCA)计) | 0.004 | 农业部235号公告 | GB/T 20746 牛、猪的肝脏和肌肉中卡巴氧和喹乙醇及代谢物残留量的测定 液相色谱串联质谱法 | |

续附表

| 产品类别 | 适用产品 | 序号 | 检测项目 | 限量值(≤,mg/kg) | 执行依据 | 检测方法 | 备注 |
|---|---|---|---|---|---|---|---|
| | | 6 | 恩诺沙星(恩诺沙星+环丙沙星)(enrofloxacin + ciprofloxacin) | 0.1 | 农业部 235 号公告 | 农业部 1025 号公告-14—2008 动物性食品中氟喹诺酮类药物残留检测 高效液相色谱法 | |
| | | 7 | 伊维菌素(ivermectin) | 0.02 | 农业部 235 号公告 | 农业部 781 号公告-5—2006 动物源食品中阿维菌素类药物量的测定 高效液相色谱法 | |
| | | 8 | 磺胺类(sulfonamides )(以总量计,parent drug) | 0.1 | 农业部 235 号公告 | GB/T 20759 畜禽中十六种磺胺类药物残留量的测定 液相色谱-串联质谱法 | |
| | | 9 | 金霉素/土霉素(chlortetracycline/oxytetracycline)(单个或复合物,parent drug) | 0.1 | 农业部 235 号公告 | GB/T 20764 可食动物肌肉中土霉素、四环素、金霉素、强力霉素残留量的测定 液相色谱紫外检测法 | |

续附表

| 产品类别 | 适用产品 | 序号 | 检测项目 | 限量值(≤,mg/kg) | 执行依据 | 检测方法 | 备注 |
|---|---|---|---|---|---|---|---|
| | | 10 | 铅（以 Pb 计） | 0.2 | GB 2762—2005 | GB 5009.12 食品安全国家标准 食品中铅的测定 | |
| | | 11 | 无机砷（以 As 计） | 0.05 | GB 2762—2005 | GB/T 5009.11 食品中总砷及无机砷的测定 | |
| | | 12 | 镉（以 Cd 计） | 0.1 | GB 2762—2005 | GB/T 5009.15 食品中镉的测定 | |
| 二十九、牛、羊、驴肉、 | 牛、羊、驴肉 | 1 | 盐酸克伦特罗（clenbuterol hydrochloride） | 不得检出(0.002)* | 农业部 235 号公告 | 农业部 1025 号公告-18—2008 动物源性食品中 β-受体激动剂残留检测 液相色谱-串联质谱法 | |
| | | 2 | 莱克多巴胺(ractopamine) | 不得检出(0.002)* | 农业部 235 号公告 | | |
| | | 3 | 沙丁胺醇(salbutamol) | 不得检出(0.002)* | 农业部 235 号公告 | | |
| | | 4 | 伊维菌素(ivermectin) | 0.01(牛) | 农业部 235 号公告 | 农业部 781 号公告-5—2006 动物源食品中阿维菌素类药物量的测定 高效液相色谱法 | |
| | | | | 0.02(羊) | 农业部 235 号公告 | | |

续附表

| 产品类别 | 适用产品 | 序号 | 检测项目 | 限量值(≤,mg/kg) | 执行依据 | 检测方法 | 备注 |
|---|---|---|---|---|---|---|---|
| | | 5 | 磺胺类(sulfonamides)(以总量计,parent drug) | 0.1 | 农业部235号公告 | GB/T 20759 畜禽中十六种磺胺类药物残留量的测定 液相色谱-串联质谱法 | |
| | | 6 | 土霉素(oxytetracycline) | 0.1 | 农业部235号公告 | GB/T 20764 可食动物肌肉中土霉素、四环素、金霉素、强力霉素残留量的测定 液相色谱紫外检测法 | |
| | | 7 | 铅(以Pb计) | 0.2 | GB 2762—2005 | GB 5009.12 食品安全国家标准 食品中铅的测定 | |
| | | 8 | 无机砷(以As计) | 0.05 | GB 2762—2005 | GB/T 5009.11 食品中总砷及无机砷的测定 | |
| | | 9 | 镉(以Cd计) | 0.1 | GB 2762—2005 | GB/T 5009.15 食品中镉的测定 | |

续附表

| 产品类别 | 适用产品 | 序号 | 检测项目 | 限量值(≤,mg/kg) | 执行依据 | 检测方法 | 备注 |
|---|---|---|---|---|---|---|---|
| 三十、禽肉及禽副产品 | 禽肉(活鸡鸭鹅、鸡鸭鹅肉,活火鸡、火鸡肉,活鸵鸟、鸵鸟肉,活鹌鹑、鹌鹑肉和其他特种活禽及特种禽肉)及禽副产品(头、颈、爪、翅、心、胗、肝)等 | 1 | 硝基呋喃类(nitrofurans)(以3-氨基-2-噁唑烷基酮(AOZ),或5-吗啉甲基-3-氨基-2-噁唑烷基酮(AMOZ),或1-氨基-乙内酰脲(AHD),或氨基脲(SEM)计) | 不得检出(0.001)* | 农业部235号公告 | 农业部781号公告-4—2006 动物源性食品中硝基呋喃类代谢物残留量的测定 高效液相色谱-串联质谱法 | |
| | | 2 | 磺胺类(sulfonamides)(以总量计,parent drug) | 0.1 | 农业部235号公告 | 农业部1025号公告-23—2008 动物源食品中磺胺类药物残留检测 液相色谱-串联质谱法 | |
| | | 3 | 恩诺沙星(恩诺沙星+环丙沙星)(enrofloxacin + ciprofloxacin) | 0.1 | 农业部235号公告 | | |
| | | | | 0.2(肝) | 农业部235号公告 | GB/T 20764 可食动物肌肉中土霉素、四环素、金霉素、强力霉素残留量的测定 液相色谱紫外检测法 | |
| | | 4 | 土霉素/金霉素/四环素(oxytetracycline/chlortetracycline/tetracycline)(单个或复合物,parent drug) | 0.1 | 农业部235号公告 | | |
| | | | | 0.3(肝) | 农业部235号公告 | | |
| | | 5 | 多西环素(doxycycline) | 0.1 | 农业部235号公告 | | |
| | | | | 0.3(肝) | 农业部235号公告 | | |

续附表

| 产品类别 | 适用产品 | 序号 | 检测项目 | 限量值（≤,mg/kg） | 执行依据 | 检测方法 | 备注 |
|---|---|---|---|---|---|---|---|
| | | 6 | 氟苯尼考(florfenicol)(以氟苯尼考胺计) | 0.1 | 农业部235号公告 | GB/T 20756 可食动物肌肉、肝脏和水产品中氯霉素、甲砜霉素和氟苯尼考残留量的测定 液相色谱-串联质谱法 | |
| | | | | 2.5(肝) | 农业部235号公告 | | |
| | | 7 | 铅（以Pb计） | 0.2 | GB 2762—2005 | GB 5009.12 食品安全国家标准 食品中铅的测定 | |
| | | | | 0.5(肝) | GB 2762—2005 | | |
| | | 8 | 无机砷（以As计） | 0.05 | GB 2762—2005 | GB/T 5009.11 食品中总砷及无机砷的测定 | 肝参照GB 2762—2005肉的规定执行 |
| | | 9 | 汞（以Hg计） | 0.05 | GB 2762—2005 | GB/T 5009.17 食品中总汞的测定 | |
| | | 10 | 镉（以Cd计） | 0.1 | GB 2762—2005 | GB/T 5009.15 食品中镉的测定 | |
| | | | | 0.5(肝) | GB 2762—2005 | | |

续附表

| 产品类别 | 适用产品 | 序号 | 检测项目 | 限量值（≤，mg/kg） | 执行依据 | 检测方法 | 备注 |
|---|---|---|---|---|---|---|---|
| 三十一、鲜禽蛋类 | 鲜鸡蛋、鲜鸭蛋、鲜鹅蛋、鲜鸽蛋、鲜鹌鹑蛋、鲜鸵鸟蛋等鲜禽蛋 | 1 | 硝基呋喃类（nitrofurans）（以3-氨基-2-噁唑烷基酮（AOZ），或5-吗啉甲基-3-氨基-2-噁唑烷基酮（AMOZ），或1-氨基-乙内酰脲（AHD），或氨基脲（SEM）计） | 不得检出（0.001）* | 农业部235号公告 | 农业部781号公告-4—2006 动物源食品中硝基呋喃类代谢物残留量的测定 高效液相色谱-串联质谱法 | |
| | | 2 | 氯霉素（chloramphenicol） | 不得检出（0.0003）* | 农业部235号公告 | GB/T 22338 动物源性食品中氯霉素类药物残留量测定 | |
| | | 3 | 环丙沙星（ciprofloxacin） | 不得检出（0.008）* | 中华人民共和国兽药典兽药使用指南 化学药品卷 | GB/T 21312 动物源性食品中14种喹诺酮药物残留检测方法 液相色谱-质谱/质谱法 | |
| | | 4 | 诺氟沙星（norfloxacin） | 不得检出（0.006）* | 中华人民共和国兽药典兽药使用指南 化学药品卷 | | |
| | | 5 | 恩诺沙星（enrofloxacin） | 不得检出（0.003）* | 农业部235号公告 | | |
| | | 6 | 氧氟沙星（ofloxacin） | 不得检出（0.003）* | 中华人民共和国农业部兽药质量标准二〇〇三年版 | | |

续附表

| 产品类别 | 适用产品 | 序号 | 检测项目 | 限量值（≤,mg/kg） | 执行依据 | 检测方法 | 备注 |
|---|---|---|---|---|---|---|---|
| | | 7 | 磺胺类（sulfonamides ）（以总量计，parent drug） | 0.1 | 农业部 235 号公告 | 农业部 1025 号公告-23—2008 动物源食品中磺胺类药物残留检测 液相色谱-串联质谱法 | |
| | | 8 | 土霉素/金霉素/四环素（oxytetracycline/chlortetracycline/tetracycline）（单个或复合物，parent drug） | 0.2 | 农业部 235 号公告 | GB/T 21317 动物源性食品中四环素类兽药残留量检测方法 液相色谱-质谱/质谱法与高效液相色谱法 | |
| | | 9 | 镉（以 Cd 计） | 0.05 | GB 2762—2005 | GB/T 5009.15 食品中镉的测定 | |
| | | 10 | 铅（以 Pb 计） | 0.2 | GB 2762—2005 | GB 5009.12 食品安全国家标准 食品中铅的测定 | |

续附表

| 产品类别 | 适用产品 | 序号 | 检测项目 | 限量值(≤,mg/kg) | 执行依据 | 检测方法 | 备注 |
|---|---|---|---|---|---|---|---|
| 三十二、蜂蜜 | 蜂蜜 | 1 | 氯霉素(chloramphenicol) | 不得检出(0.0003 )* | 农业部 193 号公告 | 农业部公告 781 公告-10 蜂蜜中氯霉素残留量的测定 气相色谱-质谱法(负化学源) | |
| | | 2 | 呋喃它酮代谢物(furaltadone)(以 5-吗啉甲基-3-氨基-2-噁唑烷基酮(AMOZ)计) | 不得检出(0.0002 )* | 农业部 193 号公告 | GB/T 18932. 24 蜂蜜中呋喃它酮、呋喃西林、呋喃妥因和呋喃唑酮代谢物残留量的测定方法 液相色谱-串联质谱法 | |
| | | | 呋喃唑酮代谢物(furanzolidone)(以 3-氨基-2-噁唑烷基酮(AOZ)计) | | 农业部 193 号公告 | | |
| | | | 呋喃西林代谢物(nitrofural)(以氨基脲(SEM)计) | 不得检出(0.0005)* | 农业部 193 号公告 | | |
| | | | 呋喃妥因代谢物(nitrofurantion)(以 1-氨基-乙内酰脲(AHD)计) | | 农业部 193 号公告 | | |
| | | 3 | 土霉素,金霉素,四环素(总量)(oxytetracyline, chlortetracycline and tetracycline(as total)) | 0.3 | 日本肯定列表 | GB/T 18932.4 蜂蜜中土霉素、四环素、金霉素、强力霉素残留量的测定 液相色谱法 | |

续附表

| 产品类别 | 适用产品 | 序号 | 检测项目 | 限量值(≤,mg/kg) | 执行依据 | 检测方法 | 备注 |
|---|---|---|---|---|---|---|---|
| | | 4 | 磺胺类(sulfonamides)(以总量计，parent drugs) | 0.1 | 农业部235号公告 | GB/T 18932.5 蜂蜜中磺胺醋酰、磺胺吡啶、磺胺甲基嘧啶、磺胺甲氧哒嗪、磺胺对甲氧嘧啶、磺胺氯哒嗪、磺胺甲基异噁唑、磺胺二甲氧嘧啶残留量的测定方法 液相色谱法 | |
| | | 5 | 氟胺氰菊酯(fluvalinate) | 0.05 | 农业部235号公告 | 农业部781公告-9 蜂蜜中氟胺氰菊酯残留量的测定 气相色谱-质谱法 | |
| | | 6 | 双甲脒(amitraz) | 0.2 | 农业部235号公告 | 农业部781公告-8 蜂蜜中双甲脒残留量的测定 气相色谱-质谱法 | |
| | | 7 | 霉菌计数(moulds count)(单位：cfu/g) | 200 | GB 14963—2011 | GB 4789.15 食品卫生微生物学检验霉菌和酵母计数 | |

续附表

| 产品类别 | 适用产品 | 序号 | 检测项目 | 限量值（≤,mg/kg） | 执行依据 | 检测方法 | 备注 |
|---|---|---|---|---|---|---|---|
| 渔业 | | | | | | | |
| 三十三、淡水鱼 | 草鱼、青鱼、鲢、鳙、鲮、鲤、鲫、鳜、团头鲂、三角鲂、广东鲂、长春鳊、其他鳊鲂、翘嘴红鲌、其他食用鲤科鱼、淡水白鲳（短盖巨脂鲤）、加州鲈（大口黑鲈）、罗非鱼、条纹鲈、乌鳢、月鳢、斑鳢、其他鳢、斑点叉尾鮰、云斑叉尾鮰、长吻鮠、黄颡鱼、鲇（鲶）、鲈（花鲈）、尖吻鲈，黄鳝、泥鳅、鲑鳟鲟、鳗鲡，其他淡水鱼参照执行，不适用于稻田养殖产品 | 1 | 孔雀石绿（malachite green） | 不得检出（0.001）* | 农质发[2010] 11号 | GB/T 20361 水产品中孔雀石绿和结晶紫残留量的测定 高效液相色谱荧光检测法 | |
| | | 2 | 硝基呋喃类（nitrofurans）（以3-氨基-2-噁唑烷基酮（AOZ），或5-吗啉甲基-3-氨基-2-噁唑烷基酮（AMOZ），或1-氨基-乙内酰脲（AHD），或氨基脲（SEM）计） | 不得检出（0.001）* | 农质发[2010] 11号 | 农业部公告第783号-1—2006 水产品中硝基呋喃类代谢物残留量的测定 液相色谱-串联质谱法 | |
| | | 3 | 氯霉素（chloramphenicol） | 不得检出（0.0003）* | 农业部公告235号 | 农业部958号公告-13—2007 水产品中氯霉素、甲砜霉素、氟甲砜霉素残留量的测定 气相色谱法 | |
| | | 4 | 喹乙醇代谢物（olaquindox metabolite） | 不得检出（0.004）* | 农业部公告235号 | 农业部1077号公告-5—2008 水产品中喹乙醇代谢物残留量的测定 高效液相色谱法 | |

续附表

| 产品类别 | 适用产品 | 序号 | 检测项目 | 限量值(≤,mg/kg) | 执行依据 | 检测方法 | 备注 |
|---|---|---|---|---|---|---|---|
| | | 5 | 甲基睾酮(methyltestosterone) | 不得检出(0.01)* | 农业部公告 235 号 | SC/T 3029 水产品中甲基睾酮残留量的测定 液相色谱法 | 仅适用于罗非鱼 |
| | | 6 | 己烯雌酚(diethylstilbestrol) | 不得检出(0.0006)* | 农办渔[2011] 81 号 | SC/T 3020 水产品中己烯雌酚残留量的测定 | 仅适用于黄鳝 |
| | | 7 | 磺胺类(sulfonamides )(以总量计,parent drug) | 0.1 | 农业部公告 235 号 | 农业部 958 号公告-12—2007 水产品中磺胺类药物残留量的测定 液相色谱法 | |
| | | 8 | 土霉素/金霉素/四环素(oxytetracycline/chlortetracycline/tetracycline)(单个或复合物,parent drug) | 0.2 | CAC/MRL · 02—2006 | SC/T 3015 水产品中土霉素、四环素、金霉素残留量的测定 | |
| | | 9 | 氟苯尼考(florfenicol) | 1 | 农业部公告 235 号 | 农业部 958 号公告-13—2007 水产品中氯霉素、甲砜霉素、氟甲砜霉素残留量的测定 气相色谱法 | |

续附表

| 产品类别 | 适用产品 | 序号 | 检测项目 | 限量值(≤,mg/kg) | 执行依据 | 检测方法 | 备注 |
| --- | --- | --- | --- | --- | --- | --- | --- |
| | | 10 | 铅(以 Pb 计) | 0.5 | GB 2733—2005 | GB/T 5009.12 食品中铅的测定 | |
| | | 11 | 无机砷(以 As 计) | 0.1 | GB 2733—2005 | GB/T 5009.11 食品中总砷及无机砷的测定 | |
| | | 12 | 甲基汞(以 Hg 计) | 0.5 | GB 2733—2005 | GB/T 5009.17 食品中总汞及有机汞的测定 | |
| | | 13 | 镉(以 Cd 计) | 0.1 | GB 2733—2005 | GB/T 5009.15 食品中镉的测定 | |
| 三十四、海水鱼 | 大黄鱼、美国红鱼、鮸状黄姑鱼、黄姑鱼、双棘黄姑鱼、浅色黄姑鱼、日本黄姑鱼、褐毛鲿等石首鱼;大菱鲆、牙鲆、大西洋牙鲆、漠斑牙鲆、舌鳎、庸鲽、圆斑星鲽、石鲽等鲆鲽鳎鱼;平鲷、白星笛 | 1 | 硝基呋喃类(nitrofurans)(以3-氨基-2-噁唑烷基酮(AOZ),或5-吗啉甲基-3-氨基-2-噁唑烷基酮(AMOZ),或1-氨基-乙内酰脲(AHD),或氨基脲(SEM)计) | 不得检出(0.001)* | 农质发[2010] 11 号 | 农业部 783 号公告-1—2006 水产品中硝基呋喃类代谢物残留量的测定 液相色谱-串联质谱法 | |
| | | 2 | 孔雀石绿(malachite green) | 不得检出(0.001)* | 农质发[2010] 11 号 | 农业部 958 号公告-13—2007 水产品中氯霉素、甲砜霉素、氟甲砜霉素残留量的测定 气相色谱法 | |

续附表

| 产品类别 | 适用产品 | 序号 | 检测项目 | 限量值(≤,mg/kg) | 执行依据 | 检测方法 | 备注 |
| --- | --- | --- | --- | --- | --- | --- | --- |
| | 鲷、紫红笛鲷、红鳍笛鲷、胡椒鲷、斜带髭鲷、断斑石鲈、黄鳍鲷、黑鲷等鲷科鱼;鲈(海水);斜带石斑鱼、青石斑鱼、点带石斑鱼、鲑点石斑鱼、赤点石斑鱼、巨石斑鱼等石斑鱼;鲻鱼、鲅鱼、鲳鲹、军曹鱼等海水鱼类,其他海水鱼参照执行 | 3 | 氯霉素(chloramphenicol) | 不得检出(0.0003)* | 农业部 235 号公告 | GB/T20361 水产品中孔雀石绿和结晶紫残留量的测定 高效液相色谱荧光检测法 | |
| | | 4 | 恩诺沙星(恩诺沙星+环丙沙星)(enrofloxacin + ciprofloxacin) | 0.1 | 农业部 235 号公告 | 农业部 783 号公告-2—2006 水产品中诺氟沙星、盐酸环丙沙星、恩诺沙星残留量的测定 液相色谱法 | |
| | | 5 | 磺胺类(sulfonamides )(以总量计,parent drug) | 0.1 | 农业部 235 号公告 | 农业部 958 号公告-12—2007 水产品中磺胺类药物残留量的测定 液相色谱法 | |
| | | 6 | 土霉素/金霉素/四环素(oxytetracycline/chlortetracycline/tetracycline)(单个或复合物,parent drug) | 0.2 | CAC/MRL 02—2006 | SC/T 3015 水产品中土霉素、四环素、金霉素残留量的测定 | |

续附表

| 产品类别 | 适用产品 | 序号 | 检测项目 | 限量值（≤，mg/kg） | 执行依据 | 检测方法 | 备注 |
| --- | --- | --- | --- | --- | --- | --- | --- |
| | | 7 | 氟苯尼考(florfenicol) | 1 | 农业部235号公告 | 农业部958号公告-13—2007水产品中氯霉素、甲砜霉素、氟甲砜霉素残留量的测定 气相色谱法 | |
| | | 8 | 铅（以Pb计） | 0.5 | GB 2733—2005 | GB 5009.12 食品安全国家标准 食品中铅的测定 | |
| | | 9 | 无机砷(以As计) | 0.1 | GB 2733—2005 | GB/T 5009.11 食品中总砷及无机砷的测定 | |
| | | 10 | 甲基汞(以Hg计) | 0.5 | GB 2733—2005 | GB/T 5009.17 食品中总汞及有机汞的测定 | |
| | | 11 | 镉（以Cd计） | 0.1 | GB 2733—2005 | GB/T 5009.15 食品中镉的测定 | |
| | | 12 | 组胺(histamine) | 1000 | GB 2733—2005 | GB/T 5009.45 水产品卫生标准的分析方法 | 仅适用鲐鲹鱼类 |

续附表

| 产品类别 | 适用产品 | 序号 | 检测项目 | 限量值(≤,mg/kg) | 执行依据 | 检测方法 | 备注 |
|---|---|---|---|---|---|---|---|
| 三十五、淡水虾 | 日本沼虾、罗氏沼虾、克氏原螯虾、凡纳尔对虾(南美白对虾)(淡水养殖)及其他淡水虾 | 1 | 孔雀石绿(malachite green) | 不得检出(0.001)* | 农质发[2010] 11 号 | GB/T 20361 水产品中孔雀石绿和结晶紫残留量的测定 高效液相色谱荧光检测法 | |
| | | 2 | 硝基呋喃类(nitrofurans)(以3-氨基-2-噁唑烷基酮(AOZ),或5-吗啉甲基-3-氨基-2-噁唑烷基酮(AMOZ),或1-氨基-乙内酰脲(AHD),或氨基脲(SEM)计) | 不得检出(0.001)* | 农质发[2010] 11 号 | 农业部公告第783号-1—2006 水产品中硝基呋喃类代谢物残留量的测定 液相色谱/串联质谱法 | |
| | | 3 | 氯霉素(chloramphenicol) | 不得检出(0.0003)* | 农质发[2010] 11 号 | SC/T 3018 水产品中氯霉素残留量的测定 气相色谱法 | |
| | | 4 | 五氯酚钠(pentachlorophenol sodium) | 不得检出(0.001)* | 农质发[2010] 11 号 | SC/T 3030 水产品中五氯苯酚及其钠盐残留量的测定 | |

续附表

| 产品类别 | 适用产品 | 序号 | 检测项目 | 限量值（≤,mg/kg） | 执行依据 | 检测方法 | 备注 |
|---|---|---|---|---|---|---|---|
| | | 5 | 磺胺类（sulfonamides ）（以总量计，parent drug） | 0.1 | 农质发[2010] 11 号 | 农业部 958 号公告-12—2007 水产品中磺胺类残留量的测定 液相色谱法 | |
| | | 6 | 恩诺沙星（恩诺沙星＋环丙沙星）（enrofloxacin ＋ ciprofloxacin） | 0.1 | 农质发[2010] 11 号 | 农业部公告第 783 号-2—2006 水产品中诺氟沙星、盐酸环丙沙星、恩诺沙星残留量的测定 液相色谱法 | |
| | | 7 | 土霉素/金霉素/四环素（oxytetracycline/chlortetracycline/tetracycline）（单个或复合物，parent drug） | 0.2 | CAC/MRL・02—2006 | SC/T 3015 水产品中土霉素、四环素、金霉素残留量的测定 | |
| | | 8 | 无机砷（以 As 计） | 0.5 | GB 2733—2005 | GB/T 5009.11 食品中总砷及无机砷的测定 | |
| | | 9 | 甲基汞（以 Hg 计） | 0.5 | GB 2733—2005 | GB/T 5009.17 食品中总汞及有机汞的测定 | |

续附表

| 产品类别 | 适用产品 | 序号 | 检测项目 | 限量值(≤,mg/kg) | 执行依据 | 检测方法 | 备注 |
|---|---|---|---|---|---|---|---|
| 三十六、淡水蟹 | 中华绒螯蟹及其他淡水蟹活品 | 1 | 硝基呋喃类(nitrofurans)(以3-氨基-2-噁唑烷基酮(AOZ),或5-吗啉甲基-3-氨基-2-噁唑烷基酮(AMOZ),或1-氨基-乙内酰脲(AHD),或氨基脲(SEM)计) | 不得检出(0.001)* | 农质发[2010] 11号 | 农业部公告第783号-1—2006 水产品中硝基呋喃类代谢物残留量的测定 液相色谱/串联质谱法 | |
| | | 2 | 孔雀石绿(malachite green) | 不得检出(0.001)* | 农质发[2010] 11号 | GB/T 20361 水产品中孔雀石绿和结晶紫残留量的测定 高效液相色谱荧光检测法 | |
| | | 3 | 五氯酚钠(pentachlorophenol sodium) | 不得检出(0.001)* | 农业部235号公告 | SC/T 3030 水产品中五氯苯酚及其钠盐残留量的测定 | |
| | | 4 | 氯霉素(chloramphenicol) | 不得检出(0.0003)* | 农业部235号公告 | SC/T 3018 水产品中氯霉素残留量的测定 气相色谱法 | |

续附表

| 产品类别 | 适用产品 | 序号 | 检测项目 | 限量值(≤,mg/kg) | 执行依据 | 检测方法 | 备注 |
| --- | --- | --- | --- | --- | --- | --- | --- |
| | | 5 | 恩诺沙星(恩诺沙星＋环丙沙星)(enrofloxacin＋ciprofloxacin) | 0.1 | 农业部235号公告 | 农业部公告第783号-2—2006 水产品中诺氟沙星、盐酸环丙沙星、恩诺沙星残留量的测定 液相色谱法 | |
| | | 6 | 磺胺类(sulfonamides)(以总量计,parent drug) | 0.1 | 农业部235号公告 | 农业部958号公告-12—2007 水产品中磺胺类残留量的测定 液相色谱法 | |
| | | 7 | 无机砷(以As计) | 0.5 | GB 2733—2005 | GB/T 5009.11 食品中总砷及无机砷的测定 | |
| | | 8 | 甲基汞(以Hg计) | 0.5 | GB 2733—2005 | GB/T 5009.17 食品中总汞及有机汞的测定 | |

续附表

| 产品类别 | 适用产品 | 序号 | 检测项目 | 限量值（≤，mg/kg） | 执行依据 | 检测方法 | 备注 |
| --- | --- | --- | --- | --- | --- | --- | --- |
| 三十七、龟鳖类 | 中华鳖（*Trionyx sinensis*）、乌龟（*Chinemys reevesii*）的活体及其他食用龟鳖类 | 1 | 孔雀石绿（malachite green） | 不得检出（0.001）* | 农办渔[2011] 92 号 | GB/T 19857 水产品中孔雀石绿和结晶紫残留量的测定 液相色谱-串联质谱法 | |
| | | 2 | 硝基呋喃类（nitrofurans）（以3-氨基-2-噁唑烷基酮（AOZ），或 5-吗啉甲基-3-氨基-2-噁唑烷基酮（AMOZ），或 1-氨基-乙内酰脲（AHD），或氨基脲（SEM）计） | 不得检出（0.001）* | 农办渔[2011] 92 号 | 农业部 783 号公告-1-2006 水产品中硝基呋喃类代谢物残留量的测定 液相色谱-串联质谱法 | |
| | | 3 | 氯霉素（chloramphenicol） | 不得检出（0.0003）* | 农业部公告 235 号 | SC/T 3018 水产品中氯霉素残留量的测定 气相色谱法 | |
| | | 4 | 己烯雌酚（diethylstilbestrol） | 不得检出（0.0006）* | 农业部公告 235 号 | SC/T 3020 水产品中己烯雌酚残留量的测定 酶联免疫法 | |